못 참는 아이 욱하는 부모

분노조절장애의 시대를 사는 대한민국 부모에게 주는
육아 멘토 오은영 박사의 감정 조절 육아법

못 참는 아이
욱하는 부모

● 오은영 지음 ●

KOREA.COM

차례

프롤로그 우리 아이, 절대 욱하는 어른으로 키워서는 안 된다! »10

PART 1 오늘도 아이 앞에서 '욱'하셨습니까?······ **16**

Chapter 1 • **너무나 힘든 육아, 오늘도 욱한 부모** »18
- 오늘도 욱하고 반성, 욱하고 반성, 욱하고 반성
- 느닷없이 불쑥! 지킬 박사와 하이드 씨?
- 주말 특집인가? 아이의 앞, 뒤, 옆에서 터지는 욱!
- 육아는 도대체 왜 이렇게 힘든 걸까?

Chapter 2 • **파괴력 무한대! 욱이 육아를 망친다** »28
- 욱, 아이의 감정 발달을 방해한다
- 욱, 부모 자녀 관계를 망치다
- 욱, 아이의 문제 해결 능력을 떨어뜨리다
- 육아에서 중요한 두 가지, 기다림과 존중
- 아무리 공들인 육아도 욱 한 번이면 와르르

Chapter 3 • **안 그래야 한다는 걸 아는데, 왜 안 될까?** »42
- '욱'을 미화하는 사회, '욱'을 도발하는 사회
- 서러운 어린 시절, 뒤늦은 의존 욕구
- 왜 나는 유독 내 아이에게 욱하는가?

BONUS PAGE • **나의 '욱' 지수 알아보기** »54

PART 2 못 참는 아이, 대하는 법은 따로 있다 ⋯ **58**

Chapter 1 • 당장 안 해 주면 난리 난리 *»60*
　　　　　 '조금도 참지 못할 때'

- 아이는 왜 조금도 참지 못할까?
- "기다려"라고 말하고 기다려 주라
- 감정 주머니가 작은 요즘 아이들
- 강압적으로 누르면 감정 주머니가 언젠간 폭발한다

Think about parenting ❶ 배고픔을 유난히 참지 못하는 아이

Chapter 2 • 제 뜻만 고집하고 누구 말도 듣지 않아 *»76*
　　　　　 '마음대로만 하려고 할 때'

- 말 잘 듣기를 바라는 부모의 속마음 vs 아이의 속사정
- 지금 필요한 것은 분명한 제한과 한계 설정
- 너는 왜 말을 징글징글하게도 안 듣게 되었니?
- 아이의 순간적인 화, '욱'으로 다스리면 백전백패!

Think about parenting ❷ 두루뭉수리 육아 No! 정곡법 Yes!

Chapter 3 • 밀고 때리고 던지고 침 뱉고 *»94*
　　　　　 '공격적인 행동을 할 때'

- 공격적인 행동의 밑바닥에는 화, 분노가 있다
- 그렇게 생각했다면, 기분 나빴겠네
- 안 되는 행동은, "안 되는 거야"라고 말해 주면 된다
- 공격성이 잘 발달한 아이, 공격적인 아이

Think about parenting ❸ 아이가 지난번에 맞은 복수(?)를 하고 왔을 때

Chapter 4 ● **주위 사람들이 쳐다보거나 말거나** » *109*
　　　　　'공공장소에서 말을 안 들을 때'

- 아이 하나도 통제 못하는 무능력한 부모?
- 그 장소에서 안 되는 행동을 알려 주고, 보면서 배우게 하라
- 이웃집 눈치 보여도, 우리 집은 언제나 일관된 원칙
- 우리 아이는 두 얼굴? 집 밖에서와 집 안에서가 달라요
- 공공장소에서 버럭! 아이에게 주는 치명상
  Think about parenting ❹ 　오래 삐지는 아이에게 말걸기

Chapter 5 ● **부모에게 한마디도 지지 않고** » *127*
　　　　　'또박또박 말대답할 때'

- 아이의 말대꾸가 불편한 부모의 심리
- 말은 하도록 격려해야 한다. 그것이 기본!
- 어떤 말대꾸라도 끝까지 들어준다, 그 다음은?
- 우리 아이는 왜 매번 나한테만 말대꾸가 심할까?
  Think about parenting ❺ 　지금 안 잡으면 앞으론 못 잡는다?

Chapter 6 ● **별의별 애를 다 써도 안 통해** » *144*
　　　　　'잘 달래지지 않을 때'

- 숨겨 둔 부모의 미성숙한 면이 자극되다
- '징징대는 행위'가 아니라 '징징대는 이유'에 주목할 것!
- 달래지지 않는 아이의 속사정 세 가지
- 다른 사람의 눈보다 아이를 먼저 생각하라
- 징징거리는 아이 달래는 황금 비법 네 가지
  Think about parenting ❻ 　아내가 아이에게 욱할 때, 남편은 어떤 모습인가?

BONUS PAGE ● **욱하는 남편 혹은 아내 다루기** » *162*

PART 3 욱이 치미는 상황, 해결책을 찾으라 ……168

Chapter 1 ● 엄마는 바빠 죽겠는데 아이는 세월아 네월아 » 170
'빨리빨리 안 할 때'

- 아이들은 왜 빨리 안 움직일까?
- 아이는 심플하다, 심플하게 생각하고 심플하게 대하라
- 엄마 마음 편한 방향이 아니라 아이 성장을 돕는 방향으로
- 부모의 조급함에 대하여
- 나는 왜 아이가 빨리빨리 안 하면 못 견디게 되었을까?

Think about parenting ❼ 엄마는 혼내기 담당, 아빠는 칭찬 담당?

Chapter 2 ● 아무리 어르고 달래도 헛수고 » 187
'안 자고 안 먹을 때'

- 부모의 자존심을 걸게 하고, 부모의 죄책감을 자극하는 밥
- 아이도 살기 위해 그러는 것, 좀 맞춰 주어야
- 골고루 먹이려다 아이 성격 망칠 수 있다
- 그 점만큼은 부모인 당신이 문제다

Think about parenting ❽ 좀 참을 줄 아는 아이에게 가장 나쁜 육아

Chapter 3 ● 도통 마음에 드는 부분이 없이 » 202
'똑 부러지게 제대로 안 할 때'

- 부모인 나의 기준 점검이 먼저!
- 지나치게 높은 기준을 가진 부모, 그 처절한 어린 시절
- 누구를 위해 똑 부러지게 해야 하는 걸까?
- 똑 부러지게 못하면 똑 부러지게 가르쳐 주면 된다

Think about parenting ❾ 네가 알아서 해야지, 내가 언제까지 해 주니?

Chapter 4 ● 가르치려면 맴매가 보약? » 217
'잘못한 행동을 훈육할 때'

- 욱해서 훈육하나, 훈육하다 욱하나 모두 폭력!

- 훈육이란? 아이에 대한 큰 사랑
- 만 3세 이상, 훈육하는 법 A to Z
- 훈육에 실패하는 몇 가지 이유
  Think about parenting ⑩ 예쁜 말, 고운 말이 꼭 중요할까?

Chapter 5 • 나도 지쳤단 말이다, 그만 좀 불러! » 238
 '쉬고 싶은데 뭘 자꾸 요구할 때'

- 아빠들이 아이와 있다가 욱하는 이유
- 어린 시절 의존 욕구가 해결되지 않은 엄마의 경우
- 사랑에 대한 확신이 부족하면, 아이는 '부모'를 불러 젖힌다
- 자기확신감이 부족해도 '엄마'부터 찾는다
  Think about parenting ⑪ 뭐든 아이에게 물어보는 부모

Chapter 6 • 우리 애는 도대체 왜 저러지? » 255
 '시도도 안 하고, 너무 느리고, 쉬운 것도 못할 때'

- 똑똑하지만 무조건 안 하려는 아이
- 가르칠 때 욱하면 시도하지 않는 아이가 된다
- 너무 느린 아이는 제한 설정이 필요
- 개구리들이여, 올챙이 적을 생각하자
  Think about parenting ⑫ 예민한 아이는 그저 까다로운 아이?

BONUS PAGE • 욱하는 배우자로부터 우리 아이 보호하기 » 271

**PART 4 내 아이, 욱하는 어른으로
키우지 않으려면** ·························· **276**

Chapter 1 • 욱하는 우리가 알아야 할 사실 » 278
- 모두가 욱하면 모두가 안전하지 않은 세상
- 나의 해결되지 않은 감정을 다른 사람에게 표현할
  권리는 누구에게도 없다

• 자존감과 자아 성찰 능력에 대해서

Chapter 2 • 욱하는 나, 달라져야 한다 »289
• 가장 먼저 나의 불안함, 감정 조절의 어려움을 인정하라
• 욱하는 상황의 공통점을 적어 본다
• 나와 부모와의 관계를 되짚어 보라
• 모르는 사람에게 욱할 때, '나에게 중요한 사람인가?'
• 상대를 탓하지 말라, 그가 욱할지라도

Chapter 3 • 아이 앞에서 욱하지 않는 부모 »306
• 내 육아에 너무 과한 면은 없는지 점검하자
• 효율성, 재빠른 것, 보이는 것의 가치에 대한 재고
• 아이를 관찰하라, 아이의 데이터를 확보하라
• 하루 10분, 가족 성찰의 시간을 갖기
• 참아 주는 것이 아니라 기다려야만 하는 것

Chapter 4 • 못 참는 아이, 감정 조절 능력을 키우려면 »321
• '너무 허용적' 혹은 '너무 강압적'인 육아는 경계
• 만 3세가 넘으면 반드시 '조절과 통제'를 가르칠 것
• 언제나 아이를 최우선으로 대하지 말라
• 인성교육에 대한 다소 따끔한 이야기
• 그 무엇보다도 중요한 것, 아이를 충분히 사랑하는 것

BONUS PAGE • 지금 올라오는 욱, 꾹 눌러 주는 임기응변 묘책 »339

※ 뒷날개에 있는 오은영 선생님의 〈육아 십계명〉을 잘라 내
잘 보이는 곳에 붙여 놓고 매일 한 번씩 읽으면 순간순간
올라오는 욱을 꾹 참는 데 도움이 됩니다.

우리 아이, 절대 욱하는 어른으로
키워서는 안 된다!

사람들의 마음, 특히 아이와 부모의 마음을 돌보는 의사가 되고부터 나에게 '감정 조절을 못 하고 욱하는 것'에 대한 고민은 내내 목에 걸린 가시 같은 것이었다. 마음의 괴로움을 견디지 못해 나를 찾는 사람 10명 중 8명의 문제는 '못 참고 욱하는 것'이었다. 11년 남짓 출연한 〈우리 아이가 달라졌어요〉라는 프로그램에서도 매회 다양한 주제가 다뤄지긴 했지만, 문제의 핵심은 대부분 부모 혹은 아이가 '못 참고 욱하는 것'이었다. 아이들은 막무가내로 떼를 썼고, 조금도 참지 못했으며, 심지어 공격적이기까지 했다. 자기 위주의 상황이 아니면 견디지 못했다. 부모들 또한 아이와 별반 다르지 않았다.

왜 유독 우리 아이들은 조금도 참지 못하는 것일까? 우리 부모들은 왜 그렇게도 사랑하는 아이를 앞에 두고 순간순간 욱하는 것일까? 언젠가는 이 문제에 대해 심도 있게 다뤄야겠다고 생각하던 차에, 못 참고 욱하는 것으로 인한 사건사고가 그야말로 봇물 터지듯(표현이 좀 그렇지만) 나타나기 시작했다. 나는 더는 늦어서는 안 되겠다는 생각에 '못 참는 아이, 욱하는 부모'를 주제로 글을 쓰기 시작했다. 그것이 벌써 3년 전의 일이다. 조금이라도 빨리 사람들에게 도움을 주고자 서둘러 작업하였으나, 집필하면 할수록 고민이 깊어지고 추가할 것이 많아지면서 마감은 점점 미뤄졌다. 시기를 놓치는 것은 아닌지 걱정되기도 했다. 그런데 너무나 안타깝게도, 상황은 3년 전보다 더 나빠졌다. 못 참고 욱해서 일어나는 사건사고는 점점 더 많아지고 우리 사회와 가정은 점점 더 안전하지 못한 곳이 되어 갔다.

얼마 전 인공지능 프로그램인 알파고가 이세돌 9단과의 바둑 대결에서 이기는 놀라운 사건이 있었다. 3년 전이면 생각지도 못할 일이었다. 바둑은 단순한 계산 작업이 아니라 복잡한 전략 패턴까지 이해해야 하는 게임이기에 그 충격은 더 컸다. 우리가 즐겨 쓰는 스마트폰은 또 어떠한가? 3년 전과는 비교할 수 없을 정도로 기술이 매일매일 업그레이드되고 있다. 이처럼 우리 주변의 모든 것이 빠르게 첨단화되고 있다. 그에 따라 우리 생활은 더 편리해지고 좋아지고 있다.

하지만 이상하게도 우리의 정서적인 부분은 점점 더 안 좋은 쪽으로 가는 듯하다. 요새는 뉴스를 보기가 두려울 정도다. 뉴스뿐 아니라 드라마에서도 그렇다. 감정은 원래 그렇게 표현해야 되는 것처럼 '못 참고 욱하는' 모습이 자주, 쉽게 나온다. 얼마 전 우연히 본 드라마에서도 그랬다. 드라마가 전하고자 하는 메시지는 '돈으로 권력을 휘두르는 악한 사람은 승리하면 안 된다'였는데, 그 메시지를 표현하는 과정에서 등장인물들은 뭔가 일이 잘 안 된다 싶으면 여지없이 소리 지르고 화내고 던지고 싸웠다. 좋은 역할이건 나쁜 역할이건 다 그랬다.

어떻게 못 참고 욱하는 것을 자연스러운 감정 표현이라고 할 수 있을까? 욱한다는 것은 엄연히 감정 조절이 미숙한 것이다. 감정조절장애이며 감정 발달에 문제가 있는 것이다.

욱으로 비롯된 사건사고가 빈번하게 일어나는 사회 속에서 살고 있는 우리의 감정과 정서에는 어떤 문제가 있는 것일까? 나는 그 원인을 하나하나 짚어 보기로 했다. 욱의 파급력이 가장 강력하고 위험한 지역인 '육아'에서 부터 시작했다. '육아'에서 충동과 분노를 조절하는 감정 발달 단계를 제대로 거치지 못한다면 최악의 결과를 가져온다.

못 참는 아이가 그대로 자라면 감정 조절에 미숙할 뿐 아니라 분노조절장애를 가진 어른이 될 수 있다. 또한 욱하는 부모의 모습은 아이에게 그대로 모델링되어, 아이도 욱하는 어른으로 클 수 있다. 아이는 부모의 모습을 보면서 '부정적 감정은 저렇게 표현해야 하는 거구나'라고 학습하기 때문이다.

아이는 성장하면서 자기 감정을 만들고 소화시킬 능력이 생기기 전까지, 부모나 주변 사람들이 감정 처리를 어떻게 하는지 끊임없이 보고 배운다. 드라마에서, 오락 프로그램에서, 가정에서 욱하는 모습을 본 아이는 그대로 학습한다. 특히 육아에 지친 부모가 감정 조절에 실패하고 아이에게 쉽게 욱하게 되는데, 이는 아이에게 가장 위험한 상황이다.

욱은 부정적인 감정의 덩어리가 충전되어 있다가 한 번에 튀어나오는 것이다. 부정적인 감정은 일상에서 쉽게 만들어진다. 불편하거나 민망하거나 슬픈 여러 부정적 감정들이 제대로 소화되지 않고 쌓이면, 사람들은 자신에게 생긴 그 부정적인 감정을 자세히 들여다보면서 세분화하지 않고, 아주 단순하고 빠르게 해결하려고만 하기 때문에 한꺼번에 뭉쳐져 있다가 폭발하는 것이다.

나는 이 책에서 매일매일 흔하게 일어나는 못 참고 욱하는 육아 상황을 다양한 케이스별로 뽑아 그 안에 숨겨진 아이와 부모의 부정적 감정은 무엇인지, 그 부정적 감정 안에 숨겨진 아이와 부모 감정의 본질을 분석해 보았다.

아울러 못 참는 아이를 욱하지 않고 다루는 법, 아이에게 기다리는 것을 가르치는 법, 아이가 부정적 감정을 잘 처리할 수 있게 양육하는 법, 자신도 모르게 욱하는 감정을 다스리는 법, 욱하는 배우자를 대하는 법 등을 꼼꼼히 짚어 지침을 주었다. 고장 난 라디오처럼 무한 반복되는 못 참고 욱하는 일상에 답을 찾고 싶은 부모라면 많은 도움이 되리라 생각된다.

아이가 적절하게 자신의 욕구를 참을 수 있게 되면, 육아는 한결 쉬워진다. 아이가 잘 참고 잘 기다려 줄 줄 알면 부모는 육아 상황에서 아이와 부딪칠 일이 많이 줄어든다.

그런데 그보다 앞서야 하는 것이 어떤 상황에서도 부모는 욱하지 않는 것이다. 욱하지 않으면 아이에게 이미 발생한 문제, 앞으로 일어날 문제들이 생각보다 많이 예방되고 해결된다. 징그럽게 말을 안 듣는데, 어떻게 욱하지 않고 키우냐고 반문하고 싶을 수 있다. 그런데 할 수 있다. 아니, 그렇게 해야 한다. 왜냐하면 내가 욱하는 원인은 아이가 아니라 실은 내 안에 있기 때문이다. 나의 감정 조절 능력이 떨어져서, 감정 발달이 미숙해서 일어나는 일이다. 나라를 빼앗겼거나 누군가가 부모나 내 가족의 생명을 위협한 상황 즉, 다 같이 공분할 상황이 아니라면, 욱하는 감정은 모두 내가 감정 조절에 실패해서 나오는 것이다. 하물며 이제 세상을 산 지 10년도 안 되는, 한창 발달 중인 어린아이를 앞에 두고 욱하는 감정이 허용되는 상황은 없다.

우리는 아이에게 좋은 것만 먹이고 싶고, 입히고 싶고, 가르치고 싶고, 물려주고 싶다. 그래서 오늘도 힘들고 지치지만 열심히 힘을 낸다. 이 책도 그런 이유로 당신 손에 있으리라. 그런데 당신이 아이에게 주고 싶은 그 많은 것보다, 아이가 당신에게 가장 많이 물려받게 되는 모습이 '욱하는 것'이라면 어떻겠는가.

나는 이 책이 적어도 아이를 키우는 부모들에게만이라도 우리 사회의 일상이 되어 버린 '욱'의 위험성을 통감하고, '욱'으로부터 조금이라도 자유로워지는 데 도움이 되기를 바란다. 그래서 대한민국의 모든 부모와 아이들이 어제보다 오늘 더 행복해지기를 희망한다.

더 안전한 가정과 사회를 기대하며
오은영

못 참는 아이 욱하는 부모

오늘도 **아이 앞**에서 '**욱**' 하셨습니까?

PART
01

CHAPTER 1

너무나 힘든 육아,
오늘도 욱한 부모

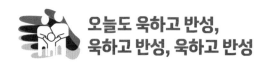

오늘도 욱하고 반성,
욱하고 반성, 욱하고 반성

　오전 10시, 아이는 어린이집(혹은 유치원이나 학교)에 갔다. 폭풍 같은 아침 시간이 끝났다. 엄마는 커피 한 잔을 타서 자리에 앉는다. 엄마가 앉은 곳은 식탁 앞일 수도, 사무실 책상 앞일 수도 있다. '아, 아까 좀 참을걸.' 엄마는 반성한다. 사실 매일 아침마다 엄마는 반성한다.

　아침이면 집 안의 시곗바늘들은 유난히 빨리 돌아간다. 째깍째깍…. 무소음 시계인데도 엄마에게는 시계가 달려가는 것처럼 들린다. 마음이 급해진다. '자칫하면 늦겠구나.' 눈을 뜨자마자 아침 반찬을 걱정하며 밥을 안치고, 아이를 깨우고, 먹이고, 씻기고, 가방을 챙기고, 오늘 날씨를 확인하고, 입을 옷을 정하고, 머리를 빗겨 주었다. 아이가 감기라도 걸린 날이면 더 정신이 없다. 하지만 이렇게 바삐 움직여도 항상 시간은 엄마보다 빠르다. 홍길동의 분신술이 절실해진다.

이런 절박한 시간에 아이는 꼭 말을 안 듣는다. 시간은 이렇게나 빨리 흘러가는데, 아이는 혼자 슬로모션이다. 밥도 세수도 옷도 뭣 하나 빨리 움직이지 않는다. 아침에는 유독 더 늦게 움직이는 것 같다. 그래, 아이니까 늦게 움직일 수 있다 치자. 그런데 빨리 해 주려고 도와주면 협조도 잘 안 한다. 엄마는 아이에게 몇 번 주의를 주다가 결국 뚜껑이 열리고 만다. 그렇게 오늘 아침에도 욱하고 말았다.

"너 치카 처음 해? 입을 크게 벌려야 엄마가 해 줄 것 아니야?"

사실 이런 말은 안 해도 됐다.

"빨리 좀 먹어. 씹어야 넘어갈 것 아니야. 너 지금 나갈 시간이야. 시곗바늘 지금 어디 있어? 됐어! 그만 먹어."

이런 말도 하지 말았어야 했다.

"어휴, 내가 아침마다 못 살아. 도대체 도와주는 사람이 없어!"

이 말도 아이에게 할 말은 아니었다.

엄마는 커피를 마시면서 후회한다. '내일부터는 절대 욱하지 말아야지.' 그러면서 애잔한 마음이 되어 핸드폰 속 아이 사진을 본다. 미안한 마음이 더욱 밀려온다. '이렇게 사랑스러운 아이에게 그렇게 괴물같이 화를 내다니…. 이따가 집에 오면 꼭 안아 줘야지.'

그런데 막상 오후가 되어 아이를 만나면 비슷한 일이 또 반복된다. 아니,

해가 지고 잘 시간이 다가올수록 욱의 빈도와 강도는 강해진다. 오후에는 일정 중에 놀이와 공부가 추가되어 있기 때문일까? 엄마 체력이 저질이기 때문일까?

그렇게 전쟁(?) 같은 하루를 보내고, 새근새근 천사같이 잠든 아이를 보면서 엄마는 또 후회한다. '아, 좀 참을걸.' 아이의 머리카락을 쓸어 주며 동생과 싸운다고, 어지르기만 하고 치우지 않는다고, TV만 본다고, 학습지 안 했다고, 빨리 안 잔다고 소리질렀던 것이 떠오른다. '아직 이렇게 어린데, 좀 못할 수도 있는데….' 밤이 되면서 더 감성적이 된 걸까. "미안해. 엄마가 정말 미안해. 내일부터는 절대 안 그럴게." 엄마는 자는 아이를 바라보며 또다시 반성한다.

과연 엄마는 다음 날 달라졌을까? 안타깝게도 혼자 있는 시간에 한 반성은, 다시 혼자 있는 시간이 왔을 때 떠오른다. 아이와 있는 동안은 늘 어제와 똑같다. 아이 눈에 엄마는 항상 짜증 내고 소리를 지르고 있다. 도대체 왜 엄마의 짜증스러운 일상은 고장 난 라디오처럼 무한 반복되는 걸까? 과연 그런 일상 안에서 아이는 괜찮은 걸까?

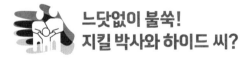

느닷없이 불쑥! 지킬 박사와 하이드 씨?

나를 만나러 온 한 엄마는 연예인을 해도 될 정도로 예뻤다. 누가 봐도 '저것이 바로 우아함이구나' 할 정도로 말투나 행동에 격이 달랐다. 남편과 아이에게 무척 친절하고 헌신적이기까지 했다. 아이에게 뭔가를 말할 때도 차근차근, 내가 무슨 말을 해도 고개를 끄덕이며 진심으로 들을 줄 알았다. 이런 사람이 왜 나를 찾아왔을까?

이렇게 완벽해 보이는 이 엄마가 내 손을 잡고 울면서 말했다. 평소에는 괜찮은데 화가 나면 어느 순간 자신도 모르게 괴물로 변한다는 것이다. 화를 자주 내는 편도 아니란다. 그런데 한 번 화가 나면 이성을 잃는단다. 도저히 통제할 수가 없단다. 이 아름다운 모습으로 욕을 하고 물건을 집어던진다고 했다. 스스로 자신이 '악마' 같다고 했다.

이 엄마에게는 초등학교 1학년인 딸아이가 있다. 엄마는 아이가 숙제를 시작하면 똑 부러지게 빨리 끝냈으면 좋겠는데, 아이가 그렇게 하지 못하고 미적댈 때 화가 난다고 했다. 처음에는 평소와 같은 모습으로 "수정아, 빨리해"라고 주의를 준다. 그런데 아이가 "조금만 있다가 할 거야. 좀 쉬고"라고 한다. 엄마는 몇 번은 봐준다. 그러다 "벌써 5분 지났다. 얼른 앉아"라고 했다. 아이가 앉기는 했는데, 몇 문제 안 풀고는 인형을 가지고 왔다 갔다 했다. 그럴 때 화산이 터지듯 엄마의 화가 폭발한다. 아이가 어이없는 실수를 할 때도 그런다고 했다. 그것이 중요한 일이건 별일 아니 건 상관없다. 살펴보니 이 엄마가 화가 나는 지점은 늘 '똑 부러지게 못할 때'였다.

아이는 엄마가 화를 낼 때 정말 무섭단다. 화가 나고 속상하다고 했다. "너는 엄마가 왜 화를 낸다고 생각하니?"라고 물었더니, 아이는 자기가 말을 안들어서 그렇단다. "그러면 엄마가 화내는 것이 이해되니?"라고 물었다. "솔직히 이해가 안 돼요. 그렇게까지 화낼 일은 아닌 것 같아요"라고 그 조그마한 아이가 말했다. 아이는 엄마가 화를 안 냈으면 좋겠다고, 화를 내지 않을 때는 매우 좋은 엄마라고 했다.

이 엄마는 약간 우울감이 있기는 했지만, 조울증은 아니었다. 순간적으로 화를 잘 참지 못하는 것이다. 남들은 모르는, 가족들만 아는 욱하는 엄마였다. 남편한테도 가끔 불같이 욱하는데, 지점은 똑같았다. 공과금 등을 제때 내지 않아 과태료를 물어야 할 때, 작은 약속이라도 깜빡했을 때 등 '똑 부러지게 일 처리를 하지 못할 때'였다.

아이는 엄마 눈치를 많이 보고 매사에 주눅이 들어 있었다. 그리고 뭔가를 스스로 결정하는 것을 무척 어려워했다. 엄마는 그것이 자기 때문이라는 것을 알고 있었다. 자신이 화를 낼 때 아이가 벌벌 떠는 것이 보인다고 했다. 그런데도 화를 참을 수가 없단다. 엄마는 그 이야기를 하면서 아이에게 미안해서 또 울었다. 이 엄마는 도대체 왜 이렇게 된 걸까?

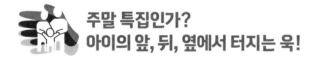

주말 특집인가?
아이의 앞, 뒤, 옆에서 터지는 욱!

엄마 이야기만 하니까 좀 억울한 감이 있다. 사실 오리지널(?) 욱은 여자에 비해 남자가 더 많은 편이다. 욱은 범위가 아주 넓다. 짜증을 내는 것부터 시작해서 소리를 꽥 지르는 것, 화를 버럭 내는 것, 아주 공격적으로 분노하는 것, 갑자기 폭력적으로 변하는 것 모두 '욱'이다.

겉으로 보이는 욱은 '화'만 해당되는 것 같지만, 그 안의 실체는 감정을 못 참는 것, 성급한 것이다. 모든 남자가 그런 것은 아니지만, 못 참고 성급한 면은 남자들에게 더 많이 나타난다. 육아에 기여하는 시간이 여자가 남자보다 월등히 많기 때문에 육아 상황에 욱하는 것은 보통 엄마의 문제로 여겨지지만, 만약 아빠들이 육아를 맡는다고 가정한다면 엄마들보다 더 격렬하게 욱할 것이 뻔하다.

어쩌다 가끔 아빠들이 아이를 돌보게 되면 얼마 지나지 않아 화를 내면서 욱한다. 아이의 계속되는 요구를 견디지 못해서다. 예를 들어 아빠는 아빠대로 TV를 보거나 스마트폰을 하는 등 뭔가를 하고 있는 상황이다. 이때 아이가 놀아 달라고 조른다. 아빠는 하던 것을 멈추고 자기 나름대로 성의 있게 놀아 줬는데 아이의 요구는 끝이 없다. 조금 쉬려고 해도 빨리 더 놀아 달라고 성화다. 이럴 때 욱한다. 보살피는 것에 익숙하지 않고 자기 욕구가 앞서기 때문이다.

아이에게 뭔가를 가르치게 되었을 때도 어김없이 욱한다. 고분고분 배우지 않고, 계속 말대꾸하고, 빨리빨리 하지 못하거나, 조금 큰 아이가 말도 안 되게 쉬운 문제를 계속 틀리면 화가 치밀어 오른다.

공공장소에서 아이가 계속 아빠 눈에 거슬리는 행동을 할 때도 그렇다. 아빠가 하지 말라고 했는데도 아이는 아랑곳하지 않고 계속 그 행동을 한다. 주변 사람들의 표정도 별로 좋지 않다. 아내가 눈치를 채고 아이에게 주의를 줬지만 효과가 없다. 아빠가 보기엔 아내가 아이에게 쩔쩔매는 것 같다. 이럴 때 아이의 모습도 아내의 모습도 다 아빠의 신경을 건드린다. 뭔가 탓하는 듯한 사람들의 눈빛이 아빠의 얼굴에 꽂힌다. 그러면 불편한 감정이 급속 충전되다 펑 하고 터져 버린다. 분명 우리 아이가 남들에게 피해를 주었다는 미안한 마음도 있다. 그런데 나오는 말은 "당신들은 애 안 키워?"가

되어 버린다. 그러고는 아이를 질질 끌고 그 장소를 나와 버린다. 밖에 나와 서는 아이를 잡는다. "어휴, 내가 너 때문에 별꼴을 다 당한다. 다시는 오나 봐!" 하면서 아이 엉덩이를 때리기도 한다. 상담할 때 만나는 아빠들은 이런 말을 자주 한다. "원장님, 제가 밖에 나가서 싸우는 사람이 아니에요. 그런데 아이랑 키즈카페만 가면 다른 집 아빠랑 싸워요."

퇴근해서 들어왔는데 집이 난장판이면 욱이 터져 버리기도 한다. 쉬고 싶은데 집 안이 지저분하고 정신없다. 거실에는 장난감이 한가득이고, 개키지 않은 빨래는 바닥에 아무렇게나 흩어져 있고, 식탁에는 저녁에 먹은 음식이 그대로 놓여 있다. 설거지통에는 설거지가 산더미처럼 쌓여 있다. 아내는 아이에게 짜증 섞인 잔소리를 퍼붓고 있다. 쉬고 싶은데 집이 아늑하지 않다. 그러면 아빠는 감정 조절에 실패하고 결국 아이 앞에서 욱하고 터지고 만다.

어떤 아빠는 유난히 자주 욱하는 모습을 보인다. 층간 소음으로 아래층 사람이 우리 집 벨을 누를 때, 운전하는데 다른 차가 끼어들었을 때, 식당에 사람이 많아서 기다려야 할 때, TV에서 아빠가 싫어하는 정치인이나 연예인이 나왔을 때 아이는 누군가를 향해 욱 화살을 쏘는 아빠의 모습을 보게된다. 아빠의 욱은 아이의 앞에도 있지만, 아이와 전혀 상관없는 아이의 옆, 뒤, 건너편에도 있는 듯하다.

아빠의 욱은 이른바 주말 특집이다. 어쩌다 한번 아이를 돌보면서 뭐가 그렇게 화가 난다고 욱할까? 이렇게 어쩌다 한 번 아이 앞에서 터지는 욱은 괜찮은 걸까?

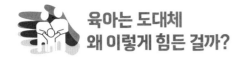

육아는 도대체
왜 이렇게 힘든 걸까?

　육아는 전쟁에 많이 비유된다. 아이를 키우다 보면 힘들어 미칠 것만 같은 상황이 많다. 아이가 어릴수록 더 그렇다. 정신없이 육아에 매달리다가 욱하고, 또 육아에 매달리다가 욱하기를 반복하다 보면 정말 쓰러질 것 같이 힘들다는 생각에 '전쟁'이라는 표현을 쓰게 된 것 같다.

　하지만 그래도 육아가 전쟁이면 안 된다. 상대를 죽여야 내가 사는 상황, 최소한 상대를 이겨야 내가 사는 상황이 육아가 되어서는 안 된다. 누구에게도 육아는 쉽지 않다. 육아가 힘든 이유는 첫째, 육아는 연습이 없기 때문이다. 둘째, 육아는 끊임없이 나를 내주어야 하는 과정이기 때문이다.

　첫째를 키워 봤다고 둘째를 키우기가 쉬운 것이 아니다. 아이는 저마다 특성이 다른 특별한 존재다. 첫째를 수월하게 키웠다고 둘째도 수월할까? 그것도 아니다. 첫째는 까다로운데 둘째는 좀 순하다. 그렇다고 둘째를 더 잘 키우느냐? 그것도 아니다. 아이마다 가지고 있는 문제의 형태가 다르고 개성이 다르기 때문에, 아이가 하나이건 둘이건 셋이건 그 아이를 대하는 건 항상 처음이다. 목욕 시키는 것, 이유식 만드는 것, 옷 갈아입히는 것 등의 육아 기술은 아이를 처음 키울 때보다 늘 수는 있다. 하지만 아이와의 상호작용은 언제나 처음이다. 연습이 없는 상태다. 자식을 열을 낳아도 마찬가지다.

　끊임없이 나를 내주는 것도 쉽지 않다. 아이를 키우면서 나를 내준다는 것은 더 사랑해 주고, 더 이해해 주고, 더 참아 주는 것이다. 나의 시간을 아이에게 내주고, 나의 체력을 아이에게 내주는 것이다. 어릴 적 별다른 문제 없이 잘 자란 사람은 부모가 되어서 아이에게 자신을 내주는 것이 자연스럽다. 아이에게 희생한다는 생각이 들지 않는다. 자신이 손해 보고 있다는 생각이 들지 않는다. 자신도 부모로부터 그렇게 받고 자랐으므로 아이에게 내주는 것을 당연하게 여긴다.

그런데 그것이 어렵고 잘 안 되는 사람이 있다. 내주는 것이 어려운 사람은 아이를 부모와 자식이 아니라 인간 대 인간의 관계로 본다. 일부러 그러는 것이 아니라 자신도 모르게 그렇게 여긴다. 그래서 "너 어떻게 나한테 이럴 수 있어?" 하면서 화를 내게 된다. 내주는 것이 잘되지 않으면 감정 조절이 훨씬 어려워진다. 감정 조절이 어려워지면 지금 이 상황이 끔찍하게 느껴질 수도 있을 것이다.

부모를 정말 힘들게 하는 아이, 물론 있다. 이런 자녀를 둔 부모는 '아, 신이 나를 시험에 들게 하시는구나'라는 생각이 들 정도다. 오죽하면 '마더킬러'라는 말까지 나왔을까. 이는 굉장히 까다롭고, 잘 울고, 잘 달래지지 않는 아이, 이렇게 저렇게 해도 안 먹는 아이, 정말 말을 안 듣는 아이 등 부모를 너무 힘들게 하는 아이를 두고 일부 학자들이 만든 말이다. 하지만 그래도 '마더킬러'는 좀 심하다. 부모에게 '다 당신이 잘못해서만은 아닙니다'라는 메시지를 주려고 만든 단어인 줄은 알겠으나, 아이와의 관계에서 발생한 문제의 원인을 아이에게 모두 귀결시키는 의미 같기 때문이다.

아이를 키우는 일이 힘든 것은, 물론 부모가 육아를 잘못하기 때문만은 아니다. 하지만 아무리 심각한 아이라도 부모가 좀 더 애쓰고 노력하면 좀 나아진다. 부모가 최선을 다해도 키우기 힘든 아이가 있지만, 그래도 문제를 그대로 내버려 둘 것이 아니라면 결국은 문제를 인식한 사람이 노력해야 하는 것이 맞다.

"아이를 키우면서 내가 이렇게 화가 많은 사람인지 처음 알았다"라고들 한다. '화'의 원인을 쉽게 '아이'로 단정 짓는 것이다. 누구에게나 육아는 힘들다. 아이가 한 명이건 여러 명이건 예외 없다. 딸이건 아들이건 마찬가지다. 누구에게나 힘든 이 육아가 유난히 더 힘들고 괴롭게 여겨진다면 거기에는 분명 뭔가 있는 것이다. 그 이유를 반드시 찾아봐야 한다. 그래야 아이와 내가 살 수 있다.

CHAPTER 2

파괴력 무한대!
욱이 육아를 망친다

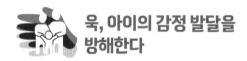

욱, 아이의 감정 발달을 방해한다

　사람에게는 감정의 그릇이 있다. 그 그릇에 부정적인 감정이 점점 차오르다가 별안간 분출되어 나오는 것이 '욱'이다. 욱은 마치 상대를 공격하듯이 충동적으로 나온다. 부모들이 욱하는 모습을 보면 두 부류다. 하나는 감정을 담는 그릇 자체가 너무 작아서, 조금만 불편한 감정이 유발되어도 바로 분출되는 사람이다. 이런 사람은 항상 짜증과 신경질을 달고 있다. 다른 하나는 감정의 그릇은 그렇게 작지 않아 평상시에는 제법 잘 참고, 온순한 성격으로까지 보인다. 그런데 어느 순간 감정의 그릇에서 한 방울이 넘치면

'하이드 씨'가 되어 버린다. 문제는 그 순간이 언제인지 아무도 모른다는 것이다. 어느 것이 한 방울인지 모르기 때문에 그의 주변 사람은 늘 불안하다.

감정 그릇이 차서 넘치기 전에 조금씩 버리거나 덜 담으면 어떨까? 그것이 바로 감정 조절이다. 정서가 잘 발달한 사람은 감정을 잘 조절할 수 있다. 자신이 느끼고 있는 감정의 정체를 알기 때문에 그에 맞게 감정을 잘 다룰 수 있다. 감정을 담고 버리는 것이 자유자재로 된다.

흔히 "내가 욱해서" "내가 좀 다혈질이잖아"라고 하는 사람은 감정 발달이 잘 되지 않은 것이다. 감정 조절에 미숙한 사람이다. 그런데 감정 발달은 후천적이다. 보통은 부모와 자녀 관계에서 학습된다. 부모가 아이에게 직접 감정 조절을 가르쳐 주기도 하고, 가족 간에 감정 조절을 어떻게 하는지 보고 배우기도 한다. 그렇기 때문에 부모가 감정 발달이 잘 되지 못해 감정 조절에 미숙하다면, 아이 또한 그렇게 될 가능성이 높아지게 된다.

욱은 딱딱하게 뭉친 감정의 덩어리다. 이것이 마치 폭탄처럼 튀어 나가 상대방을 공격한다. 사실 이 감정의 덩어리는 한 가지 감정이 아니다. 그 정체를 들여다보면 굉장히 세밀하고 다양하다. 화도 있고, 부끄러움도 있고, 걱정도 있고, 미안함도 있고, 당황스러움도 있고, 고통도 있고, 불쾌함도 있고, 배고픔도 있고, 불편함도 있을 수 있다. 욱 안에는 너무나 다양한 감정과 원인들이 뒤섞여 있다. 그런데 이 많은 감정을 그 감정 상태 그대로 느끼거나 표현하지 않고, 한데 똘똘 뭉쳐서 큰 덩어리로 만들어 상대방에게 쏘아 버리는 것이다.

아이를 키울 때 화가 나는 상황만 있는 것은 아니다. 낯설거나 당황스럽거나 민망하거나 슬프거나 애잔한 모습 등 굉장히 다양한 상황과 다양한 원인, 다양한 감정이 있다. 우리는 그것을 쉽게 욱으로만 표현한다. 부모가 감정 표현을 이렇게 단순하게 하면, 아이의 다양한 감정을 끄집어내 줄 수 없다. 욱하는 부모가 가진 감정 표현은 단순하고, 종류도 몇 가지 안 되고, 강도는 항상 세다. 그런 부모의 모습을 학습한 아이는 감정 발달을 그르치게 된다.

우리 뇌에서 마치 오케스트라처럼 다양한 감정을 조율하는 부위가 변연계다. 부모가 욱하는 모습만 보고 자란 아이는 이 변연계가 무뎌진다. 다양한 감정을 느끼는 것에 무딘 아이가 되는 것이다. 게다가 그냥 좀 기분이 나쁘고 불편해지면 욱으로 표현하는 것이 맞는 줄 알게 된다.

아빠가 밥을 빨리 안 준다고 엄마한테 소리를 지른다. 엄마는 "쌀이 익어야 주지. 지금 어떻게 줘!" 하면서 아빠 못지않게 소리를 지른다. 아이는 그 모습을 그대로 보고 배운다. 그러면 아이는 위기의 순간이나 약간 다급한 상황, 뭔가 빨리 처리해야 하는 상황에서는 버럭 화를 내고 소리지르는 것이 맞는 줄 안다. 공격적인 감정은 강력하게 느껴지기 때문에 다른 감정보다 금방 배운다.

이런 감정을 한번 분출하면 화끈하다. 욕을 한번 내뱉거나 소리를 꽥 지르거나 물건을 던지면 불편했던 감정이 순간 확 나가기 때문에 속이 후련하다고 느껴진다. 그래서 자꾸 그 방법을 쓰게 된다. 평소 욱하던 사람이 욱을 참으면, 흡사 화장실 갔다 그냥 나온 것처럼 찜찜하다. 시원치가 않다. 그래서 계속 욱한다.

그러나 아이 앞에서는 절대 욱해서는 안 된다. 욱하는 감정은 쉽게 배워지고, 욱으로 감정을 표출하기 시작하면 고치기가 정말 어렵다. 내 아이가 욱하는 어른으로 자라기를 원치 않는다면, 어릴 때부터 부모가 철저히 모범을 보여야 한다.

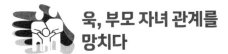

욱, 부모 자녀 관계를 망치다

"내가 좀 욱하지만 뒤끝은 없잖아." 욱하는 사람들이 자주 하는 말이다. 화를 잘 내는 것을 자기표현을 잘하는 것이라고 착각하는 것이다. 하지만 '뒤끝 없다'는 말만큼 상대의 감정에 대한 고려가 빠진 말도 없다. 욱은 상대와의 관계에서 유발되는 감정이다. 그런데 '욱'으로 감정을 표현하는 사람은 온통 '자기 입장'에만 초점이 맞춰져 있다. 내 감정만 중요하다. 마치 말하기 좋아하는 사람이 듣는 것에는 미숙한 것과 같다. 늘 자기감정을 표현하는 것만 우선시하기 때문에, 내가 이 표현을 했을 때 상대가 어떤 감정을 느끼는지에 대해서는 생각하지 못한다. 정서가 잘 발달된 사람은 내 감정도 잘 포착하지만, 동시에 다른 사람의 감정도 고려한다. 그래서 과다한 감정은 싹 줄여서 표현한다.

아빠는 지금 운전 중이다. 지금 막 복잡한 도로에 들어섰다. 그런데 아이가 운동화가 작아서 발가락이 아프다며 운다. 아이를 잘 달래는 아빠라면 "작은 운동화를 신고 나왔구나. 발이 불편해서 힘들겠다. 조금만 기다려. 길이 밀려서 빠져나가려면 시간 좀 걸리거든. 다시 집에 가서 운동화 갈아 신고 오자. 그동안 벗고 있어"라고 다독일 것이다. 만약 돌아갈 상황이 안 되면, "답답할 테니까 일단 벗고 있어. 여기 나가면 운동화 파는 데 있으니까 가서 하나 사자"라고 한다.

그런데 욱하는 아빠는 길이 복잡한 것으로 이미 기분이 별로다. 게다가 아이가 뒤에서 칭얼대니까 짜증까지 난다. "좀 조용히 해. 아빠 운전하는 거 안 보여?"라고 버럭하게 된다. 아이가 계속 울면 "어떻게 하라고? 지금 도로로 들어섰잖아. 그러게 신발 좀 잘 신고 나오지"라고 아이를 탓한다. 또는 "조용히 해. 오늘은 아파도 참아"라고 해 버린다. 아빠는 아이에게 주어진 상황이나 감정보다 자신에게 주어진 상황이나 감정이 더 우선인 것이다.

생각해 보자. 지금 아빠가 욱하는 상대는 '아이'다. 아이 앞에서 욱하는 부모의 모습은 가끔 '어떻게 부모가 돼서 그렇게 말해?'라는 생각이 들 정도로 비도덕적으로 느껴질 때도 있다. 상담을 하다 보면 아이들이 "우리 아빠는 자기 기분만 중요해요. 제 기분은 신경도 안 써요"라고 말하기도 한다. 더 어린아이들은 이렇게 정확하게 말하지는 못해도 부모가 자신의 감정을 보호해 주지 않는 것이 기분 나쁜 느낌으로 남아 있다는 걸 표현한다.

이렇게 되면 기질에 따라 다르기는 하나, 아이도 점점 사나워진다. 자기감정을 지키기 위해 사사건건 부모와 대적하려고 들 수 있다. 어떤 아이들은 초등학교 때는 얌전했다가 사춘기에 접어들면서 욱하는 아이로 돌변하기도 한다. 어릴 때는 부모 때문에 생기는 불편한 감정을 어떻게 표현하고 처리해야 할지 잘 몰라서 꽉 누르고만 있었는데, 그것이 사춘기가 되면 터져 나오는 것이다. 이때는 부모가 아무리 욱하고 혼내도, 아이를 제어할 수 없게 된다.

밖에서 남자들이 욱하는 상황을 보면, 대부분 자기보다 약자라고 생각하는 사람에게다. 내가 욱하면 관계가 깨지거나 손해 보는 상황에서는 참는다. 예를 들어 나는 영업사원이고 상대는 내 고객이다. 나는 이 사람에게 자동차를 팔아야 한다. 그런데 상대가 자꾸 나를 자극한다. 시비를 걸고 말도 안 되는 것으로 트집도 잡는다. 이때 자동차를 꼭 팔겠다고 생각하면 참는다. 하지만 이 고객을 버리겠다고 생각하면 그땐 욱한다. 사회생활을 하면서 남자가 표현하는 욱은 관계의 포기, 단절, 파괴를 가져올 때가 많다.

아이 앞에서 하는 욱도 같은 결과를 가져온다. 불필요하게 욱하는 것은 관계에 굉장히 파괴적이다. 문제는, 어찌 보면 사회에서의 욱은 관계를 끊으면 그만이지만, 아이와는 그럴 수 없다는 것이다. 그래서 더 치명적이다.

"네가 너무 말을 안 들으니까 그렇지." "다 너 잘되라고 하는 소리야." 욱하고 나서 부모들은 이렇게 말한다. 하지만 부모의 욱 때문에 성인이 되면 연을 끊고 지내는 사람들도 많다. 딱 한 번 욱했다고 그렇게 되지는 않는다. 부모가 끊임없이 별것 아닌 일에 화내고 욱하면, 아이는 자신의 잘못에 비해 반응이 심하다고 생각한다. 그러다 어떤 결정적인 일이 발생하고 섭섭한 마음이 생기면 그다음부터는 부모를 안 보고 싶어 한다. 더는 상처받지 않기 위해 벽을 세우는 것이다. 이들은 부모가 징글징글하다고 말한다. 더 이상 이성을 잃고 욱하는 부모를 보고 싶지 않다고 한다. 그런데 자신을 낳아 준 부모와의 연을 어떻게 끊겠는가. 겉으로는 관계를 끊은 것처럼 보여도 내면에서는 그 자체가 어마어마한 고통이다.

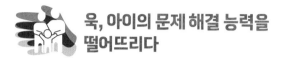
욱, 아이의 문제 해결 능력을
떨어뜨리다

　세상을 살다 보면 다른 사람과 부딪힐 일이 생긴다. 이때 욱하는 것으로 상황과 대화를 이끌어 가는 것은 가장 극단적인 방법이다. 앞에서 말했듯 '더는 안 본다' '끝이다'라는 생각으로 일을 처리하는 것이기 때문이다. 상대방이 나를 가해했다고 생각하거나 상대방을 적으로 판단하면 욱한다. 자신을 보호하기 위해서 욱하는 것이다. 아이에게 욱할 때도 그 순간만은 아이가 나를 괴롭힌다고 판단하는 것이다.

　이처럼 자신이 안전하지 않다, 무시당한다, 위험하다고 생각하면 자신을 지키기 위해 센 척한다. 상대와 대립의 관계에 섰을 때 좀 더 우위를 점하기 위해서, 내 힘을 과시하기 위해서 소리를 지르고 난동을 피운다. 욱은 맹수가 적을 만나면 으르렁거리는 것처럼 동물적인 본능에 충실한 대처다. 이 동물적인 대처를 아이가 답습한다.

　층간 소음 때문에 아래층 사람이 뛰어 올라왔다고 치자. 물론 그 사람이 처음부터 기분 나쁘게 말할 수도 있다. 그래도 오늘 우리 집에 손님이 와서 시끄럽게 한 바가 있었으면 죄송하다고 해야 한다. 아래층 사람이 평소 아무리 예민하게 굴었어도 지금의 본질은 우리가 오늘 시끄럽게 하고 쿵쾅거린 것이다. 그러면 "오늘 집안에 행사가 있어서 손님들이 오셨습니다. 죄송합니다"라고 해야 한다. "무슨 오늘만 그랬소? 평소에도 그렇잖아요!"라고 해도 "아, 예. 애들이다 보니 좀 시끄러웠죠. 주의시키겠습니다" 하면 된다.

그런데 보통은 그렇게 수습하지 않는다. 그러면 그 사람한테 밀리는 것 같기 때문이다. 게다가 지인이나 가족들이 보고 있으면 내가 지는 것처럼 보일까 봐 자존심이 상한다. 그래서 "아니, 만날 그러는 것도 아니고, 어쩌다 그럴 수도 있지! 그럼 애들한테 날아다니라고 해요?"라면서 언성을 높인다.

아이는 이 모습을 뒤에서 다 지켜보고 있다. 아이들은 어른들이 약간 말이 많아지거나 언성이 높아지면 싸운다고 생각한다. 그래서 '누가 자신에게 뭐라고 하면 싸워야 하는구나. 잘못한 것이 있어도 일단 부딪쳐야 하는구나'라고 입력한다. 아주 어렸을 때부터 이런 것이 차곡차곡 학습된다.

모처럼 한가로운 토요일. 아빠가 큰마음 먹고 아이와 놀아 주려고 하다가 얼마 지나지 않아 아이에게 큰소리를 냈다. 엄마는 어쩌다 한 번인데도 아이와 잘 놀아 주지 못하는 남편의 모습에 화가 난다. 그래서 티격태격 감정적인 말을 주고받다가 급기야 부부 싸움을 벌인다. 어느 집에나 있을 수 있는 아주 흔한 상황이다.

부모가 아이와 놀아 주려는 것은 아이와의 정서적 상호작용을 잘해서 부모와 아이의 유대감을 높이고 아이의 정서를 키워 주기 위해서다. 하지만 의도와 달리 나중에는 부모가 서로 악다구니를 쓰면서 싸우고 있다. 아빠가 잘 놀아 주는 것으로 아이가 얻는 것이 '10'이라면, 부모가 아이 앞에서 '아이 이름'을 거론하며 싸우는 것으로 잃는 것은 '100'이다. 얻는 것보다 잃는 것이 훨씬 많다. 무척 어리석은 상황인 것이다.

아이들도 눈치가 빨라서 다 안다. 자기가 발단인 것 같기는 한데, 저렇게까지 싸울 일은 아닌데 부모가 싸우고 있다. 이 상황에서 아이는 뭔가 감정적인 갈등이 있거나 의견 대립이 있을 때, 대화를 통해 타협해 나가기보다 사소한 일이어도 크게 다투게 되는 과정을 고스란히 배운다.

엄마가 아이랑 병원에 갔다. 예약을 해 놓고 왔는데 기다리라고 한다. 엄마는 병원일이 끝나면 급히 다른 곳을 가야 하는 상황이다. 바로 진료를 봐야 하는데 기다리라고 하니 속이 부글부글 끓는다. '그래, 내가 10분은 기다려 준다.' 10분이 지나도 여전히 부르지 않는다. 엄마는 접수대로 성큼성큼 걸어갔다. "아니, 이렇게 기다릴 거면 예약을 뭐 하러 잡아요?" 하면서 큰소리로 따졌다. 엄마는 진료가 끝나고 어디를 가야 하는데 당신들 때문에 다 늦어졌다며, 누가 책임질 거냐고 다다다다 항의했다. 간호사들은 연신 죄송하다고 하며 앞의 대기자 몇 명에게 양해를 구하고 엄마와 아이를 먼저 진료실로 들여보내 줬다.

아이는 엄마가 문제를 해결하는 방식을 다 보고 있다. 아이는 뭔가 손해를 본다 싶으면 자초지종을 묻기보다 부당하다고 항의부터 해야 한다고 배운다. 기다리는 것을 못 견디고 뭐든 빨리빨리 처리되기를 원하는 사람들은, 한편으로 보면 나의 주변과 타인을 돌아볼 겨를이 없는 경우가 많다. 타인에 대한 배려심이나 공감 능력이 많이 떨어질 수 있다. 아이 또한 그렇게 자라게 된다. 엄마는 오래 기다리지 않았으니 문제를 잘 해결했다고 생각할 수 있다. 하지만 그것이 아이에게 얼마나 독소적인 행동인지는 모른다.

내 인생을 좌지우지할 정도로 위험한 일 앞에서는 욱하고 싸워야 한다. 하지만 사소한 일, 이해하고 넘어갈 수 있는 일, 굳이 따지지 않아도 되는 일에도 부모가 시시비비를 가리려고 들면, 아이는 세상이 안전하지 않다고 느낀다. 부모가 항상 누군가와 싸우고 있다면, 세상이 얼마나 무섭게 느껴지겠는가. 주변이 온통 적군이고 싸워야 할 사람들이라고 느껴진다. 언제 누가 나를 해할지 모르는 상황이니 얼마나 불안하겠는가.

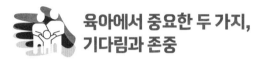

육아에서 중요한 두 가지, 기다림과 존중

육아에서 가장 중요한 두 가지만 꼽으라면, 기다리는 것과 아이를 나와는 다른 인격체로 존중해 주는 것이다. 아이의 발달을 지켜볼 때도 기다려야 하고, 아이를 가르칠 때도 기다려야 한다. 아이에게 옳고 그른 것을 가르쳐 주는 훈육 또한 기다림이 가장 중요하다. 중간에 간섭하지 않고 채근하지 않고 기다려 주는 것만 잘해도 아이는 잘 자란다.

잘 기다려 주려면 아이가 나와 다르다는 것을 인정해야 한다. 아이를 나와 동일하게 생각하거나, 아이를 나의 소유로 생각하면 기다리지 못한다. 아이가 내 마음과 다르게 행동하거나, 내가 계획한 것과 다른 방향으로 가면 내 마음이 불편해지기 때문이다. 얼른 달려가 방향을 돌려놓고 싶어진다. 그럴 땐 아이가 나와 다른 존재라는 것을 인정해야 가만히 지켜볼 수 있다.

욱은 성급한 마음에서 나온다. 욱에는 기다림과 상대에 대한 존중이 없다. 우는 아이는 빨리 그쳐야 하고, 잘못된 행동은 빨리 고쳐야 한다. 무슨 말을 하면 빨리 알아들어야 하고, 지시하면 곧바로 행동으로 옮겨야 한다. 그렇지 않으면 욱하는 부모는 더 욱하게 된다.

그런데 아이는 그럴 수 있는 존재가 아니다. 아주 천천히 배운다. 여러 번 가르쳐 주고 그것을 뇌에서 처리하기까지 기다려 주어야 한다. 스스로 체득하기를 기다려야 한다. 혹여 아이가 그 과정에서 기분이라도 나빠지면 못 배운다. 아이가 울면 기다려 줘야 한다. 아이가 하루 종일 울지는 않는다. 스스로 진정하고 마음을 추스르는 것을 경험해야 어떻게 울음을 그쳐야 하는지 배운다. 그런데 부모가 자꾸 '빨리'를 부르짖으면 그렇게 못한다.

육하는 부모가 요구하는 '빨리빨리'는 민첩함을 가르치는 것이 아니다. 채근하는 것이다. 그러면 아이의 마음이 불편해진다. 긴장감이나 스트레스 지수가 높아진다. 그렇게 되면 불안이 자극되고 마음이 더 불편해진다. 불편해진 것을 잘 소화하는 아이도 있지만, 대부분의 아이들은 불편해졌다가 불쾌해진다. 이 불쾌감은 짜증이나 화로 표현된다. 짜증이나 화가 많은 아이가 되는 것이다. 아이는 배울 것을 배우지도 못하고 '욱'하는 어른으로 가는 티켓만 예매하게 되는 셈이다.

대부분의 경우 부모는 아이가 만 2세가 될 때까지는 욱하지 않는다. 아이는 내가 보호해 주어야 하는 대상이라고 생각하기 때문이다. 그 시기에 아이에게 욱한다면, 정신과적 치료를 받아야 하는 사람이다. 욱하는 사람의 대부분은 원하는 대로 해 주면 기분이 안 나빠진다. 만 2세까지는 아이들이 엄마가 원하는 대로 산다. 그러니 덜 욱하는 것이다.

하지만 만 2세가 지나면서 아이가 달라진다. 자기주장이 생긴다. 이때부터는 부모가 욱하는 일이 잦아진다. 그 밑바닥에는 아이를 한 인간으로 존중하지 않는 마음이 있다. 아이가 독립적인 존재이고, 나와 생각이 다르다는 것을 인정하지 않아 욱하는 것이다. 관계에서 상대가 내 뜻대로 움직여 주지 않아 욱하는 것이다. 아이가 높은 곳에 기어 올라간다. "거기 올라가지 마." 그래도 아이가 계속한다. "그만 올라가." 한 번 더 말한다. 그래도 아이가 계속 올라가면 욱한다.

아이에게 욱하고 나서 부모들이 가장 많이 하는 말은 "아이가 말을 안 들어요"다. 부부 간에 욱하고 나서 많이 하는 말은 "말이 안 통해요"다. 다른 사람과의 관계에서는 "내가 하지 말라고 하는데, 계속 하잖아요"다. 공통점은 결국 내 말을 들으라는 것이다. 욱은 상대에 대한 제압의 의미가 있다. 상대를 감정적으로 내 마음대로 좌지우지하고 싶은 마음이 있는 것이다. 상대를 장악하고 굴복시키려고 했는데, 안 되었을 때 욱한다.

가정교육을 시킨답시고 아이에게 소리를 지르는 것도 그 밑바닥에는 성급함이 있다. 육아에서 뭔가를 빨리 해결하고자 하면, 마음이 급해지면서 소리를 지르게 된다. 엄마는 급해 죽겠는데, 아이는 늦장을 피우며 옷을 입고 있다. 그 꼴을 보고 있으면 자동적으로 "야!"가 나온다. 외국 부모들은 이럴 때 "네가 이 시간까지 준비를 안 하면, 엄마 아빠는 그냥 가야 해. 그러면 너를 따로 돌봐줄 유모를 부르는 수밖에 없어"라고 이야기한다. 그러면 아이도 "알았어요. 빨리할게요"라고 답한다. 그런데 우리 부모들은 늦장을 부리는 아이에게 소리를 지르고 어떨 때는 엉덩이까지 때리면서 채근한다. 아이는 옷을 입긴 입어도 뭔가 기분이 나쁘다. 이렇게 되면 아이는 시간에 맞춰 빨리 준비해야 한다는 것을 배우지 못한다.

부모들은 잘못한 것을 가르치기 위해 소리쳤다고 하지만, 아이들은 누군가 소리를 꽥 지르면 머릿속이 하얗게 되면서 얼어 버린다. 그러면 정보 처리가 안 된다. 그런 상태로 어떻게 유연하게 행동하겠는가? 어떻게 스스로 생각해서 사과할 것은 사과하고 배울 것은 배우겠는가? 결국 욱은 아이에게 아무것도 가르치지 못한다.

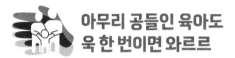

아무리 공들인 육아도
욱 한 번이면 와르르

부모들은 참다 참다 자기도 모르게 욱했다고 말한다. 최선을 다해서 아이를 키우다가 그랬다고 한다. 최선을 다하는 것은 좋다. 그런데 내가 할 수 있는 최선이어야 한다. 내가 할 수 있는 선을 넘으면 안 된다. 육아는 한두 달만에 끝나는 것이 아니다. 한두 달만 하면 되는 일이라면 무리해도 된다. 시험 기간 며칠은 밤을 샐 수 있다. 그렇지만 매일 밤을 새면 살 수가 없다. 육아도 마찬가지다. 아이를 완벽하게 키우려고 애를 쓰면 반드시 탈이 나게 되어 있다.

욱하고 후회하는 엄마들을 보면 평소에는 아이한테 과도하게 잘한다. 아이가 그림책을 읽어 달라고 하면 원하는 대로 계속 읽어 준다. 다섯 권만 읽어 줘도 될 것을 열 권 넘게 읽어 준다. 입에서 단내가 나고 목소리가 갈라지기 시작한다. 그러다 별안간 "좀 그만해. 벌써 몇 권째야? 두 권만 읽기로 했잖아!" 하면서 버럭 화를 내 버린다. 이러면 아이에게 책을 읽어 준 효과가 없다. 오늘 아이에게 최선을 다해 전해진 긍정적인 영향이 자기 전에 책을 읽어 주면서 뱉은 욱으로 마이너스가 되어 버린다. 단 한 권이라도 엄마의 체력이 허락하는 만큼만 기분 좋게 읽어 주고 말았으면 더 좋은 효과를 나타냈을 것이다.

스무 번 중에 열아홉 번은 친절한 엄마인데 한 번은 광분한다면, 차라리 그 열아홉 번을 너무 애쓰지 않는 것이 낫다. 그리고 그 한 번을 안 하는 것이 낫다. 그것이 아이한테는 훨씬 더 이롭다. 열아홉 번 애쓴 것이 다 필요 없다는 이야기가 아니다. 애를 쓰는 것보다 절대로 하지 말아야 하는 한 번을 안 하는 것이 낫다는 것이다. 유기농 재료만 골라서 맛있는 요리를 만들어서 먹이고, 공부도 가르쳐 주고, 그림책도 재밌게 읽어 주고, 좋다는 체험학습도 데리고 다닌다. 뮤지컬도 관람시켜 주고, 박물관도 데리고 간다. 그러다가 한 번 욱하거나 아이를 때리거나 하면 아이에게는 결국 마이너스다.

나라에는 상위 레벨의 가치에 두는 법이 있다. 의학적 진단에도 상위 레벨이 있다. 아이를 키울 때도 상위 레벨이 있다. '아이에게 절대 욱해서는 안 된다.' 이것이 육아의 가장 상위 레벨의 가치다. 아무리 시간과 돈, 체력을 들여서 최선을 다해도, 부모가 자주 욱하면 그 모든 것이 의미가 없다. 좋은 것을 먹여 주고 보여 주는 것보다, 욱하지 않는 것이 아이에게는 백배 더 유익하다.

만약 '지킬 박사와 하이드 씨'가 아이를 키운다면, 그 아이는 어떨까? 최악이다. 아이는 모든 것이 혼란스러울 것이다. 혼란스러워지면 모든 것이 불안하고 두렵다. 그렇게 되면 상황 상황마다 어떻게 해야 하는지 배우지 못한다. 아이는 내재화되는 자기 기준을 하나도 갖지 못하게 된다. 그러면 자신감이 없어진다. 자신감이 없기 때문에 자존감 형성에도 부정적인 영향을 주게 된다.

CHAPTER 3

안 그래야 한다는 걸
아는데, 왜 안 될까?

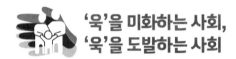

'욱'을 미화하는 사회,
'욱'을 도발하는 사회

아이에게 욱하고 나서 마음이 편한 부모는 없다. 욱이 아이에게 어떤 피해를 줄지 구체적으로는 모르지만, 본능적으로 '하면 안 된다'는 것을 안다. 그래서 해 놓고 후회하고 해 놓고 사과한다. 그런데도 너무나도 많은 부모들이, 다음 날도 다음 날도 그 다음 날도 욱한다. 아이에게 욱해 놓고도 조금 쑥스러워하는 정도로 "어제도 나 버럭 했잖아. 어찌나 말을 안 듣던지…"라고 고백한다. 왜 그런 걸까?

누구나 욱하기 때문이다. 누구나 욱하고 있어서 우리는 서로 묘하게(?) 이해한다. '욱'은 감정 조절이 미숙한 것이고, 심하면 반드시 치료받아야 하는 분노조절장애임에도, 그것이 보편적인 감정인 양 이상스러운 이해(?)를 하고, 욱한 자신에게도 면죄부를 준다. 이야기를 들은 지인도 "그렇지. 그렇지. 그럴 만하지. 애들이 좀 말을 안 들어야 말이지" 하면서 어깨를 토닥이며 위로해 준다. 왜 그럴까?

우리 안에는 지기 싫어하는 마음이 있다. 갈등이 있거나 억울해질 수 있는 상황에서는 뭔가 센 표현을 하지 않으면 손해를 볼 것 같다고 느낀다. 질 것 같다는 생각이 든다. 그래서 지지 않으려고 한다. 그러다 보니 욱한다. 별일 아닌 게임에도 지면 운다. 운동 경기에서도 금메달이 아니면 눈물을 보인다. 이기지 못하면 뭔가 억울하다. 욱하는 마음의 밑바닥에는 지기 싫어하는 마음이 있다.

우리의 역사를 보면 이해가 되는 부분도 있다. 100년만 거슬러 올라가도 일본 제국주의의 식민 통치를 당하며 말로 다 표현할 수 없는 한과 억울함이 가슴에 쌓였던 시기였다. 해방이 되었지만 또 전쟁을 치렀다. 전쟁을 치르면서 개개인이 또 얼마나 많은 억울한 일을 당했는가? 전쟁이 끝났으나 종전이 아니고 휴전이었다. 그것도 우리 힘으로 한 것이 아니라 외세의 힘에 의한 것이었다. 이후 현대사에서도 권력이나 돈을 가진 사람들이 힘으로 약자를 누르는 억울한 사건이 많았다. 그러다 보니 모든 것을 힘의 논리로 보는 경향이 생긴 것이다.

대한정신건강의학회에서 2015년 발표한 조사에 따르면, 우리나라 성인 절반이 분노조절장애를 겪고 있다고 한다. 이 중 10퍼센트는 지금 당장 치료를 받아야 하는 상태다. 이렇다 보니 내 차가 가는 길을 막는다고 삼단봉을 휘두르거나 비비탄을 쏘고, 홧김에 불을 지르고, 칼로 찌르고, 불친절했다고 욕설과 폭언을 퍼붓고, 아무 상관도 없는 사람에게 묻지 마 폭행까지 하는 등 욱으로 인한 사건이 빈번해지고 있다. 이는 모두 분노조절장애, 충동조절장애다.

경제협력개발기구(OECD) 회원국 중에 자살률이 1위인 것도 이에 대한 연장선의 결과로 보인다. 이런저런 이유로 가슴속에 억울함이나 한이 많이 쌓여 있다고 쳐도, 우리는 왜 이렇게 화를 많이 내게 된 걸까? 왜 이렇게 분노를 조절하지 못하게 된 걸까?

어떤 측면에서 보면 이것은 지난 몇 십 년간 우리가 눈부신 경제발전을 이루는 대신 등한시했던 것들의 복수인지도 모른다. '잘살아 보자'는 구호 아래 경제 발전만 바라보면서, 모든 삶에서 가장 최고로 추구한 가치가 생산성과 효율성이었다. 보이지 않는 철학적 사고나 감성적인 면은 무시해 왔다. 아이가 달리기를 하다가 넘어지면, 얼마나 다쳤는지보다 빨리 벌떡 일어나서 계속 달리지 않은 것을 탓하는 분위기였다. 넘어진 채로 울고 있으면 바보라고 혼냈다. 모든 방면에서 '빨리' '1등' '성과'만 강조해 온 것이다.

이 때문에 우리의 정서 발달에는 심각한 문제가 생겼다. 국민의 절반 이상이 감정을 순화하고 조절할 줄을 모른다. 감정 조절에 대해 배운 적도 없고 연습한 적도 없는 채로 부모가 되었다. 정서 발달은 후천적이어서 감정 조절 방식은 부모를 보고 학습하는 것이 크다. 지금의 부모 세대는 그 이전의 부모로부터 '감정'을 보호받지 못하고 자랐다. 감정 조절 방법을 거의 배우지 못한 바가 크다.

감정 조절은 일차적으로는 부모에게서 배우지만, 사회 분위기를 통해서도 배운다. 사회가 감정을 어떻게 표현하는지, 어떤 모습을 권장하는지도 큰 영향을 끼친다. 매스컴은 그런 사회 분위기를 만드는 데 가장 큰 역할을 한다. 우리 사회는 마치 술을 권하듯 욱을 권한다. 영화를 봐도, 드라마를 봐도, 심지어 오락 프로그램을 봐도 '욱'하는 것이 허용되는 분위기다.

독설이나 막말도 감정 조절이 부족하기 때문에 나오는 것이다. '욱'의 한 모습이다. 그런데 그런 독설을 '충고'라고 하고, 막말을 '유머'라고 한다. 인기를 얻은 드라마의 캐릭터 중에는 유난히 버럭 캐릭터들이 많다. 그들은 하나같이 정의롭고 속 깊은 인물로 그려진다. 감정을 강렬하게 표현하지 않으면 정의롭지 않은 것인가? 그 자리에서 차분하게 이야기를 하면 굉장히 비굴하고 현실 타협적이고 정의를 포기하는 것처럼 그린다. 절대 그렇지 않다. 공분할 것은 당연히 공분해야 하지만, 그렇지 않은 것까지 버럭하는 것은 감정 조절 능력이 부족한 것이다.

사람마다 문제 해결 방식이 다를 수 있고, 참여하는 방식이 다를 수 있다. 그것은 다른 사람의 감정이 존중받듯 다양성으로 존중받아야 하는 것이다. 매스컴은 늘 다양성, 창의성이라는 단어를 언급한다. 그런데 본질을 따지고 들어가 보면, 오히려 획일성을 강조하면서 그 틀에서 벗어나는 사람을 매도하는 경향이 크다.

우리나라는 자타공인 IT 강국이다. 지하철을 타거나 식당을 가거나 놀이터를 가도, 길 가는 사람만 봐도 스마트폰을 보지 않는 사람이 없다. 사람들은 뭐가 그리 중요한지 어디서나 손가락으로 화면을 넘기고 있다.

그런데 이렇게 이미지, 즉 시각적으로 정보를 파악하는 데 익숙해지다 보니, 사람들이 이미지 메이크업에만 열중하는 경향이 강해졌다. 외모에 집중하고, 보이는 것과 보여 주는 것을 지나치게 중요하게 생각한다. 시각적 이미지로 정보를 분석한다는 것은 첫눈에 확 들어오는 이미지로 대부분을 판단한다는 뜻이다. 본질과 맥락에는 관심이 없다. 부분적인 단서로 정보 분석이 끝나는 것이다. 시각적 이미지는 사실 정보를 분석하는 많은 통로 중에 하나여야 한다. 그것이 전부가 되면 안 됨에도 지금 우리나라는 시각적 이미지에 지나치게 편중되어 있다. 이러한 분위기가 계속된다면 앞뒤를 길게 보고, 맥락을 파악하고, 무엇이 중요한가를 파악하기가 점점 더 어려워질 것이다. 즉, 이렇게 스마트폰에만 심취해서 산다면, 앞으로 욱하고 버럭하는 사람들은 훨씬 많아질 것이다.

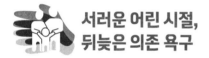

서러운 어린 시절, 뒤늦은 의존 욕구

역사적 배경이나 사회적인 분위기로 인해 우리 사회 전반에 '욱'이 만연해 있다고 해도, 정말 내 아이에게만큼은 욱하고 싶지 않은 간절한 마음이 있다. 그럼에도 욱하게 되는 이유는 뭘까? 그러면 안 된다는 것을 알면서도 잘 안 되는 가장 큰 이유는 바로 '원부모와의 문제' 때문이다.

원부모와의 해결되지 않은 부분, 원부모로부터 오랫동안 배운 부분들이다. 결혼하기 전까지 거의 20여 년을 이를 바득바득 갈며 증오한 그 모습대로, 내가 아이를 대하는 경우가 많다. 벗어나고 싶었고 결국 독립했는데, 자신에게서 부모의 부정적인 모습이 드러나면 괴로워 못 견딘다. 자식은 어쩔 수 없이 부모에게서 배우게 되어 있다. 이것에서 자유로운 사람은 아무도 없다.

책의 앞부분 "느닷없이 불쑥! 지킬 박사와 하이드 씨?" 챕터에서 이야기했던 예쁜 엄마는 친정아버지가 폭군이었다. 술만 마시면 가족들을 때렸다. 그런 아버지는 너무나 두렵고 무서웠다. 친정어머니는 이럴 때마다 무력했다. 아이들을 전혀 보호해 주지 못했다. 결국 그녀는 아버지에게 혼나지 않기 위해서 말을 잘 듣는 딸이 될 수밖에 없었다. 그래서 뭐든 순종적이고, 얌전하고, 야무지게 알아서 잘했단다. 다행히 좋은 대학에 가고 착한 남자를 만나 결혼해서 아이도 낳았다.

그녀는 누구보다도 좋은 부모가 되고 싶었다. 아이에게도 남편에게도 최선을 다했다. 그런데 이상하게도 그렇게 사랑하는 아이와 남편이 뭔가를 똑 부러지게 처리를 못할 때 화가 나서 견딜 수가 없었다. 어린 시절의 해결되지 않은 감정의 문제가 어른이 되어서도 갈등으로 지속되고 있는 것이다. 어린아이이기 때문에 미숙할 수밖에 없는 모습을 부모에게서 수용받아 본 적이 없기 때문에 그녀의 의존 욕구는 해결되지 않은 채 자랐고, 그런 그녀는 아이나 남편의 미숙한 모습을 받아 줄 수가 없었다. 그녀가 어린 시절 보였던 야무진 모습은 사실은 무서운 아빠로부터 살아남기 위한 허구의 독립이었고, 억압과 강압에 의한 것이었다. 스스로 차근차근 단계를 밟아 가며 배우지 못한 것이다.

실수를 허용받고, 다르게 시도해 보고, 그 안에서 어떤 감정적인 위로나 배려를 받는 과정을 통해 의존 욕구가 채워지고, 그러면서 실수를 줄이도록 배운다. 그러나 그녀는 이 과정을 지나지 못했다. 굉장히 불행한 어린 시절이다. 더 안타까운 것은 그녀가 아이에게 하는 행동이, 아이 또한 그 과정을 밟지 못하게 만들고 있다는 사실이다.

의존 욕구라는 것이 있다. 아이가 부모에게 자신이 느끼는 감정을 인정받고 보호받고 싶어 하는 욕구다. 아이는 부모에게서 "그래, 그렇게 느낄 수 있었겠구나"라는 말을 듣고 싶어 한다. 정서적 인정을 받고 싶은 것이다. 또한 어리기 때문에 할 수밖에 없는 실수에 대해서 "아이니까 못하는 것은 당연해. 괜찮아"라는 말을 듣고 싶어 한다. 미숙함을 수용받고 싶은 욕구다. 화가 났을 때 부모에게서 위로받고 싶고, 기대고 싶을 때 자신을 허락해 주었으면 좋겠고, 어떤 상황에서도 사랑한다고 표현해 주었으면 좋겠다. 이것이 의존 욕구다.

어린 시절 의존 욕구가 해결되지 않고 결핍된 채 남아 있으면, 이것은 성인이 되어도 절대로 없어지지 않는다. 평생을 살아가면서 중요한 대상과의 관계에서 끊임없이 이 욕구를 채우려고 든다. 심지어 아이와의 관계에서마저도 끊임없이 무리한 기준을 세우고 요구한다. 그 나이면 충분히 할 수 있는 실수인데도 "너 몇 살인데 아직도 이래?" 하거나 "너 엄마가 이렇게 하는 거 싫어하는 거 알아 몰라? 알면 네가 하지 말았어야지"라고 다그친다.

의존 욕구가 해결되지 않으면, 아이든 남편이든 상대에게 '네가 나를 이해해야지, 내가 감정적으로 힘들면 네가 내 감정을 보호해 줘야지, 내가 위로가 필요하면 네가 위로를 제공해야지'라는 입장을 갖게 된다. 사실 그것은 부모로부터 받았어야 하는데, 그것을 아이한테 요구하는 것이다. 그래서 끊임없이 욱하고 짜증을 부린다.

무엇보다 심각한 것은 의존 욕구가 해결되지 않은 사람은 섭섭한 것도 분노로 느낀다. 그래서 그냥 좀 기분 나쁜 정도로 넘어갈 수 있는 일에도 감정이 폭발해 욱까지 가게 된다. 별것 아닌 일에도 자기 자신이 소중하지 않은 사람처럼 취급받는다고 느끼기 때문이다. '왜 날 무시해?'라는 모드다.

이외에도 자신의 어린 시절에 대해서 '부모님이 나를 좀 더 뒷바라지해 줬더라면 내가 성공했을 텐데'라는 생각이 늘 있는 사람은, 자녀의 성취도가 떨어지면 못 견뎌 한다. 또 어떤 사람은 누가 자기 아이를 혼내는 것을 못 견딘다. 본인도 아이를 혼내지 못한다. 어린 시절 부모가 자신을 혼냈던 것이 너무 싫었던 것이다.

한 오락 프로그램에서, 출연자들이 공공장소에서 아이를 어떻게 다뤄야 하는지 갑론을박했다. A가 주변에서 아이 키우는 사람을 봤는데 어렸을 적부터 예의범절을 가르치는 모습이 아주 좋아 보였다며, 아이는 그렇게 키워야 할 것 같다고 했다. A는 공공장소에서 아이를 자유롭게 풀어 두는 부모들이 좋아 보이지 않는다고 했다. 그러자 B가 발끈했다. 자신은 어렸을 적 돌아다니는 것은 생각할 수도 없고 꼼짝도 못하고 앉아 있어야 했다고 했다. B는 예의범절을 엄하게 가르치는 것을 반대했다. 아마도 B는 어릴 적 부모에게서 예의를 지나치게 엄하게 배운 모양이다. 그래서 B는 아이를 자유롭게 키워야 한다고 했다.

요즘은 B처럼 생각하는 사람이 많다. 어린 시절 억압적으로 큰 사람은 아이를 자유롭게 키운다고 방목해 버린다. 방목하다가 한 번씩 욱한다. 아이를 자유롭게 키우겠다고 마음은 먹었지만, 어린 시절 눈으로 보고 배운 것이 체득되어 있어 머릿속에는 다른 사람에게 피해를 주면 안 된다는 생각이 박혀 있기 때문이다.

어떤 부모는 자기 아버지나 어머니가 그랬듯이 아이한테 지나치게 소리 지르고 화를 내면서 키운다. 좋게 말하는 법을 못 배웠기 때문이다. 강하고 세게 해야 아이가 바뀌고 버릇이 고쳐진다고 생각한다. 그런 방식이 나쁘다고 하면, 자신은 엄하게 배우며 자랐기에 이렇게 잘 자랐다고 반박하기도 한다. 하지만 안타깝게도 그 사람은 원래 기능이 좋은 사람이다. 아주 강압적이고 억압적인 환경에서도 나빠지지 않고 잘 자랐다면, 아마 좋은 환경에서는 더 잘되었을 것이다.

언제든 내가 뭔가 과하다고 생각될 때는 나의 어린 시절과 성장 과정, 부모와의 관계를 꼭 생각해 봐야 한다. 배운 대로 하고 있든, 그 기억이 싫어서 반대로 하고 있든, 어떤 상처에 한이 맺혀서 아이에게 과잉 대응을 하든, 뭔가 반응이 과한 것에는 그럴 만한 이유가 반드시 내 안에 숨겨져 있다.

왜 나는 유독 내 아이에게 욱하는가?

지금도 여전히 계속되는 친정 엄마와의 갈등이 떠오르면서 가슴이 답답한 사람이 있을지도 모르겠다. 사실 원부모와의 문제는 어느 누구도 예외 없이 가지고 있다. 아무리 부모가 자식을 사랑으로 키웠어도, 아무리 부모의 뱃속에서 태어났다고 해도, 그 개인이 가지고 있는 독특한 특성으로 인해 성장 과정에서 반드시 갈등이 발생한다. 물론 갈등의 크기는 다를 수 있다. 갈등이 크지 않으면 일상생활에 별 영향을 주지 않는다.

어린 시절 원부모와 문제가 컸어도 사람에 따라서는 사회생활에서 그런 상처가 드러나지 않게 원만한 모습을 보이기도 한다. 온화하고 이해심도 많고 맡은 일도 잘한다는 평을 들을 수 있다. 한마디로 감정 조절을 잘하면서 욱하지 않고 지낼 수 있다. 그런데 왜 아이 앞에서는 그 상처가 드러나 욱하는 것일까? 그것도 그 누구보다 사랑하는 내 아이 앞에서 말이다.

첫째 이유는 꽁꽁 싸매 둔 문제는 가족만이 건드리기 때문이다. 가까운 가족 간에 해결되지 않은 문제는 다시 가족 간의 관계에서 건드려진다. 바로 아이나 배우자다. 우리는 가족 이외의 사람 앞에서는 적당히 포장된 모습으로 살 수 있다. 하지만 가족 앞에서는 포장이 쉽게 찢어진다. 어떤 엄마는 어지르는 것을 강박적으로 굉장히 싫어했다. 지나치게 꼼꼼하고 깔끔했다. 이 또한 어린 시절 부모와의 갈등에서 비롯된 것이다. 그녀의 부모는 외출했다가 집에 돌아왔을 때 집이 어질러져 있으면 아이를 쥐 잡듯 잡았다. 어른이 되어 엄마가 된 그녀는 밖에서는 누구보다 좋은 사람이었다. 그런 엄마가 집에 와서 아이를 잡을 거라고는 아무도 상상하지 못했다.

둘째 이유는 아이에 대한 지나친 자만심 때문이다. 내가 욱해도 내 아이는 나를 이해해 줄 거라고 자만한다. 자녀를 키우면서 어느 정도의 자신감은 필요하다. 그 많은 자녀교육서에 나오는 한마디 한마디에 모두 신경 쓰며 자책하고 위축될 필요는 없다. 내 아이는 내가 가장 잘 안다는 생각으로 자신감을 갖고 아이를 키워야 한다. 옳다고 생각하는 삶의 방식이 일반적이고 상식의 선에 크게 어긋나지 않는다면, 웬만한 세파에 휘둘리지 않는 것이 필요하기는 하다.

그런데 그것도 지나치면 안 된다. 지나친 자신감은 내가 낳은 아이니까 내가 선의를 가지고 있다면 어떤 행동도 괜찮다고 착각하게 만든다. 아이가 나를 다 이해하고 용서할 거라고 생각한다. 그렇지 않다. 아무리 내 아이라도 좋은 방법을 택하지 않으면 상처받는다.

부모는 본능적으로 아이를 사랑한다. 사랑의 크기는 아마 우주만큼 클 것이다. 사랑이 우주만큼 크니까 그 우주에 가끔 작은 돌 하나쯤은 던져도 별일 없을 줄 안다. 아이를 지극정성으로 대했으니 자신이 던지는 작은 돌들은 아이가 아무렇지도 않게 흡수해 줄 거라고 착각한다. 그러다 보면 돌을 막 던지게 된다. 개중에는 살아가면서 용서도 하고, 화해도 하고, 괜찮아지는 것도 있지만, 어떤 것은 흉터가 되기도 하고 아물지 않는 상처를 만들기도 한다는 것을 기억했으면 좋겠다.

세 번째 이유는 아이가 사랑하는 약자이기 때문이다. 좀 더 적나라하게 말하자면 만만하기 때문이다. 욱은 순간적인 감정 조절의 문제다. 내가 상대에게 얻을 것이 많다면 그 사람 앞에서 절대 욱하지 않는다. 나 없이는 못 사는 약자이기 때문에 아이에게 욱하는 것이다. '자식이지만 이 아이는 내가 인간으로서 보호하고 존중해 줘야지'라는 마음이 강하면 아이한테 욱하지 못한다.

그래도 다행인 것은 이 책을 읽는 사람들은 적어도 자신이 욱한다는 것을 인정하고 있을 거라는 점이다. 어디까지나 단순 비교이긴 하지만, 자신이 욱한다는 것을 인정하는 사람과 인정하지 않는 사람, 두 사람만 놓고 보면 인정하는 사람이 더 희망이 있다. 또 욱하고 후회하는 사람과 후회하지 않는 사람, 두 사람만 놓고 보면 후회하는 사람이 훨씬 더 희망이 있다.

그런 의미에서 본다면 횟수가 많은 것이 걸리기는 하지만, 엄마가 아빠에 비해 더 희망적이다. 많은 아빠들은 가정교육이라는 미명하에 자신의 욱을 정당화하는 경향이 많아서다. 엄마들은 어쨌든 그래도 하지 말았어야 한다고 생각한다. 일단 후회는 좋은 것이다. 후회는 반성을 부른다. 고칠 수 있는 가능성이 큰 것이다. 행동이나 감정의 표현이 바로 고쳐지지는 않아도 후회하고 반성하는 과정 자체가 사람을 차츰 변화시킨다. 장기적으로 봤을 때, 잘못은 했지만 후회하고 돌아보는 사람은 조금씩 바뀌는 모습을 보인다.

나의 욱은 어느 정도일까?

🍃 나의 '욱' 지수 알아보기

'나는 욱한다. 고로 존재한다'라는 우스갯소리를 할 수 있을 정도로 우리는 자주 욱한다. 도대체 나는 얼마나 자주 욱할까? 혹시 욱으로 아이를 대하고 있지는 않은가? 나의 욱 정도를 알아볼 수 있는 체크리스트를 풀어 보자.

※ 항목 당 딱 3초만 생각하고 솔직하게 체크하세요.

☐ **01.** 운전하다가 자주 짜증을 내는 편이다.

☐ **02.** 식당에서 음식이 늦게 나오면 짜증이 난다.

☐ **03.** 누가 내 말대로 하지 않으면 짜증이 난다.

☐ **04.** 의견이 부딪힐 때, 내 의견이 옳다고 생각될 때가 많다.

☐ **05.** 시간에 쫓기면 많이 조급해진다.

☐ **06.** 할 일이 많으면 짜증이 난다.

☐ **07.** 집이 지저분하면 짜증이 난다.

☐ **08.** 너무 춥거나 더우면 짜증이 난다.

☐ **09.** 두세 번 같은 말을 했을 때, 아이가 듣지 않으면 짜증이 난다.

☐ **10.** 바쁠 때 아이가 자꾸 부르면 짜증이 난다.

☐ **11.** 아이가 빨리빨리 하지 않으면 화가 난다.

□ **12.** 아이가 말대꾸를 하면 기분이 나쁘다.

□ **13.** 아이가 나를 부르는 소리가 가끔 귀찮다.

□ **14.** 아이가 징징대면 화가 난다.

□ **15.** 아이가 울기만 하면 가슴이 너무 아프다.

□ **16.** 별것 아닌 일도 아이의 요구를 못 들어주면 마음이 불편하다.

□ **17.** 아이가 조금만 힘들어해도 마음이 너무 괴롭다.

□ **18.** 가끔 아이가 이기적이라 느껴진다.

□ **19.** 아이에게 더 잘해 주지 못하는 것이 항상 너무 미안하다.

□ **20.** 지금 내 상황이(회사를 다니거나 전업주부이거나) 불행하게 생각된다.

□ **21.** 부모가 내게 조금만 더 신경 썼더라면, 지금 나는 훨씬 더 잘됐을 것이다.

□ **22.** 나의 어린 시절을 생각하면 마음이 아프다.

□ **23.** 아이가 내 성격을 닮은 것이 싫다.

□ **24.** 아이가 배우자의 성격을 닮은 것이 싫다.

□ **25.** 우리 아이는 짜증이 많은 편이다.

□ **26.** 다른 집 아이보다 우리 아이가 훨씬 까다로운 것 같다.

□ **27.** 나는 육아를 도와주는 사람이 없어 불행하다.

□ **28.** 나는 속은 여린데, 겉으로는 세고 강한 것처럼 행동하는 경향이 있다.

□ **29.** 내가 정한 규칙에서 벗어나면 막 화가 난다.

□ **30.** 나는 무시당한다는 생각에 기분이 나빠질 때가 자주 있다.

□ **31.** 나는 거절당하면 화가 난다.

□ **32.** 나는 부정적인 평가에 화가 많이 나는 편이다.

□ **33.** 나는 기다리는 것이 너무 싫다.

□ **34.** 나는 내가 봐도 걱정이 좀 많은 편이다.

□ **35.** 나는 돌발 상황에 스트레스를 많이 받는 편이다.

□ **36.** 나는 돈에 관해서 많이 철두철미한 편이다.

□ **37.** 병원에서는 별 이상이 없다는데, 나는 몸이 자주 아프다.
(복통, 설사, 소화불량, 두통, 불면증 등)

□ **38.** 나는 아플 때 누가 건드리면 짜증이 난다.

□ **39.** 나는 다른 사람의 삶이 늘 부럽다.

□ **40.** 나는 남이 잘됐다는 소리를 들으면, 솔직히 배가 아프다.

[체크리스트 결과]

10개 이하 ▶

감정 조절을 비교적 잘하는 편입니다. 불필요하게 화를 내는 일은 없겠네요.

11~20개 ▶

가끔 치밀어 오르는 욱 때문에 혼자 가슴앓이 하는 때가 많겠네요. 나는 언제 욱하는지, '욱 일지'를 한번 적어 보세요. 원인을 알게 되어 욱하는 것을 줄일 수 있을지도 모릅니다. 세상은 원래 내 마음 같지 않습니다. 그것만 인정해도 마음이 편해집니다.

21~30개 ▶

당신의 감정 조절 수위는 '경계선'입니다. 욱하는 것 때문에 다른 사람 혹은 본인이 피해를 보기 직전이지요. 보통 욱할 때 어떻게 행동하는지 적어 보세요. 그 행동부터 전면 차단하세요. 급한 대로 욱을 억지로라도 줄여 보아야 합니다. 더 심해지면 전문가를 만나 보세요.

31개 이상 ▶

당신의 감정 조절은 주위 사람에게 많은 피해를 주고 있습니다. 분노조절장애가 의심됩니다. 본인도 이미 일상생활에서 욱으로 인해서 문제를 일으키는 일이 적지 않을 듯하네요. 치료나 상담을 신중히 고려해 보아야 합니다.

※ 욱하는 사람의 일반적인 성향에 대한 이해를 돕고자 임의로 만든 지수입니다.
　 의료적인 진단의 판단 근거는 될 수 없습니다.

못 참는
아이,
대하는 법은
따로 있다

PART
02

CHAPTER 1

당장 안 해 주면
난리 난리

'조금도 참지 못할 때'

• • • • • • • • • • •

민수(만 4세)는 아까부터 장난감 수납장 앞에서 소리를 지르고 있다.

"내려 달라고! 빨리빨리! 지금 빨리 내려 달라고! 당장!"

아이의 목소리는 거의 비명에 가깝다. 아이가 내려 달라고 하는 것은 장난감 수납장 위의 블록 상자. 보통 이런 상황에 엄마는 얼른 뛰어가 아이가 말하는 것을 들어줬다. 워낙 고집이 세고 성격이 급한 아이라 빨리 요구를 들어주지 않으면 그야말로 뒤를 감당하기 힘들기 때문이다.

그런데 오늘은 그럴 수가 없다. 지금은 동생 민주(생후 3개월)에게 수유 중이다. 민주는 작게 태어났는데 입도 짧아 젖을 한번 물리기가 힘든 아이다. 그런 민주가 지금 암팡스럽게 젖을 빨고 있다. 엄마는 나름 부드러운 목소리로 민수에게 타이르듯 말했다.

"민수야, 민주 지금 맘마 먹어. 조금만 기다려 줄래?"

민수는 엄마 말이 끝나기가 무섭게 다시 소리를 지른다.

"안 돼! 안 돼! 안 된다니까! 지금 당장 꺼내 달라고!"

"미안한데, 조금 기다려. 조금만 기다리면 민주 다 먹을 것 같아."

갑자기 우당탕탕 뭔가 던지는 소리가 들린다.

"왜! 왜! 왜! 안 꺼내 줘!"

"야! 너 뭐 던졌지? 엄마가 지금 못 간다고 했지. 그것도 못 기다려? 동생 맘마 먹는 시간이 얼마나 된다고! 너, 좀 있다 봐. 아주 혼날 줄 알아!"

민수는 엄마의 말에 한쪽 발을 쾅쾅 구르며, 집 천장을 뚫겠다는 듯 악을 쓰며 울었다.

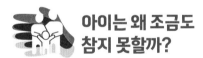

아이는 왜 조금도 참지 못할까?

못 참는 아이의 원인은 크게 세 가지다. 첫 번째는 아이가 원체 예민하기 때문이다. 어릴 때부터 낯선 환경에서 지나치게 긴장하거나, 환경이 조금만 바뀌어도 못 견디거나, 오감이 불편한 환경에서 짜증을 많이 내는 아이들이 해당된다. 이 아이들은 참을성이 부족하다고 말하기가 좀 어렵다. 이 아이들은 똑같은 자극이라도 다른 사람보다 몇 배는 더 불편하게 느낀다. 그

강도가 너무 힘들고 괴로울 정도다. 그래서 자기를 좀 편하게 해 달라고 애원하는 것이다. 이렇게는 못 살겠으니 빨리 날 좀 구해 달라고 소리치는 것이다. 당연히 자신이 원하는 '이렇게'를 요구하는 과정에서 어떤 것도 못 참는다. 그래서 예민하고 과민한 아이들은 참을성이 떨어지는 것처럼 보인다.

두 번째는 성격이 급하기 때문이다. 첫 번째가 불안해서 조급해지는 것이라면, 이 아이들은 충동적이고 산만해서 마음이 급하다. 급하기 때문에 지금이 어떤 상황인지 체계적으로 파악할 수가 없다.

세 번째는 부모가 참는 것을 가르치지 않기 때문이다. 가르치지 않았거나, 가르치기는 했는데 방법이 잘못되었거나, 부모 또한 참지 못하는 성격일 때 그렇다. 아무리 상황을 설명해 줘도 참지 못하는 앞의 민수와 같은 사례에서 "야, 너! 엄마가 지금 동생 맘마 주는 중이라고 했어, 안 했어? 왜 잠깐도 못 기다리고 난리야?" 하면서 엄마도 화를 냈다면, 세 번째 원인에 해당된다.

첫 번째와 두 번째가 원인이라면 생물학적인 기질 탓이 많으니, 그런 아이의 성향을 그냥 받아들여야 할까? 당연히 아니다. 신생아 시기나 만 2세 이하의 영·유아기 때는 주로 기질이 작용한다. 하지만 그 이후에는 기질이 절대적이라 볼 수 없다. 생물학적으로 결정되는 아이의 기질이 평생을 좌우하는 성격으로 굳어지는 것은 아니다. 성장하면서 많은 상호작용과 경험을 통해 다듬어진다. 만 2세 이전에는 설사 아주 까다로운 기질이었다고 해도 부모와 어떻게 상호작용을 하고, 이후 어떤 경험들을 해 나가느냐에 따라서 향방은 완전히 달라진다.

예를 들어 촉각이 예민해서 머리 감는 것을 유난히 무서워하는 아이가 있다고 치자. 이런 아이들은 얼굴로 물방울이 조르르 흘러내리는 것을 무척 싫어한다. 눈에 비눗물이 들어가 따갑고 잠시 눈이 안 보이는 것을 견디지 못한다. 이런 경우에는 아이를 세워 놓은 상태에서 눈에 물이나 비눗물이 들어가지 않게 조치를 취한 후, 머리를 빠르게 감겨 주어야 한다. 그래야 더 예민해지지 않는다. 엄마가 아이의 이런 기질을 이해하지 못하고 아이를 엄마 옆구리에 억지로 눕혀서 꼼짝 못하게 한 채 감기면 반중력에 대한 두려움까지 생겨서 아이가 더 까다롭고 예민해질 수 있다.

아이가 심하게 예민하면 부모는 아이에게 손을 대기가 겁난다. 아이가 보이는 반응을 감당할 수 없기 때문이다. 그래서 문제 상황에서도 가만히 내버려 둔다. 그러면 아이는 그 문제에 대한 해결 방법을 배우지 못한다.

반대로 문제를 해결해 준답시고 더 강력한 자극을 제시하면 아이는 그야말로 공포에 빠진다. 그렇게 되면 별것 아닌 일에도 늘 공격받고 있다고 느끼는 사람이 될 수 있다. 다른 사람이 늘 자신을 공격한다고 느끼는 사람은 인간관계가 날카롭고, 쉽게 대립 관계가 된다. 누군가 별 의미 없이 한 말도 지나치지 못하고 예민하게 받아들여 "지금 뭐라고 했어요?" 하면서 따져 묻는다. 기어이 사과를 받아야 한다. 친한 관계였는데도 조금만 안 좋은 일이 있으면 금세 대립의 관계가 되어 버린다.

예민한 아이를 잘못 대하는 대표적인 사례가 바로 '낯가림'이다. 아이가 낯가림이 심할 때 부모들이 쓰는 방법은 두 가지다. 하나는 나도 그 상황이 불편하고 아이도 힘들어하니 아예 낯선 사람을 만날 기회를 차단하는 것이다. 실제로 어떤 엄마는 새벽에만 유모차를 끌고 산책을 나가기도 했다.

이렇게 되면 아이는 대인관계 능력을 발달시킬 수 있는 기회를 잃게 된다. 아이가 힘들어서 일시적으로 스트레스를 받는다 할지라도 모든 자극을 차단해서는 안 된다.

두 번째 방법은 낯선 사람을 더 많이 만나게 함으로써 아이 스스로 극복하게 하는 것이다. 이것도 그리 좋은 방법이 아니다. 낯가림이 심한 아이에게 계속 강한 자극을 주면, 아이는 점점 더 신경질적으로 변해 버린다. 낯가림이 나아지기는커녕 더 심해지고 예민하고 과민한 아이가 된다.

가장 좋은 방법은 일부러 낯선 사람을 더 많이 만나게 할 필요는 없지만, 일상적인 것은 겪게 하는 것이다. 아이가 낯선 사람에 대한 경계심과 두려움을 낮추는 데 필요한 시간을 충분히 주면서, 낯선 사람을 만나는 경험을 늘려 가는 것이다. 그래야 그 경험을 좋은 방향으로 바꾸어 자기의 것으로 만든다.

예를 들어 친척집을 방문했는데 아이가 심하게 울면, 그 자리에서 아이를 안고 가만히 있는다. 이때 아이를 안고 나가 버리면 다시 들어올 때 또 운다. 일단 집 안에 들어온 상태라면 자리를 이동하지 말고 아이를 가만히 안아 준다. 그때 주변 사람들도 아이를 쳐다보거나 말을 걸지 말아야 한다. 그것도 자극이다. 낯선 사람들로 인해 스트레스를 잔뜩 받은 아이는, 지금 자신에게 가해진 자극을 힘겹게 처리하는 중이다. 새로운 자극이 추가되면 진정할 틈이 없다. 사탕이나 초콜릿을 준다며, 장난감을 사 준다며 달래는 것도 도움이 안 된다. 아이가 낯가림이 심할 때는 모두가 아이와 멀찍이 떨어져 각자의 일을 하고 있으면 된다.

엄마는 아이의 울음이 잦아들 때까지 등을 토닥거리며 작은 목소리로 "괜찮아" 정도만 말해 준다. 그러다 보면 아이는 울다가 주변을 한번 둘러보게 되고, 그 시간 동안 누구도 자신을 위협하지 않았고, 아무 일도 일어나지 않았다는 것을 확인하면서 좀 진정된다. 이것으로 아이는 낯선 환경에 대한 긍정적인 경험을 하나 추가하게 된다. 이로써 스스로 낯가림을 진정하는 법을 터득하게 되는 것이다.

과민한 아이들 중에는 낯선 환경에 여러 번 노출시키는 것이 도움 되는 경우도 있다. 어떤 아이가 대형마트만 데려가면 귀를 막고 자지러진다고 치자. 마트 안의 왁자지껄하고 소란스러운 분위기에 공포를 느끼기 때문일 수 있다. 그래서 아이는 마트에 들어서자마자 소리를 지르는 것이다. 이때 "모처럼 나왔는데, 너 때문에 못 살겠다. 마트가 다 그렇지. 조용한 마트가 어디 있니?" 하면서 아이를 혼내면 안 된다. 부모가 이렇게 혼을 내면 아이는 자신의 예민한 감각을 극복하기가 더 어려워진다.

이럴 때는 차라리 엄마나 아빠 중에 한 사람이 아이를 데리고 나와 밖의 벤치에 앉아 있는 것이 낫다. 마트에서 사 온 아이스크림을 먹으면서 밖에서 기다린다. 그리고 남은 한 사람이 장을 보고 나온다. 이렇게 하면 아이의 기억에는 '그날 마트는 어쨌든 즐거웠다'로 기록된다. 그래서 다음에 "우리 마트 갈까?" 하면 그전의 기억이 괜찮았기 때문에 간다고 한다. 그러면 이번에는 마트 안에 조금 더 머무르다가 아이가 불편해하는 것 같으면 나오면 된다. 이렇게 일단 불편감이 좀 낮아진 상태에서 계속 시도해 보는 것이 좋다.

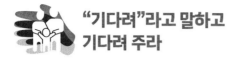

"기다려"라고 말하고 기다려 주라

이 장의 첫 사례에서 언급한 민수와 같은 아이는 어떻게 대해야 할까? 이런 상황에서 민수는 참고 기다려야 하는 것이 맞다. 아이가 그러지 못한다면 가르쳐야 한다. 참고 기다리는 것을 가르치는 법은 부모들이 흔히 알고 있는 방법과 다르다. 무조건 "시끄러! 지금은 그럴 상황이 아니야. 기다려!"라고 명령하는 것이 아니다. 또는 "미안해, 엄마가 지금 당장 해 줘야 하는데, 정말 미안해. 지금은 동생 수유 중이니까 조금만 기다려 줄래?" 이렇게 사정하는 것도 아니다. 아이의 말에 우선 반응해 줘야 한다.

"엄마가 들었거든. 너 지금 수납장 위에 블록 상자 꺼내 달라는 거지. 오케이! 알았어."

그리고 계속 동생을 수유한다. 조금 후에 아이가 "왜 꺼내 준다고 하면서 안 꺼내 주냐고!"하면서 "빨리! 빨리! 빨리!" 하고 악다구니를 쓸 수 있다. 이럴 때 엄마는 네가 뭘 원하는지 알았다고 한 후 지침을 줘야 한다.

"조금만 있으면 동생이 다 먹을 것 같아. 다 먹고 나면 바로 꺼내 줄게. 기다려. 지금은 동생을 내려놓을 수가 없어."

이렇게 말한다고 아이가 "네, 알겠어요. 지금 사정이 그렇군요. 제가 기다리고 있을게요"라고 절대 하지 않는다. 이전까지 기다리는 훈련을 한 번도 하지 않은 아이라면 부모가 이렇게 말해도 아마 울고불고 할 것이다. 하지만 그래도 그냥 두어야 한다. 아이가 기다리는 동안 무슨 말을 하든 어떤 행동을 하든 그냥 두어야 한다. 가끔씩 아이 얼굴을 보고 "기다려"라고 말하는 정도는 괜찮다.

그런데 보통 이런 상황이 되면 부모는 떼쓰는 아이를 그냥 두지 못한다. "너 조용히 안 해?" "시끄러워 죽겠네." "너, 계속 그러면 위층 할머니가 내려온다." "너 혼나! 엄마가 가기만 해 봐!" 이런 식으로 아이를 계속 자극한다. 큰아이는 계속 난리를 치고 있고, 작은아이는 수유해야 하는 상황을 부모 역시 감당하지 못하는 것이다. 한마디로 부모도 참지 못하는 것이다.

참고 기다리는 것을 가르치려면, 그 경험을 시켜야 한다. 아이가 아무리 난리를 쳐도 눈도 흘겨서는 안 된다. 지침을 내렸으면, 엄마는 담담하게 동생의 수유를 끝까지 마치고 트림까지 시킨 다음, 동생을 내려놓고 "됐어. 이제 꺼내 줄 거야" 하고 꺼내 주면 된다. 꺼내 주면서 "기다려 줘서 고마워"라고 칭찬해 준다. 이렇게 해야 아이가 '아, 엄마가 기다리라고 하면 그 시간이 될 때까지 내가 떼를 써 봤자 별 소용이 없구나'를 배운다. 또 잠깐이지만 10분이라도 기다려 보는 경험을 해 볼 수 있다.

부모가 기다리라고 하면서 아이를 혼내거나 협박하는 등 부정적인 상호작용을 계속하면 아이는 같은 10분이라도 참고 기다리는 것을 배울 수 없다. 부모가 아무런 부정적인 말도 하지 않고, 폭력적인 언사나 행동도 하지 않을 때 아이는 비로소 다른 사람과 어울려 함께 살아가는 세상에서는 서로를 위해서 좀 기다리고 참아야 하는 일도 있다는 것을 배우게 된다.

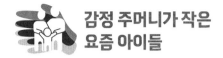

감정 주머니가 작은
요즘 아이들

우리 아이가 참을성이 너무 부족하다는 생각이 들 때 꼭 이해해야 하는 것이 있다. 바로 내 아이의 '감정 주머니'이다. 아이 안에는 인지능력, 운동 능력, 사회성, 언어능력, 감정, 창의성 등 여러 개의 주머니가 있다. '인지능력'이라는 주머니를 크게 타고난 아이들은, 어릴 때부터 똑똑하고 이해력이 좋다. '운동능력'이라는 주머니를 크게 타고난 아이들은, 금세 배우고 금세 좋은 성과를 내기도 한다. '사회성'이라는 주머니를 크게 타고난 아이는 사교 기술이 좋아서 사람을 금방 사귄다. 그런데 큰 주머니가 있으면, 어떤 주머니는 좀 작을 수 있다. 그것이 '감정 주머니'일 때, 아이는 잘 참지 못하고 화를 잘 내는 아이로 보일 수 있다.

주머니가 작은 이유는 앞서서 말했던 것처럼 기질 탓일 수도 있고, 부모가 잘 다루지 못한 탓일 수도 있다. 환경 탓으로 아이의 감정 주머니가 작아지기도 한다. 부모가 매일 소리 지르고 싸우고 폭력을 휘두른다면, 그 또한 아이의 '감정 주머니'를 쪼그라지게 만드는 큰 원인이 된다.

감정 주머니는 강하고, 과하고, 불편한 감정을 담아 두는 역할을 한다. 주머니에 담긴 감정은 시간이 지나면 삭혀지기도 하고, 녹아 없어지기도 한다. 감정은 홍어를 삭히듯 김치를 숙성시키듯 자기 안에 좀 머금고 있어야 한다. 지나치게 뜨거운 감정은 식히고, 지나치게 차가운 감정은 미지근하게 만들어 줘야 한다.

그런데 감정 주머니가 작으면 그럴 겨를이 없다. 조금만 담겨도 쉽게 넘친다. 그럴 때 아이는 "으앙!" 하고 울어 버리거나 화를 내거나 짜증을 내는 것으로 반응하는 것이다. 이런 아이들은 감정 주머니 중에서도 불편한 감정을 담는 주머니가 유난히 작은 아이들이다.

아주 좋은 감정을 담는 주머니가 작은 아이들도 있다. 이런 아이들은 기분이 좋으면 소리를 지르고, 상대를 물고, 방방 뛰는 등 흥분을 한다. 좋은 감정을 주체하지 못하는 것이다. 불편한 감정의 주머니든, 좋은 감정의 주머니든 어쨌든 연령에 맞게 감정 주머니를 키워 나가지 못하면, 또래에 비해 감정을 잘 다루지 못하고 자랄 수 있다.

아이의 감정 주머니가 작은 이유는 기질적인 부분도 있지만 대부분 부모가 가르치지 않은 탓이다. 감당해 낼 기회를 아예 주지 않은 탓도 있다. 대표적인 예가 카시트다. 아이가 아주 어릴 때는 의외로 카시트에 잘 앉아 있다. 그런데 두 살 정도가 되면 카시트에 앉아 있는 것이 불편하다는 것을 알게 된다. 그래서 이전까지는 잘 앉던 아이가 슬슬 카시트에 앉지 않겠다고 버둥거리기 시작한다. 그런 아이를 보고 어느 날은 엄마가 "아휴, 그렇게 불편하면 이리 와. 오늘만 엄마 무릎에 앉아서 가자"라고 했다면? 아이는 당연히 카시트보다 엄마 품이 훨씬 좋다. 그러면 그때부터 아이는 카시트에 앉지 않으려고 떼를 쓰게 된다.

카시트에서 빼 달라고 울고 버둥거리는 아이를 계속 두면, 아이가 실신할까? 아니다. 계속 채워 놓으면 5분, 10분, 15분 시간이 흐르면서 카시트 때문에 불편한 신체 느낌이 몸에 익는다. 그러면 좀 괜찮아진다. 그런데 부모들은 대체로 그 시간을 못 기다린다. 아이가 버둥거리면서 울면 불쌍하기도 하고 당황스럽기도 해서 금방 빼내 준다. 그러면 아이는 '약간 불편한 것이 시간이 지나면서 몸에 익숙해지는 경험'을 할 기회를 잃는다.

두 다리를 붙이고 의자에 앉는 연습을 한다고 치자. 다리를 꼭 붙이고 앉는 것은 무척 불편하다. 조금 지나면 스르르 다리가 벌어진다. 그럴 때 "에이, 힘들지? 하지 마. 하지 마"라고 해 버리면 다리를 붙이고 앉는 것을 못 배운다. 운동선수들이 매일 훈련과 연습을 통해 더 좋은 성적을 내는 것처럼, 처음에는 1분도 버티기 어렵지만 계속 연습하면 몸에 배게 되어 있다.

카시트에 앉히는 것도 마찬가지다. 아이가 지금 잠시 괴로워하는 것을 이기는 방법을 알려 주는 것이 중요하다. 이것은 사고가 났을 때 죽느냐 사느냐의 문제다. 아이의 안전을 위해서 가르치지 않으면 안 된다.

감정도 마찬가지다. 엄마가 누군가와 긴한 이야기를 해야 할 상황이다. 그런데 아이가 엄마 손을 잡고 칭얼대기 시작한다. "나가자. 나가자. 아앙." 그럴 때 엄마는 명확하게 말해 줘야 한다. "기다려. 지금 이 상황은 네가 울어도 엄마가 나갈 수가 없어. 얘기가 끝나야 돼." 기다리는 것이 몸에 배어 있지 않은 아이는, 잠시 조용했다가 또 찡찡댈 것이다. "엄마, 나가자아." 그럴 때 다시 "기다려"라고 단호하게 말해 준다. 이렇게 하면 아이의 찡찡대는 간격이 조금씩 길어진다. 그만큼 지루한 시간을 참아 내고 자기가 하고 싶은 것을 참는 것이 몸에 배인 것이다.

대부분의 부모들은 이런 상황에서 "알았어, 알았어" 하면서 아이 요구를 들어줘 버리거나 휴대폰을 육아의 도우미로 써 버린다. 아니면 눈물이 쏙 빠지게 혼을 낸다. 즉, 아이가 칭얼거리는 상황을 멈추게 하는 데만 몰두하지, 불편한 상황을 견디는 일에 익숙해지게 해야겠다고는 생각하지 않는다. 그러면 아이의 감정 주머니는 커지지 않는다. 아이의 감정 주머니에 뭔가 차서 아이가 칭얼거리면 "알았어, 알았어" 하면서 부모가 금세 불편한 감정을 대신 해결해 주기 때문이다.

아이가 참고 기다려야 하는 상황이라면 분명한 지침을 주어야 한다. "네가 불편한 것은 알겠는데, 찡찡거린다고 해서 지금 상황에서 나갈 수 없어. 이야기가 다 끝나야 나갈 수 있어. 좀 기다려." 아이가 너무 힘들 것 같으면 "색연필을 줄 테니까 그동안 그림을 그리고 있을까?"라고 대안을 제시해 주는 것 정도는 괜찮다. 그래서 아이가 그 상황이 익숙해지면, 감당해 내는 능력이 조금 더 생긴다. 아이의 요구를 바로 들어주면 아이는 금방 편해진다. 그러나 원하는 것을 늘 바로바로 들어주어 아이를 편한 것에만 익숙하게 만들어 버리면, 아이는 자기가 원하는 대로 바로 이뤄지지 않으면 힘들어하는 사람이 된다.

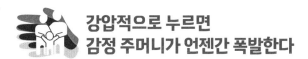

강압적으로 누르면
감정 주머니가 언젠간 폭발한다

인간은 많은 사람과 어울려 살아가야 한다. 그들과 평화롭게 살아가기 위해서는 내가 꼭 해야 하는 부분이 있고, 참을 수밖에 없는 부분이 있다. 그것은 반드시 배워야 한다. 그렇지 않으면 본인이 심한 스트레스를 받고 불행하게 살아가야 한다.

지하철이 파업을 하면 당연히 불편하다. 하지만 그것이 타당하다고 생각되면 견뎌야 한다. 비행기가 안전상의 문제로 한 시간 연착되었다고 하자. 물론 뒤에 굉장히 중요한 약속이 있으면 기분이 나쁠 수 있다. 하지만 안전상의 이유라는데, 그 상황에 화를 내고 신경질을 내서는 안 된다. 어른이 되어서 이런 상황을 의연하게 마주하게 하려면 어릴 때부터 불편한 것도 좀 참고 기다리도록 가르쳐야 한다.

이런 조언을 하다 보면 조금 겁이 난다. 방송에서도, 다른 책에서도 강조하는 말이지만, '기다려야 할 것은 기다리게 하고, 안 되는 것은 안 된다고 단호하게 말하라. 아이를 담대하게 지켜봐 주라'라고 하면, 그 말을 실천한답시고 아이를 강압적으로 무섭게 대하는 부모들이 꼭 있기 때문이다. 부모는 무서워서는 안 된다. 아이를 강압적으로 대해서도 안 된다. 부모가 무서우면 아이는 얼어 버린다. 그러면 감정 주머니가 꽉 조인다. 감정 주머니가 더 자랄 수가 없는 것이다.

부모가 무섭게 대하면 아이는 순간 조용해진다. 참고 견디는 것처럼 보인다. 하지만 사실 아이는 살기 위해서 그런 척하는 것뿐이다. 연령에 맞춰서 적절하게 키우지 못한 감정 주머니는 언젠가는 사달이 난다. 언젠가 폭발한다. 그때가 사춘기일 수도 있고, 어른이 된 후일 수도 있다. 어릴 때 키우지 못한 감정 주머니의 모습이, 사사건건 욱하거나 부모에게 대들거나 혹은 사회에 적응을 못 하는 것으로 드러날지도 모른다.

아이를 엄하게 대하는 부모들의 마음은 이해한다. 그것의 필요성을 누구보다 잘 알기 때문일 것이다. 하지만 엄하게 대해서 아이가 빨리, 완벽하게 배우고, 무조건 참기 바라는 것은 무리다. 그것이 아이의 발달에 버거운 것이고, 아이도 힘들 수 있다는 것을 수긍해 주지 않으면 아이는 어떨까?

이제 막 1학년에 들어간 철수가 밤 10시가 넘은 시간에 하품을 하면서 반쯤 엎드린 상태로 일기를 쓰고 있다. 간간히 한숨 쉬는 소리도 들린다. 이럴 때 "똑바로 앉아! 찍소리 하지 말고 해. 일기 안 쓰면 못 잘 줄 알아!"라고 하지 말아야 한다. 아이가 힘들어서 징징대는 것은 수긍해 줘도 된다. "늦게 하려니까 힘들지?"라고 아이의 마음을 공감해 준 후 시키면 된다. 더 늦은 시간이라면 "숙제는 해야 하는 거야. 그런데 지금은 많이 늦었고, 네 나이 때는 잠자는 것도 중요하니까 일단은 자자. 하지만 내일 아침에 10분 일찍 일어나서 숙제를 마저 해야 해"라고 하고 아이를 재워야 한다. 이런 지침을 주지 않은 상태에서 "숙제 안 하고 자면 혼날 줄 알아"라고 하거나, 반대로 "하지 마, 하지 마. 숙제 한 번 안 해 가면 어때"라고 하는 것은 모두 옳지 않다.

기다려야 한다는 것은 가르쳐야 한다. 이때는 상황에 심플하게 대응하는 부모의 자세가 중요하다. 아이가 밤 10시가 넘은 시간에 피자를 사 달라고 한다. "지금이 몇 신데? 가게 문 다 닫았어." 예전에는 이런 식으로 말하면서 상황을 덮어 버렸다. 그런데 요즘 아이들은 "24시간 하는 데도 있어" 하면서 말대답을 한다. 그럴 때는 "지금 시간에 피자를 먹으면 안 되지. 정말 배가 고픈 거면 엄마가 주스 한 잔 갈아 줄게. 샌드위치를 조그맣게 하나 만들어 줄 수도 있어. 정말 배가 고픈 거니?"라고 물어봐 준다. 아이가 그렇다고 하면, 밥을 김에 말아서 조금 준다거나 샌드위치나 주스를 만들어 주면 된다. 배가 고픈 것이 아닐 때는 "기다려. 자기 전에 먹으면 안 되는 거야"라고 심플하게 말해 주면 된다.

문제는 아이의 다양한 반응이다. 소리를 지르고, 악을 쓰고 울고불고, "엄마는 돈이 아깝지?"부터 시작해서 "엄마가 내 말 들어준 게 뭐가 있어!"라고 대들 수도 있다. 이때 아이의 말에 반응해서는 안 된다. 광분을 하든, 날뛰든, 뒹굴든, 폭언을 하든 "기다려"라고만 하면 된다. 이 상황에서는 "네가 아무리 피자가 먹고 싶어도 내일 사 줄 거야. 내일까지 기다려" 이렇게만 가르치면 된다. 참을성을 기르게 하려면, 아이가 그 상황을 겪고 견디고 넘어가게 해야 한다. 그 경험을 성공적으로 지나야 한다.

그런데 보통은 부모가 아이의 반응에 더 다양하게 반응한다. 부모가 다양한 자극을 주면, 설사 그것이 옳은 말이라도 아이에게는 짐이 된다. 그 지시에 다 반응하고 다 해석해야 하기 때문에 마음이 더 불편해진다. 그래서 그 과정을 성공적으로 견뎌 내지 못한다. 이 상황에서는 참을성을 배워야 하지만, 부모의 격한 반응에 그런 배움의 과정은 빠지기 쉽다. 메시지를 주고, 힘들지만 아이가 그것을 겪도록 도와주어야 한다.

배고픔을 유난히 참지 못하는 아이

어린아이 중에 유난히 배고픈 것을 못 참는 경우가 있다. 이때 많은 부모들이 아이에게 참으라고 한다. 그런데 배고픔은 어릴수록 참게 해서는 안 된다. 부모 중에는 "아이가 어른이 돼서도 이러면 어떡하지요?"라고 걱정하기도 한다. 그런 어른으로 자라지 않게 하게 하려면 더더욱 그래서는 안 된다.

어릴 때 배고파서 불쾌하고 기분 나빴던 경험을 많이 하게 되면, '배고픔 = 기분 나쁨'으로 인식되기 때문이다. 무의식적으로 그 기억이 살아나 배만 고프면 화를 내는 사람이 될 수 있다. 아이가 굉장히 배고파하는데 식사를 준비하려면 앞으로 20분을 기다려야 한다면, "그것도 못 참아? 안 죽어" 할 것이 아니라 허기만이라도 채우게 얼른 먹을 것을 좀 주어야 한다.

지금도 그런 분들이 있지만, 옛날 우리 부모 세대에서는 집에 들어왔는데 밥통에 밥이 없으면 막 소리를 지르며 화를 내는 아버지들이 많았다. 가만 생각해 보면 두 끼, 세 끼 굶는 것도 아니고 고작 10분, 20분 기다리는 것인데 그렇게 화를 낼 필요가 있었나 싶다. 그런데 이런 현상의 출발이 어린 시절 불쾌했던 배고픔의 경험에서 시작된 것일 수도 있다. 그런 경우가 아닌데도 배고프다고 짜증내고 화를 내는 사람은 인격 수양이 덜 된 어른이라고 볼 수 있다.

CHAPTER 2

제 뜻만 고집하고
누구 말도 듣지 않아

'마음대로만 하려고 할 때'

CASE • • • • • • • • • •

공원 주차장 근처 놀이터. 엄마는 벤치에 앉아서 오랜만에 만난 동네 엄마들과 이야기를 나누고 있다. 다들 요새 들어 애들이 말을 심하게 안 듣는다고 하소연한다.

"형철이(만 3세)는 워낙 순하잖아. 남자아이치고 말 잘 듣지?"

"뭐… 그렇지… 뭐….."

형철이도 최근 들어 부쩍 청개구리가 된 듯하다. 뭐가 그렇게 "내가 할래" "싫어"가 많은지, 매사 고집을 피우고 엄마 뜻대로 움직여 주지 않는다. 엄마는 대답을 얼버무리고는 놀이터 모래밭에서 열심히 모래를 파는 형철이를 쳐다봤다. 그때 갑자기 찬바람 한 줄기가 쌩 불었다. '이런, 형철이 춥겠네.' 엄마는 겉옷을 입혀야겠다는 생각에 아이를 불렀다.

"형철아, 이리 와."

아이는 엄마의 목소리를 들었는지 고개를 들어 엄마를 한번 봤다. 엄마는 이리 오라고 손짓했다. 그런데 아이는 다시 하던 일을 계속했다. 형철이는 지금 개미 몇 마리가 기어가는 것을 관찰하던 중이었다. 이런 사정을 알 리 없는 엄마는 한 번 더 큰 소리로 아이를 불렀다.

"형철아, 뭐해? 이리 오라니까."

아이는 자리에서 벌떡 일어났다. 그런데 웬걸? 아이는 엄마 반대쪽으로 뛰어가 버린다. 엄마는 갑자기 얼굴이 화끈거리며 화가 났다.

"야, 이형철! 이리 오라고 했지!" 엄마는 소리를 질러 버렸다.

말 잘 듣기를 바라는 부모의 속마음
vs 아이의 속사정

아이가 부모 말을 도무지 듣지 않을 때 부모들은 욱한다. 아이가 왜 말을 듣지 않는지, 아이를 어떻게 다뤄야 하는지를 알아보기에 앞서, 대한민국 부모들에게 질문을 하나 던지고 싶다. 왜 아이가 부모 말을 잘 들어야 한다고 생각하는가?

부모는 아이가 자신의 말을 잘 듣기를 원한다. 자신의 말대로 '바로' 행동하기를 바란다. 그것이 당연하다고 생각한다. 그렇지 않으면 문제라고 본다.

하지만 아이가 내 말을 잘 듣기 바라는 근본적인 이유는 나와 아이를 분리시키지 못하기 때문이다. 나와 아이가 다른 몸이고, 다른 마음을 가지고 있다는 것을 받아들이지 못하는 것이다.

배우자나 친구한테는 이토록 내 말을 잘 듣기를 강요하지는 않는다. 그들에게는 나와 마음이 잘 맞길, 내 마음을 알아주길, 나를 이해해 주길 바란다. 그런데 아이는 아니다. 내 지시, 내 명령을 무조건 당장 따르라고 한다. 그래서 아이가 내 말에 반하는 말이나 행동을 하면 기분이 나쁘다. 냉정하게 보면, 아이를 내 소유물로 생각하는 면도 있는 것이다.

사례에서 형철이 엄마가 아이에게 겉옷을 입히고 싶다면, 가만히 앉아서 아이를 두 번 세 번 부를 것이 아니라 직접 가면 된다. 왜 본인은 가만히 앉아 있으면서 (아이 입장에서 보면) 뭔가 중요한 일을 하고 있는 사람을 오라 가라 하는가? 겉옷을 입지 않아 감기에 걸릴까 봐 걱정스러운 건 엄마의 마음이다. 아이는 그것을 알 수가 없다.

아이가 말을 안 들을 때, 엄마와 아빠가 느끼는 감정은 좀 다르다. 엄마는 무시당하는 것 같기도 하고 서운해지기도 한다. 가까운 관계가 틀어지는 것 같아 불안한 기분도 든다. 엄마는 열 달 동안 아이를 뱃속에 품고 있던 사람이다. 아빠보다 아이를 분리해서 생각하기가 더 어렵다. 아이가 나의 분신이니, 내 생각이나 마음을 아이도 알 거라고 생각하기도 한다. (말도 안 되는 생각이다.) 그런 내 아이가 말을 안 듣는다? 기분이 묘해진다. 아이가 나와 분리되어 있다는 것이 어렴풋이 느껴지기 때문이다. 나로부터 떨어져 나가려는 것같아 서운한 마음도 든다.

아빠는 좀 다르다. 약간 동물적인 본능이 작용한다. 아이가 말을 안 들으면 치받는 느낌이다. 위협감을 느낀다. 동물이든 인간이든 어느 집단이나 상하 위계질서가 있다. 위계질서가 잘 지켜져야 그 종이 오랫동안 살아남는다. 아빠에게 아이가 말을 안 듣는다는 것은, 이 위계질서를 깨는 것을 의미한다. 이런 아이는 앞으로 무리와 평화롭게 지내지 못할 것이며, 종의 생존을 위협할 것이라 여긴다. 그렇기 때문에 우두머리 사자가 무리의 규칙을 어긴 새끼 사자에게 으르렁거리듯 아이에게 화를 내는 것이다. 아빠들은 완력을 사용해서라도 아이가 말을 듣게 하려고 한다. 또한 무리와 평화롭게 살아야 한다고 생각하기에 자꾸 규칙을 강조한다.

그렇다면 아이는 왜 부모의 말을 듣지 않을까? 아이 또한 동물적인 본능이다. 인간은 누구나 다른 사람에게 구속되고 싶어 하지 않는 본능이 있다. 자기만의 독립된 영역을 세우고 싶어 한다. 독립된 개체로 서길 바라기 때문에 과잉 통제를 받고 싶어 하지 않는다. 조금만 걸을 줄 알아도, 아이가 엄마의 손을 뿌리쳐 버리고 떨어져 걸으려고 하는 것도 이런 욕구의 표현이다. 이 때문에 인류가 계속 새로운 것을 개척하면서 발전할 수 있었던 것이다.

그런데 인간은 최소 20년의 양육 기간을 거쳐야 하는 개체다. 그런 인간에게는 독립하고 싶은 욕구와 함께 아이러니하게도 무리로부터 떨어져 나가는 것에 대한 굉장한 두려움이 공존한다. 떨어져 걷다가도 부모가 제 주변에 있는지 자꾸 확인하고, 떨어져 놀다가도 부모에게 뛰어와 와락 안긴다. 독립하고 싶은 욕구가 극에 달하는 청소년기에도 부모와 멀어지고 싶으면서도, 부모가 언제든 돌아와도 되는 베이스캠프가 되어 주었으면 하는 마음이 있다. 항상 부모가 자신을 지켜 주고 있다는 느낌을 간절히 원한다.

이때 부모가 해야 할 일은 균형이다. 아이에게 이런 양면성이 있다는 것을 이해하고 두 욕구를 모두 존중해 줘야 한다. 아이를 안전하게 보호하면서, 기본적으로 아이는 나와 다른 개체이며 생각이 다르고 반응이 다르다는 것을 받아들여야 한다. 그래야 아이가 균형 잡힌 성장을 해 나갈 수 있다.

아이가 떨어져 나갔다 돌아올 때, 혹은 말을 안 들어 엄마를 녹다운시켜 놓고 부모에게 보호해 달라고 할 때, "말도 안 들으면서, 저 필요할 때만 찾아? 너 알아서 해"라고 반응해서는 안 된다. 아이가 말을 안 듣거나 멀어지려고 할 때, "너 왜 이렇게 엄마 말을 안 들어? 왜 이렇게 엄마를 속상하게 해?"라면서 지나치게 서운해해서도 안 된다. 그러면 아이는 독립하고자 하는 욕구를 충족시킬 수 없다. 독립하고 싶지만 엄마 곁에 있고 싶은 마음도 있기에, 엄마의 말에 죄책감을 느낀다. '내가 이러면 안 되는 건가? 내가 엄마를 괴롭히는 건가?'라고 생각한다. 그런데 엄마는 아이가 자랄수록 "네가 할 일은 네가 알아서 해야지"라는 말을 자주 하게 된다. 말과 행동이 다른 것이다. 이럴 때 아이는 혼란스럽다. 튕겨나가 내 영역을 개척하려고 하면 뒷덜미를 잡아 죄책감을 주면서, 주저앉아 있으면 왜 그러고 있느냐고 핀잔을 주기 때문이다.

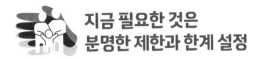

지금 필요한 것은 분명한 제한과 한계 설정

만 3세가 지나면 아이의 독립하고자 하는 욕구가 강해진다. "싫어" "내가 할 거야"라는 말을 달고 살게 된다. 이것은 독립심을 키워 가려는 아이 내부의 프로그램 덕에 일어나는 지극히 자연스러운 현상이다. 하지만 안타깝게도 부모의 눈에는 아이의 독립 욕구가 그저 '고집', 때로는 '똥고집'으로만 보인다. 말도 안 되게 제 뜻대로만 하겠다고 우기는 것으로 보이기 때문이다. 아이 입장에서는 그럴 수밖에 없는 것이, 독립하고자 하는 욕구는 솟는데 어떻게 해야 하는지 방법을 잘 모른다. 어떤 일을 해도 되는지, 해서는 안 되는지도 모르고, 어떻게 하는 것이 옳은지도 모른다.

지금 아이에게 필요한 것은 분명한 제한과 한계 설정이다. 아이가 제 고집대로 마음대로 하는 것 같을 때, 부모는 명확한 제한을 두고, 따르기 쉽도록 간단하게 이유를 설명해 주는 것이 좋다.

아이가 자동차나 자전거가 많이 다니는 곳에서 이리저리 뛰어다닌다. 이럴 때는 "너, 엄마가 이런 데서 뛰지 말라고 했지!"가 아니라 "여기서는 마음대로 뛰어놀아도 돼. 하지만 저기를 넘어가는 것은 위험해"라고 명확한 제한을 두고, 한계를 설정하는 이유를 간단히 말해 주면 된다. 이렇게 해야 아이는 그 안에서는 편안함을 찾는다. 이렇게 설명하지 않으면 아이는 엄마의 말이 위험해서 하지 말라는 것인지, 나를 엄마 곁에 두기 위해서 하지 말라는 것인지 헷갈린다. 후자라는 생각이 들면, 아이는 엄마가 아무리 강력하게 말해도 자기 안의 독립 본능을 따라 말을 안 듣는다.

제한은 아이의 눈높이로 하고, 잘 따를 수 있도록 쉬워야 한다. 무조건 제한하는 것이 아니라 간단한 규칙을 만들어 따르기 쉽도록 하는 것이다. "뛰니까 재밌지? 저쪽에 가 보니까 신기한 것도 많지? 엄마도 알아. 그런데 봐봐. 자전거도 많이 다니고, 자동차도 쌩쌩 달려가잖아. 저긴 너무 위험하니까 이 안에서만 놀아. 이 안을 넘어가면 안 돼. 여기서는 재밌게 뛰어놀아도 돼. 엄마는 여기 앉아서 너를 보고 있을 거야. 혹시 네가 뛰어놀다가 너도 모르게 선을 넘을 수도 있어. 그때는 엄마가 '멈춰!'라고 말할 거야. 그러면 그 자리에 서는 거야." 그런데 아이가 뭐 좀 하려고 하면 수시로 "멈춰"를 외쳐서는 안 된다. 정말 위험한 순간에만 "멈춰"를 외쳐야 아이가 기본적인 규칙을 잘 따른다.

자기 마음대로만 하려고 하는 아이를 엄마와의 관계를 망치지 않고 다루려면, 변덕과 지나친 제한은 금물이다. 일관성을 가지고 제한할 것은 분명히 가르쳐 줘야 한다. 하지만 제한이 너무 많으면 안 된다. 놔 줄 것은 확실히 놔 줘야 한다. 그래야 따를 것은 따르면서도 불만이 없다. '제한을 따르는 것은 자존심 상하는 일이 아니구나. 나뿐만이 아니라 모든 사람이 어울려 살아가기 위해 따라야 하는 것이구나'라고 생각할 수 있다. 꼭 제한해야 할 것이 아니라 사소한 것까지 일관성 없이 제한하면, 아이들은 부모를 사사건건 이기려고 한다.

아이가 청소년이 되면 귀가 시간에서 매번 부딪힌다. 정해진 귀가 시간이 9시라고 치자. 어떤 부모는 9시 5분에 왔다고 혼을 내기도 한다. 대략 9시 즈음 아이가 들어오면 이해해 줘야 한다. 물론 5시까지 오라고 했는데, 10시에 온 것은 문제다. 아이와 왜 이렇게 늦었는지에 대해서 진지하게 얘기해 봐야 한다. 아이가 "오늘은 버스가 늦게 왔어요"라고 하면 "그랬구나. 다음부터는 버스 기다리는 시간을 감안해라"라고 가르치면 된다.

규칙이 너무 견고하면, 그 규칙을 안 지켰을 때 또 다른 규칙이 생긴다. 9시 귀가 시간을 10분 어겼다고 일주일간 외출 금지를 시키는 것처럼 말이다. 이런 것은 규칙에 순응하는 아이가 아니라 반항하는 아이를 만든다.

어린아이도 마찬가지다. 아이가 말을 안 들으면 키우기가 정말 힘들다. 그럴 때마다 아이가 미울 수 있다. 자식이라고 1년 365일, 24시간 내내 예쁘기만 한 것은 아니다. 미운 마음이 든다고 죄책감을 가질 필요는 없다. 부모와 관계가 좋은 아이들도 아주 가끔, 짧은 시간이지만 그런 순간이 있다. 하지만 그것이 아이 개인이 성장하고 발달하고 자기만의 독립적인 영역을 개척해 나가는 데 수없이 일어나는 과정이라는 것을 이해하면, 미워하는 시간을 조금 줄일 수 있지 않을까?

만 2세가 지나면서 아이가 슬슬 부모 말을 듣지 않는 것은 자연스러운 일이다. 지나치지만 않다면 그때마다 분명한 제한을 두면서 잘 지도하면 된다. 간혹 아주 사소한 것도 자기 마음대로 못 하고 부모에게 일일이 묻는 아이가 있다. "엄마, 나 물 마셔도 돼?" "엄마, 나 화장실 가도 돼?" "엄마, 나 이거 하나 먹어도 돼?" 물어보지 않아도 되는 것까지 다 물어본다. 두 살이나 세 살부터는 자율성이 생기면서 스스로 해 보고 싶은 마음이 들기 마련인데, 이 시기에 자기 신변에 관련된 작은 결정도 스스로 못 내리는 것은 지나치게 마음대로 하려는 것만큼이나 심각한 문제다. 자기확신감이나 신뢰감이 굉장히 떨어진다는 증거이기 때문이다. 자기확신감이나 신뢰감이 떨어지면, 자신이 결정하는 것에 확신이 없다. 그래서 자기보다 좀 더 많이 알고 있다고 생각되는, 이 상황에 좀 더 책임을 질 수 있다고 생각되는 사람에게 자꾸 묻게 된다. 이것은 책임감과도 관련이 있다. 그렇게 물어보고 한 일은 내가 결정한 일이 아니기 때문에 잘못되어도 내 책임이 아니다. '엄마 탓'이라고 한다.

아이는 왜 자기확신감이나 신뢰감이 떨어질까? 첫 번째로 생각해 볼 수 있는 것은, 아이 자체가 원래 불안감이 높은 경우다. 두 번째는 부모와의 관계 문제다. 엄마가 실수를 잘 허용해 주지 않을 때 그럴 수 있다. 엄마가 아이의 작은 실수에도 핀잔을 주고 혼을 내면, 아이는 당연히 엄마의 눈치를 본다. 자기 스스로 하고 싶어도 실수하면 본전도 못 찾기 때문에 엄마한테 자꾸 물어본다. 부모가 아이에게 보이는 반응이 늘 무덤덤해도 아이가 자꾸 물을 수 있다.

이럴 땐 "엄마, 나 이거 해도 돼요?"라고 물으면 "어, 해도 돼. 다음에도 그것은 네가 하고 싶으면 해도 돼"라고 반응해 줘야 한다. 그런데 반응이 늘 뜨뜻미지근한 사람은 좋을 때도 시큰둥, 나쁠 때도 시큰둥하다. 표정의 변화가 별로 없고, 반응의 차이가 없다. 이러면 아이들은 이것을 어떻게 해야 하는지 기준이 안 생긴다.

나는 아이들이 "선생님, 이거 마셔도 돼요?"라고 물으면, "선생님이 준 주스는 너 마시라고 준 거야. 마음대로 마셔도 돼. 더 마셔도 되고, 먹기 싫으면 남겨도 돼. 다음에도 그렇게 해라"라고 한다. 이래야 기준이 생긴다. 만약 아이가 그다음에 "더 먹어도 돼요?"라고 또 물어보면, "아까 선생님이 뭐라고 했어?" "더 먹어도 된다고요" "오케이"라고 해 준다. 이렇게 해야 자기가 내린 결정을 상대방으로부터 수용받는 경험을 할 수 있다.

집에서도 아이가 "엄마, 나 물 마셔도 돼?"라고 물으면 "넌 어떻게 생각해?" "목마르면 마셔야지요" "바로 그거지. 물어볼 필요가 없지"라고 해 주면 된다. "어, 마셔"라고만 하면 엄마가 결정하고 끝나 버린다. 아이가 해도 되는 일은 아이가 최종 결정자가 될 수 있도록 대화를 유도해야 한다. 그래야 독립심과 책임감, 자기주도성이 생긴다.

유아기에도 부모와 의논하지 않아도 되는 일들이 있다. 그런 것은 "네가 알아서 결정하면 돼. 너 하고 싶은 대로 하면 돼"라고 말해 주면 된다. 옷을 고를 때도 마찬가지다. "엄마, 이것 입을까? 저것 입을까?" 하면 "네 마음대로 해"라고 해 준다. 만약 아이가 들고 있는 옷이 계절에 맞지 않다면 "그건 오늘 날씨에 추울 것 같은데?"라고 가볍게 제한을 두면 된다. 아이가 "난 이것 꼭 입을 거야!"라고 고집할 수 있다. 그럴 때 "너 그거 입고 가면 또 감기 걸려. 감기 걸리면 콧물 찔찔 나고, 열 펄펄 나고, 주사 많이 맞아야 해"라고 겁을 주는 엄마들이 많다. 이런 일이 잦아지면, 어린아이일수록 움츠러들어서 뭔가를 결정하는 데 확신을 갖지 못할 수 있다. 아이가 계절에 맞지 않는 옷을 입겠다고 우기면 "그러면 카디건 하나 넣어 가자. 추우면 꺼내 입어"라고 해 주는 것이 좋다. 이렇게 하면 아이는 자신이 내린 결정이 수용되는 경험과 함께 제한을 두는 경험도 하게 된다. 그러나 그 제한이 자신을 억압하는 것이 아니라 자신을 위한 것임을 생활 속에서 자연스럽게 배우게 된다.

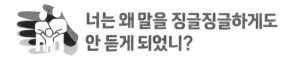

너는 왜 말을 징글징글하게도 안 듣게 되었니?

오랜만에 가족들이 다함께 놀이공원에 갔다. 아주 먹음직스러운 솜사탕을 파는 가게가 있었다. 보기처럼 맛도 좋은지 사람들이 줄을 길게 서서 기다리고 있었다. 아이는 솜사탕을 보자마자 빨리 사 달라고 난리가 났다. 사람이 많아서 기다려야 한다고 했지만, 무조건 빨리 사 오란다. 안 된다고 하니까 아이는 길바닥에 드러누워 버렸다. 이처럼 유독 규칙을 못 받아들이는 아이들이 있다. 유치원에서도 다른 아이들은 다 잘 쫓아가는데, 저만 마음대로 하려고 해서 문제를 만들기도 한다. 자기 마음대로 안 되면 친구들에게 화를 내고, 선생님한테도 짜증을 부리는 아이들이 있다.

왜 이렇게 되었는가는 여러 가지 원인을 살펴야 하지만, 크게 세 가지로 볼 수 있다. 첫 번째는 감정적으로 무척 예민한 탓이다. 누구든지 어떤 지시나 설명을 할 때 반드시 감정 그릇에 담아서 전달한다. 로봇처럼 아무 감정 없고 무덤덤하게 '여. 기. 앉. 으. 세. 요'라고 하지 않는다. 건조하게 "빨리 와. 빨리 여기 앉아"라고 하는 선생님도 있고, 아주 부드럽게 "여러분, 빨리 오세요"라고 하는 선생님도 있다. 이처럼 누구나 말에 어떤 감정을 담아 전달하기 마련인데, 그런 것에 지나치게 예민한 아이들이 있다. 말하는 상대의 얼굴 표정이 자기 마음에 조금만 안 들거나 목소리가 조금만 커도 자기에 대한 공격이라고 받아들인다. 그래서 딱 맞서 버린다.

사람들은 대개 "안 돼" 등의 제재나 "하지 마" 등의 금지를 할 때는 "해도 돼" "해도 좋아"라고 할 때보다 조금 더 강한 감정을 싣는다. 예민한 아이들은 '그게 왜 안 된다고 할까?'를 생각하기 전에 "안 돼"라는 말에 담긴 타인의 감정에 먼저 영향을 받는다. 그러곤 기분이 나빠져서, 상대가 자기를 미워하고 싫어하고 혼을 낸다고 생각한다. 공격이라고 받아들여서 맞대응의 자세를 취하는 것이다. 그래서 '나 말 안 들어' 모드가 된다. 사실 이런 아이들은 대하기가 참 난감하다. 금지를 할 때마다 아주 부드럽게 "안 돼요, 왕자님"이라고 할 수는 없기 때문이다. 예민하게 타고난 아이라면 정도에 따라서 전문적인 치료도 고려해야 한다. 정도가 심하지 않다면 부모가 아이에게 누구나 좋은 표정과 목소리로 말해 줄 수는 없음을 계속해서 친절하게 설명해 주는 것이 필요하다.

두 번째는 부모에게 수용을 못 받는 경우다. 버릇없는 아이를 만들지 않으려고 굉장히 단호하고 엄격하게 키우다 보면 "안 돼"가 많아진다. 아이에게 꼭 필요한 "안 돼"는 자신 있게 말해야 하지만, 지나치게 자주 "안 돼"를 외치면 아이는 규칙을 받아들이기 싫어진다. 이럴 때 아이들은 해서는 안 되는 행위를 꼭 하고 싶어서라기보다, 지기 싫은 마음에 하게 된다.

세 번째는 부모가 지나치게 허용적인 경우다. 아무런 제한 없이 아이가 원하는 대로 뭐든 하게 하면 아이는 '부모님은 나를 아끼고 사랑하지만, 내가 원하는 것을 못 들어줄 수도 있구나'를 배우지 못한다. 그래서 유치원 선생님이 "세준아, 지금은 자유 놀이 시간이 아니니까 그 장난감을 가지고 놀 수 없어"라고 제한을 두면, 아이는 대번에 선생님이 자신을 사랑하지 않는다고 느낀다. '자기 뜻대로 들어주지 않는 것 = 자기를 사랑하지 않는 것'이라고 받아들이기 때문이다.

지나치게 모든 것을 수용하고, 모든 것을 허용하는 것이 절대 좋은 것이 아니다. 아이에게 잘못된 생각을 심어 줄 수 있다. 또한 사랑을 확인받기 위해 불필요한 고집을 피우는 아이로 키울 수 있다. 이런 아이는 어른이 되어서도 별것 아닌 일에 굉장한 스트레스를 받는다. 어떤 장소에서 누군가 "거기는 앉으시면 안 돼요"라고 했을 때, 다른 사람은 "아, 예"라고 하지만 그는 "아, 씨!" 하면서 화를 내기 쉽다. 매사 내 뜻과 다를 때마다 화가 난다면 세상살이가 얼마나 괴롭겠는가.

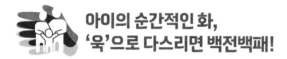

아이의 순간적인 화,
'욱'으로 다스리면 백전백패!

자기 마음대로 한다고 우기다가 일이 잘못되거나 뭔가 잘 안 되면 화부터 내는 아이들도 있다. 예를 들어 아이가 블록을 맞추고 있다. 아귀가 좀 안 맞는다. 아이가 성질을 내기 시작한다. 엄마가 보니까 장난감 자동차에서 열리지 않는 문을 자꾸 열려고 하고 있다. 아이는 엄마에게 차 문을 열어 달라고 한다. 엄마는 설명해 주었다. "여기 봐. 이거는 모양만 있는 거야. 안 열려. 다른 것 가지고 놀아." 그런데 엄마의 말이 다 끝나기가 무섭게 아이는 갑자기 화를 내면서 "새것 사 줘. 이건 안 되잖아"라고 한다.

이럴 때는 지침을 줘야 한다. "있는 것 가지고 놀아. 안 사 줄 거야. 사 줄 수가 없어. 너 이미 블록 많아." 아이가 울면 울음을 그칠 때까지 내버려 둔다. 빨리 그치든 늦게 그치든 소리를 지르든 내버려 둔다. 아이가 그칠 때까지 부모가 기다려야 한다. 기다리면서 지침대로 해야 한다. 이때는 아이의 바람대로 장난감을 사 주어서는 안 된다.

아이가 짜증을 내다가 "이건 안 된다고!" 하면서 장난감을 던질 수 있다. 그러면 다시 지침을 준다. "화난다고 장난감을 던지면 안 돼. 던진 블록은 찾아서 갖다 놔." 아이가 "안 해. 안 해" 하면서 소리를 지를 수 있다. 그러면 부모는 다시 찾으라고 지침을 주면 된다.

아이가 안 한다고 했을 때 부모가 "왜 안 해? 안 하면 엄마도 너한테 아무것도 안 해 줄 거야. 너 그렇게 엄마 말 안 들으면 밥도 안 해 줄 거고…"라는 식으로 말하는 것은 굉장히 불필요한 반응이다. 지침을 주고 나서 아이가 진정될 때까지는 부모도 기다려야 한다. 불필요한 반응을 계속 주면 부모와 아이 사이가 굉장히 나빠진다.

진료실에서도 이런 아이를 자주 만난다. 부모와 상담할 때 아이는 진료실 밖에서 놀게 한다. 어떤 아이들은 기다리는 동안 그림을 그리거나 블록 등의 장난감을 가지고 놀다가 마음대로 되지 않으면 "아, 씨!" 하고 화를 내면서 그림에 쫙쫙 선을 그어 버리거나 장난감을 던져 버린다. 그 순간 어른도 똑같이 욱해서 화로 답해서는 안 된다. 이때도 필요한 것은 지침이나 제한이다. 뭔가 마음대로 안 돼도, 해서는 안 되는 행동이 있다는 것을 알려주면 된다.

나는 "뭐가 잘 안 돼? 선생님이 도와줄까?"라고 말을 건넨다. "아, 잘 안 되잖아요. 좋은 것 좀 사다 놓으세요!" 하며 나에게 짜증을 내기도 한다. "그래. 그런데 보니까 짝이 맞긴 하는데?" 다시 말을 걸어 준다. "아, 안 끼워지잖아요!" "놀다가 잘 안 되면 기분이 좀 안 좋지. 그런다고 던질 일까지는 아니야. 기분 나쁘다고 던지지는 마. 그건 좋은 방법이 아니야." 그러면 의외로 화를 내던 아이들이 얌전히는 아니더라도 "예" 한다. 화가 난다고 다른 아이들도 함께 가지고 노는 장난감을 던지거나 망가뜨리면 안 된다는 것을 알아듣기는 하는 것이다.

아이의 아주 부정적이고 극단적인 감정에 대해서, 어른이 똑같이 반응하지 않는 것으로 아이는 감정 조절이나 해서는 안 되는 행동 지침을 배워 나간다.

한 아빠가 상담을 하다가 물었다. 아이가 조립식 장난감을 사 달라고 해서 사 주었다. 그런데 설명서를 보고 차근차근 하자고 아무리 말해도 듣지 않고 자기 마음대로 하더니 결국 망쳐 버렸다고 한다. 그래 놓고 오히려 아빠 때문에 망쳤다며 아이가 떼를 쓴 것이다. 아이의 황당한 행동에 아빠는 순간 욱해서 "알았어! 알았어! 나도 너랑 이제는 안 놀아. 다 갖다 버려"라고 소리를 질렀다. 당연히 아이는 울고불고 난리가 나고, 아내도 장난감 하나 못 만들어 주고 아이를 울리냐며 핀잔을 주었다. 그 아빠는 이럴 때 도무지 어떻게 해야 할지 모르겠다고 했다.

이런 경우에도 아이가 해서는 안 되는 행동을 하면 바른 지침을 가르쳐 주어야 하지만, 더 중요하게 생각해야 하는 것이 있다. 놀이 상황에서 가장 중요한 것은 '아이와의 즐거운 상호작용'이다. 멋지게 만든 성과물이 아니다.

아이들은 자기가 하기 어려운 것을 굳이 하겠다고 우길 때가 있다. 그럴 때는 바로 다음 단계까지만 미리 얘기해 주고 좀 기다려야 한다. "그림 보면 이렇게 생겼는데, 아빠 생각에는 이렇게 하면 안 붙을 것 같은데?" "아니야,

맞아. 내가 할 거야." 그러면 "오케이. 네가 해 보는데, 이게 잘못 붙이는 것이면 그다음 과정이 잘 안 될 수도 있어. 그때 화내면 안 된다?" 그렇게 말하고 기다려 준다. 기다리면서 "아빠 도움이 필요하면 얘기해"라고도 한다. 이렇게 해 주면 일이 잘 안 풀려도 아이는 자존심이 덜 상한다. 제 손으로 하기 어려우면 아빠에게 순순히 도와달라고 할 수도 있다.

아이에게 무언가 가르치고 싶다면 자식이라도 자존심을 상하게 해서는 안 된다. 자존심이 상하면 상대의 지시를 따르기 싫어진다. 그 사람한테 뭐든 배우기 싫어진다. 그런데 대부분의 아빠는 "야, 그거 아니잖아. 그렇게 하면 안 된다고! 내놔 봐! 넌 못 해! 아빠가 잘 만들어 준다니까!" 하면서 아이가 만들고 있는 것을 뺏는다.

아이가 혼자서 하다가 결국 한쪽 날개를 망가뜨렸다면, 이때도 "너 때문에 망가졌잖아!"라고 할 일이 아니다. "이것은 망가진 거니까 이렇게 두자. 반대쪽 날개는 설명서 순서대로 한번 해 보자. 그러면 어떻게 바뀌나 보자." 그렇게 해서 반대쪽 날개는 제대로 만든다. 아이는 다시 망가진 날개를 가리키며 "이것도 고쳐 놔!"라며 고집을 피울 수 있다. 그럴 때는 좀 단호하게 "이것은 딱 붙어 버려서 떼어지지 않아"라고 말해 준다. 그래도 아이가 울면서 "아니야, 원래대로 해 놔!"라며 떼쓸 수 있다. 이때 "네가 그랬잖아. 아빠가 그랬어?" 하면서 속상한 아이 마음에 기름을 부으면 안 된다. 어떤 아빠는 아이의 떼를 잡겠다며 "그러니까 아빠 말을 들었어야지. 이러려면 다시는 장난감 사달라고 하지 마"라고 엄하게 말하기도 한다.

이런 상황에서의 정답은 "좀 아쉽기는 한데, 네가 시도한 방법도 멋져. 하지만 박스에 있는 이 모양대로 꼭 만들고 싶을 때는, 설명서대로 하는 것이 좋은 방법이긴 해"라고 말해 주는 것이다. "네 상상 속에 있는 모양대로 만들고 싶을 때는 마음대로 시도해 봐도 돼. 그럴 때는 이 그림대로 모양이 나오지 않을 가능성이 커. 고장이 날 수도 있고. 그래도 재미있게 놀면 되지 않겠니?"라고 말해 줘도 좋다.

아이가 제 마음대로 해서 일이 잘못되었을 때, 큰 잘못을 한 것처럼 몰아붙여서는 안 된다. 마음이 약한 아이는 다음부터는 절대 그런 시도를 하지 않으려 한다. 무조건 "아빠가 해 줘" 한다. 장난감을 조립하다 망치는 것이 뭐 그리 큰일이겠는가. 얼마든지 시행착오를 해도 된다. 그런데 많은 아빠들이 뭔가를 끼우거나 오려서 만드는 조립품 앞에서 아이와 같은 수준이 된다. 아이와 똑같이 싸운다. 일단 만들기 시작하면 좋은 결과물을 만들어 내는 데만 몰입한다. 가끔 보면 아이는 안중에 없다. 혼자 열심히 만드느라 아이와 상호작용도 안 한다. 만들어 놓고는 그것을 가지고 놀아 주지도 않는다.

나는 가끔 그런 아빠에게 묻는다. "아버님이 장난감 조립 놀이 하시는 거예요?" 다들 아니라고 한다. 그러면 아이와 같이 해야 한다. 장난감은 장난감일 뿐이다. 그 시간을 얼마나 즐겁게 보내느냐가 중요하다. 날개가 하나면 어떻고, 두 개면 어떤가. 날개가 접히면 어떻고 안 접히면 또 어떤가. 아무 상관없다. 그 과정에서 아이가 '설명서가 있으면, 설명서대로 해 보는 것이 효과적이구나'를 배우면 된다.

두루뭉수리 육아 No! 정곡법 Yes!

장난감을 볼 때마다 사 달라는 아이가 있다. 그러면 부모는 약속을 한다. "이것만 사고 안 사는 거야"라고. 하지만 다시 아이 눈에 새로운 장난감이 등장하고, 아이는 사 달라고 바닥을 뒹군다. 이때 부모는 안 사 주기로 했으면, 끝까지 안 사 줘야 한다. 아이가 소리를 지르든, 울든, 드러눕든, 머리를 꽝꽝 찧든, 발을 구르든 안 사 주는 것으로 끝까지 매듭을 짓고 가야 한다. 이것은 뭐든 보이는 것을 다 살 수는 없다는 것을 가르치는 중요한 교육이다. 또한 부모가 한 번 말한 것은 지킨다는 지침을 알려주는 것이기도 하다.

이때 아이에게 절절매거나, 아이를 속이거나, 비겁한 꼼수를 쓰거나, 힘으로 위협해서는 안 된다. "엄마, 돈 없어" 하면서 지갑을 열어서 보여 준다든지, "아빠한테 사 달라고 해. 엄마는 못 사 줘" "이건 너무 비싸. 도대체 얼마니? 저기 2천 원짜리는 사 줄 수 있어" 등 그 상황을 두루뭉술하게 모면하려고 하면 안 된다.

어떤 엄마는 다른 것으로 아이의 정신을 쏙 빠지게 해서 관심을 돌리는 데 급급하기도 한다. 그렇게 하면 안 사 주는 목적은 달성할 수 있을지 몰라도 아이에게 제대로 된 교육은 하지 못하게 된다. 사 주는 주체가 누구인지, 가격이 싼지 비싼지, 돈이 있는지 없는지의 문제가 아이를 설득하는 도구가 되어서는 안 된다. 눈에 보이는 것마다 다 사 줄 수 없다는 것을 가르치기로 했다면, 정확히 그 사실을 알려 주어야 한다.

CHAPTER 3

밀고 때리고
던지고 침 뱉고

'공격적인 행동을 할 때'

엄마는 준수(만 4세)가 유치원에서 특별히 친한 친구가 없어 보여서 걱정이다. 그래서 오늘 오후에는 준수가 한두 번 얘기한 적 있는 같은 반 친구 석재(만 4세)를 집으로 초대했다. 한 번도 친구가 집에 놀러 온 적이 없었던 준수. 처음에는 석재를 극진(?)히 대하는 듯했다. 엄마는 안심하고 거실에서 석재 엄마와 다과를 즐겼다.

그런데 10분쯤 지났을 때, 석재가 후다닥 도망치듯 거실로 뛰어나왔다. 석재의 품에는 준수가 가장 아끼는 자동차 장난감이 들려 있었다. 준수 엄마는 갑자기 불안감이 밀려 왔다. 아니나 다를까 부리나케 뒤따라 온 준수는 석재를 주먹으로 밀쳐서 넘어뜨리고 석재 품에 있던 자동차를 뺏었다. 석재는 울음을 터뜨렸다. 준수 엄마는 순간 싸늘하게 변한 석재 엄마의 얼굴을 보았다.

"준수 엄마, 안 되겠어요. 오늘은 이만 갈게요. 사실 아까 얘기할까 말까 했는데, 준수가 유치원에서도 애들한테 좀 과격한가 봐요. 석재도 몇 번 맞고 온 적 있어요."

"정말요? 어머, 말씀하시지. 죄송해요. 정말 죄송해요."

준수 엄마는 얼굴이 빨개져 연신 고개를 숙였다. 석재 엄마는 석재 팔을 끌고 황급히 가 버렸다. 어쩌면 예상하고 있었는지도 모른다. 요새 준수는 유독 못 참는 일이 많고, 그럴 때마다 폭력을 쓴다. 지난번에도 뭔가 해서는 안 된다고 하니, 엄마를 두 팔로 마구 때렸다. 엄마는 준수를 무섭게 노려보았다.

"노준수. 이리 와 봐. 너 왜 그랬어? 친구가 가지고 있는 장난감을 그렇게 밀쳐서 뺏으면 돼, 안 돼? 그러면 친구들이 너랑 놀아 주겠어?"

준수는 반성하는 기색도 없이 오히려 뭔가 분한 듯 씩씩거렸다.

공격적인 행동의 밑바닥에는 화, 분노가 있다

아이가 공격적인 행동을 하면 참 당황스럽다. 준수 엄마처럼 상대편 아이의 엄마와 같이 있는 상황이라면 더 난감할 것이다. 불안이 깊어지고, 아이의 20년 후의 미래까지 걱정스러워지기도 한다.

어떤 부모는 친구에게 공격적인 행동을 한 자녀를 혼내면서 "너 깡패될 거야? 그럼 너 나중에 감옥 가게 되는데?"라고까지 말하기도 한다. 몇 해 전한 군부대에서 병장이 총기를 난사해서 장병 5명이 죽었던 사건이 있었다. 그 무렵 만났던 부모들은 아이가 다른 아이들에 비해 공격적인 성향을 보일 때, 혹시나 그 병장처럼 되면 어떻게 하나 걱정하기도 했다. 조금만 기분이 나쁘면 던지고 때리는 모습에서, 그 병장의 모습까지 연상된 것이다.

분명 아이가 공격적인 행동을 자주 하면, 아이가 커서 사회에 반하는 행동을 하는 사람이 될까 걱정스럽다. 그런데 그보다 먼저 우리가 생각해 봐야 할 것이 있다. 조그만 아이가 왜 그렇게 강렬한 '화'를 갖게 되었는가 하는 점이다. 또한 그 작은 가슴에 그렇게 큰 화를 가지고 있는 것이 얼마나 괴로울까 하는 점이다.

밀기, 던지기, 때리기, 침 뱉기, 꼬집기, 욕하기, 소리 지르기, 큰 소리로 울기, 머리카락 잡아당기기, 할퀴기 등 공격적인 것은 늘 행동으로 표현된다. 하지만 그 행동들 밑바닥에는 '화'나 '분노'의 감정이 있다. 아이의 공격적인 행동을 진정시키려면 '화'라는 감정이 언제 유발되는지를 잘 생각해 봐야 한다.

첫 번째로 짚어 볼 것은, 아이가 뭔가 억울하고, 분하고, 정서적으로 불안한 상황은 아닌지다. 집에서 지나치게 자주 혼나거나, 자주 맞거나, 엄마 아빠가 자주 싸우거나 무섭다면 아이 안에 '화'가 많을 수 있다. 가정환경 자체가 공격이 난무하고, 아이에게 신체적인 위협이 많이 가해진다면, 아이는 늘 자신이 공격받고 있다고 느낀다. 그래서 어떤 식으로든 방어하고 자신을 지켜 내기 위해서 본능적으로 매사 공격적으로 행동할 수 있다. 누군가 자신의 물건에 손을 대면, 일단 때리고 본다. 누가 자신을 공격할 것 같으면 침을 뱉기도 한다. 침을 뱉으면 누구든 그 침을 안 맞으려고 피한다. 방어적인 측면에서 상대가 자기 영역에 못 들어오게 하기 위해서 침을 뱉는 것이다.

두 번째로 생각해 볼 것은 '혹시 나에게 보고 배웠나?'이다. 사사건건 화를 잘 내는 아이들을 보면, 많은 경우 부모가 아이보다 더 감정적인 감내력이 떨어진다. 누가 자기를 치고 가도 화를 내고, 배가 고파도 화를 내고, 배가 불러도 화를 내고, 뭐가 잘 안 돼도 화를 내는 등 엄마 아빠 둘 다 그렇다면 말할 것도 없고, 둘 중 하나가 짜증이 많거나 자주 욱하거나 버럭한다면, 아이는 불편한 감정이 생길 때 그런 식으로 표현한다고 배웠을 가능성이 크다. 물론 그런 생물학적 특성을 일부 닮아서 태어날 수도 있다.

세 번째는 '혹시 내가 자극하고 있나?'이다. 예민하게 타고난 아이는 똑같은 상황에서도 다른 사람보다 감정적 자극을 잘 받는다. 그런데 이런 아이에게 부모가 끊임없이 지나치게 간섭하고 소리 지르고 화를 내면, 문제는 더 심각해진다. 아이가 가지고 있는 생물학적인 문제가 심각한 질병 수준으로 발전하기 때문이다.

네 번째로 생각해 볼 것은 '우리 아이가 좀 많이 급한가?'이다. 이런 아이들은 친구가 가지고 있는 장난감을 "빌려 줄래?"라고 말하지 못하고, 갖고 싶은 생각이 드는 동시에 확 뺏어 버린다. 시간 차이를 두고 순서대로 처리하지 못하는 것이다. 당연히 뭔가 빨리 해결되지 않으면 '화'도 쉽게 유발된다. 이런 아이들도 부모의 성향이 대개 비슷하다.

마지막은 흥분된 감정을 어찌할 바 몰라 공격적인 행동을 하는 경우다. 많은 경우는 아니지만 좋아서 부모나 친구의 살을 확 깨물어 버리기도 하고,

좋아서 얼굴을 때리기도 한다. 이것은 감정 주머니가 너무 작은 경우라 할 수 있다.

　가끔 "원장님, 우리 아이는요. 원체 좀 잘 욱하는 것 같아요"라고 말하는 부모가 있다. 사실 아이들에게 '욱한다'라는 표현을 쓰는 것은 바람직하지 않아 보인다. 아이는 아직 감정 발달이 미숙한 상태다. 감정이 발달해 가고 감정 표현을 배워 가는 과정 중에 있다. 지금은 불편한 감정을 적절하게, 다양하게 표현하는 방법을 배우지 못한 것이지, 욱하는 것으로 볼 수는 없다. 따라서 아이가 좀 욱하는 것 같다고 느껴질 때, 부모가 해야 할 일은 불편한 감정을 적절하게 표현할 수 있는 안전한 환경을 만들어 주고, 방법을 가르쳐 주는 것이다.

　SBS 프로그램 〈우리 아이가 달라졌어요〉에서 만났던 한 여자아이(만 5세)는 동네 깡패로 통했다. 욕을 하는 것은 물론이거니와 지나가는 아이를 괜히 때리고, 식당에서는 천방지축으로 뛰고, 마트에서는 물건을 사 내라고 떼를 썼다. 밖에서뿐 아니라 집에서도 아이의 공격적인 행동은 계속되었다. 엄마한테 소리를 지르고 욕을 하고 물건을 던졌다. 아빠한테도 마찬가지였다. 아이는 소리를 지를 때 목에 핏대까지 세웠다. 도대체 다섯 살밖에 안된 아이가 왜 이럴까? 심리 검사를 하려고 했으나, 그 또한 실패했다. 아이는 처음 보는 치료사를 때리고, 촬영하는 기사에게도 검사실 안에 있던 물건을 던졌다. 검사지를 박박 찢어 놓기까지 했다.

　직접 아이를 만나 살펴 본 결과, 아이의 공격성의 원인은 부모에게 있었다. 아이는 뭐든 얌전히 잘하는 언니와 끊임없이 비교당했고, 돌도 안 된

동생을 괴롭힌다고 자주 혼이 났다. 작은 잘못에도 심한 말을 들었고, 매를 맞았으며, 내동댕이쳐지기까지 했다. 부모는 아이에게 불편한 감정을 어떻게 표현해야 하는지 가르쳐 주기는커녕, 수시로 불편한 감정이 생기는 상황을 만들었다. 그리고 심한 말과 폭력으로 아이를 다스렸다. 한마디로 공격적인 아이를 만드는 최고의 환경이었다.

다행히 이 아이도 몇 주 만에 달라졌다. 부모가 폭력을 거두고 사랑의 표현으로 대화하고, 해서는 안 되는 행동을 가르치자 그 짧은 시간에 몰라보게 순한 아이가 되었다.

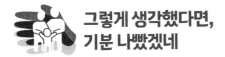

그렇게 생각했다면, 기분 나빴겠네

'화'나 '분노'라는 감정을 가졌다는 이유로 혼이 나고 벌을 받아야 할 것은 아니다. 아이가 느끼는 모든 감정은 존중되어야 하고, 공감되어야 한다. 그래야 부적절하게 왜곡되지 않고, 더 다양하고 바람직하게 발달해 나간다.

앞의 사례 속의 준수와 같은 경우, 친구가 돌아간 후 편안한 분위기에서 아이에게 왜 친구를 밀쳤는지 물어봐야 한다. "내 장난감인데, 걔가 안 주잖아"라고 아이가 말하면 "네 건데 친구가 가지고 있으니까 뺏길까 봐 걱정됐어?"라고 물어 준다. 아이가 그렇다고 하면, "그랬구나. 그런데 그럴 때 친구를 때리면 안 되는 거야"라고 공감해 준 후에 어떤 상황에서도 해서는 안 되는 행동에 대해 가르친다. 아이가 "달라고 했는데도 안 주는 걸 어떡해?"라고 하면 "일단 말로 '내 거니까 줘'라고 해 보고 그래도 안 주면 어른들한테 와서 얘기하면 돼. 어차피 집에 갈 때 놓고 갈 거야. 엄마가 가져가게는 안 할 거거든. 그러니까 친구가 우리 집에 와 있는 동안에는 마음껏 가지고 놀게 해"라고 문제를 해결하는 방법을 자세히 알려 준다.

아이가 "난 친구가 내 장난감 가지고 노는 게 싫어!"라고 할 수도 있다. 그때는 "그러면 다음에는 친구가 집에 놀러 올 때, 네가 소중하게 생각하는 장난감은 저 상자에 넣어서 위에 올려놓자. 나머지 것은 같이 가지고 노는 거야"라고 말해 준다. 그리고 평소에 "네가 자꾸 친구가 싫어하는 행동을 하면 재밌게 놀기가 어렵겠지? 너도 친구 집에 갔을 때 장난감을 사이좋게 잘 나눠 주는 친구가 좋잖아?"라고 말해 준다.

"그렇게 하면 친구가 싫어해!" "그렇게 생각하면 선생님이 싫어해!"라는 식의 말은 좋지 않다. 어른 중에서도 자신이 조금이라도 부정적인 감정을 표현하면 싸움이 일어나거나 관계가 나빠질 거라 생각해, 상대에게 지나치게 맞추려는 사람들이 있다. 늘 부모가 "그렇게 하면 누가 널 좋아하겠어?" "그렇게 행동하면 싫어해" 식으로 말해서 아이의 행동을 교정하려고 하면 아이도 그런 사람이 될 수 있다. 아이가 자신의 것을 빌려 주고 싶지 않다면 빌려 주지 않을 수도 있다. 아이가 절대 안 빌려 주고 싶다고 하면, "안 빌려 주고 싶으면 안 빌려 주고 싶다고 얘기해도 돼"라고 말해 주어야 한다. "친구가 기분 나빠해"라고 하면, "그건 친구의 감정이야. 네가 정 싫다면 그렇게 얘기할 수도 있어. 하지만 친구가 가지고 있는 장난감을 다시 가져오려고 밀치고 확 뺏는 행동은 옳지 않은 거야"라고 말해 준다.

어른이 볼 땐 아이가 말도 안 되는 이유로 화를 낼 때가 있다. 하지만 아이에겐 화를 낼 만한 이유가 있는 것이다. 그럴 때 "친구가 네 장난감을 가져가긴 왜 가져가? 너 괜히 빌려 주기 싫으니까 말도 안 되는 소리하는 거잖아"라고 혼내면 안 된다. 공격적인 행동을 줄이려면 밑바닥에 깔려 있는 '화'부터 줄이게 도와주어야 한다.

화는 공감으로 줄어든다. 공감은 인간의 보편적인 감정과 상식의 선에서 이해하는 것이다. 그렇기 때문에 그 일을 꼭 경험해 보지 않아도 가능하다. 나는 개를 좋아하지만, 누군가 개를 끔찍이 싫어한다면, 애완견 때문에 싸울 수도 있다. 내가 개를 좋아한다고, 개를 싫어하는 사람이 싫다고 하는 것은 주관적인 것이다. 그 상황을 객관적으로 보면 "그렇게 생각했다면 기분 나빴겠네"가 안 될 상황이 없다. 따라서 "친구가 가지고 갈 거라고 생각했구나. 아휴, 그랬다면 너 되게 싫었겠다. 너 그 장난감 엄청 좋아하잖아." 이렇게 말해 주는 것이 공감이다. 충분히 공감해 주고 나서 "하지만 이런저런 행동은 옳지 않아"라고 짚어 주어야 한다.

안 되는 행동은, "안 되는 거야"라고 말해 주면 된다

아이가 의도치 않게 어떤 잘못을 했을 때도, 먼저 아이의 감정에 공감해 줘야 한다. 아이가 블록 조각을 맞추다 잘 안 되자 조각을 던졌다. 그런데 의도치 않게 그 조각이 자고 있던 동생 이마에 맞을 뻔했다. "야! 동생 맞을 뻔

했잖아. 어디서 장난감을 던져?"라고 혼을 내기보다 "뭐가 잘 안 돼?"라고
해서 일단 아이의 기분을 알아준다. "이게 안 된다고!" 그러면 "그게 잘 안
돼서 기분이 안 좋았구나. 그런데 기분이 안 좋다고 물건을 던지면 안 되는
거야"라고 말해 준다. 아이가 "그럼, 어떻게 하라고? 기분이 안 좋잖아!" 하
면 "기분이 안 좋다고 엄마한테 말로 해. '엄마, 이게 안 돼서 화가 나!'라고.
기분이 안 좋다고 물건을 던지면 안 돼. 지금 봐. 던졌더니 동생 맞을 뻔했잖
아. 너 동생 때리려고 그거 던진 거야?" "아니요." "거 봐. 그런데 자칫 동생이
다칠 수도 있었어. 화난다고 물건을 던지는 건 안 돼"라고 말해 준다.

아이가 "그럼, 오리링 던지기는?"이라고 물을 수 있다. "그건 괜찮아. 놀이
잖아. 그런데 지금은 놀이를 한 게 아니잖아. 화난다고 던지면 안 돼. 뭔가
를 하다 보면 화날 수 있어. 화날 순 있는데, 던지는 것은 좋지 않아"라고 가
르쳐 준다. 더불어 화날 때는 "엄마, 나 너무 화가 나"라고 말로 표현해 보라
고도 해 준다. 아이가 "엄마도 화나?"라고 물을 수 있다. "그럼. 엄마도 화날
때가 있지. 그런데 엄마가 화난다고 프라이팬 던지고 그래? 아니지? 던지면
안 되는 거야"라고 알려준다.

여러 번 설명해 줬는데도 아이가 같은 잘못을 계속 반복한다면, 좀 더 진
지하게 얘기해야 한다. 너의 화난 감정도 내가 알고, 어떤 방법이 옳고 그른
지도 네가 아는데, 왜 잘 안 되는지 이야기해야 한다. "도대체 몇 번이나 말
했어? 너 정말 무섭게 혼나 볼래?"라고 소리 지를 것이 아니라, 잘 안 되는
이유에 대한 아이의 사정을 쭉 들어 봐야 한다. 아이의 이야기를 끊지 말고
다 들어줘야 한다. 그리고 아이가 좀 더 실천할 수 있는 방법을 머리를 맞대
고 궁리해야 한다. 지금까지 해 온 방법이 다 효과가 없고 새로운 방법을 전

혀 모르겠다면, 전문가를 찾아서라도 해결 방법을 찾아 주어야 한다.

　　그런데 참 아이러니한 모습이 있다. 공격적인 행동이 앞서는 아이한테 어른들은 "말로 해야지, 때리면 안 돼"라고 가르치면서 정작 부모는 아이가 공격적인 행동을 할 때 말로 가르치지 못하고 자꾸 '공격'으로 가르치려고 한다. '이 행동만은 내가 꼭 고쳐 줘야지'라는 생각에 불같이 화를 내고 매를 든다. 어떨 때는 왜 때리는지 구체적인 설명도 없이 "이놈의 자식!" 하면서 화를 내고 때리기도 한다. 그러고는 자신은 아이를 교육했다고 생각한다. 이것은 교육이 아니다. 아이가 한 공격적인 행동과 별반 다를 것 없는, 아니 어쩌면 더 문제가 많은 공격적인 행동일 뿐이다.

　　아이는 자기 안의 '화'라는 감정을 잘 처리하지 못해 공격적인 행동을 한다. 그런데 아이를 대하는 부모, 덩치가 몇 배는 더 큰 부모가 아이를 공격한다. 이럴 때 아이의 화는 더 커진다. 그렇게 되면 아이는 더 공격적인 아이가 되는 것이다. 부모 앞에서는 무서우니까 잠깐 꼬리를 내렸다가 자신보다 약한 사람한테 가서는 더 공격적인 행동을 하게 된다.

　　인간이 가지고 있는 부정적인 감정을 없앨 수는 없다. 그 또한 가치가 있다. 부모가 아이의 화에 너무 강하게 반응하면, 아이는 '내가 기분 나빠하고 화를 내면 엄청난 후폭풍이 오는구나'라고 생각하게 되어, 다음부터는 그런 감정을 편안하고 안전하게 표현하지 못한다. 그리고 그 감정을 자기 안에 하나둘 쌓았다가 언젠가 도저히 감당이 안 될 때 한꺼번에 터트리게 된다. 그러다 보면 아이는 점차 욱하는 사람이 되어 간다.

　　얼마 전 초등학교 2학년 여자아이와 엄마가 상담을 받으러 왔다. 엄마의 고민은 아이가 짜증이나 신경질을 너무 많이 낸다는 것. 아무리 야단을 쳐 봐도 안 고쳐진다고 했다. 나는 아이와 얘기를 나눠 보았는데, 아이는 제법 차분하게 말을 잘했다. 이런저런 얘기를 나누다 내가 "너는 학교에서 누구 랑 친해?"라고 물었다. 아이가 세 명을 얘기했다. 그런데 마지막에 말한 친구 이름을 내가 제대로 못 들었다. 내가 "김태희?"라고 물었더니, 아이가 "아니요. 김태휘요"라고 다시 말해 줬다. 그런데 발음이 좀 부정확했다. "김태이?"라고 재차 물었더니, 아이가 버럭 화를 내며 목청을 높이며 "김태휘요. 김! 태! 휘!"라고 말했다. 그래서 내가 아이한테 "아, 김태휘. 뭐 그렇게 화낼 것까지야"라고 말해 줬다. "화난 것 아니라고요. 원장님이 못 알아들으니까…." "원장님은 괜찮은데, 다른 사람은 그런 반응을 화내는 걸로 받아들여. 잘못하면 별것 아닌 걸로 싸우게 된다." 이렇게 말해 줬더니, 아이가 "네"라고 대답했다. 화에 화로 답하지 않으면, 아이는 더 이상 화를 키우지 않는다.

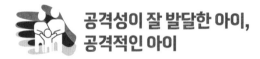

공격성이 잘 발달한 아이, 공격적인 아이

서너 명의 아이들이 무리로 몰려다니면서 우리 아이를 괴롭힌다고 치자. 내 아이가 어떻게 반응하기를 바라는가? 이럴 때는 치받아야 한다. 그러면 상대가 '어, 요놈 봐라? 계속 당할 줄 알았는데, 치받네?' 하면서 덜 괴롭히게 된다. 먼저 폭력을 써서는 안 되지만, 부당하게 당하지도 말아야 한다. 세대를 맞으면 한 대는 나도 때려야 '어, 생각보다 센데?' 하면서 그만한다. 이게 힘의 균형이다.

힘의 균형을 이룰 정도의 자기를 지켜내는 당당함, 꿋꿋하게 버티는 힘, 이것을 '공격성'이라고 한다. 공격성은 옛것을 허물고 나만의 인생을 살아가는 데 필요한 에너지를 운영하는 힘이다. 공격성이 적절하게 발달해야 다른 사람의 공격으로부터 나 자신을 지킬 수 있고, 새로운 일을 시작하고 개척해 나갈 수 있고, 힘들어도 견딜 수 있다. 공격성을 갖춰야 다른 사람과의 힘의 균형이 맞아 관계에서도 안전하고 대등하게 살 수 있다.

생후 6개월만 돼도 아기는 무는 행동을 한다. 아기는 눈앞에 보이는 폭신폭신한 장난감을 보면서 '이거 한번 깨물어 볼까?' 한다. 앉아서 놀게 되면 물건을 던진다. 쨍그랑 하고 떨어지는 소리를 들으며 까르르 웃기도 한다. 이것이 공격성의 시작이다. 이렇게 시작된 공격성의 밑바닥에는 나만의 새로운 인생을 만들어 가기 위한 창조적인 에너지의 동력원이 있다. 그래서 나의 어떤 의견, 나의 인생, 내가 원하는 것을 누군가가 간섭하거나 방해하면, '왜 그러세요?' 식으로 나오는 것이다.

공격성은 세상을 헤쳐 나가는 힘, 원동력이다. 좀 더 진취적으로 살아갈 수 있게 하고, 어떠한 좌절이나 나를 방해하는 요소가 있어도 나의 생각대로 인생을 밀고 나가는 힘이다. 동시에 나와 내 가족과 나의 중요한 것을 지키는 힘이기도 하다. 공격성이 있어야 나를 지킬 수 있고, 내 가족을 지킬 수 있고, 내 국가를 지킬 수 있는 것이다. 때문에 원시인류 때부터 싸우고 맞서는 입장이었던 남자가 여자에 비해 훨씬 더 공격성이 발달한 면도 있었다.

공격성은 인간이 꼭 갖추어야 하고, 발달시켜야 하는 중요한 부분이다.

공격성을 잘 발달시키지 못하면 지나치게 공격적이 되거나 지나치게 위축될 가능성이 있다. 공격과 위축은 동전의 앞뒷면이다. 둘 중 한 모습만 계속 보여 주고 있던 사람이, 언제 뒷면을 보여 줄지 모른다. 항상 위축되어 있는 줄 알았는데, 누구도 예상하지 못한 엄청난 공격적인 행동을 할 수도 있다. 어떤 사람은 앞면 뒷면을 반복적으로 보여 줄 수도 있다.

아이의 공격성 발달에 가장 큰 영향을 끼치는 것이 부모의 공격성이다. 부모는 공격성을 갖고 있되, 공격적이어서는 안 된다. 나와 가족의 보호를 위한 타당한 이유에서 대적할 상대에게 항의할 수는 있지만, 그저 자기감정을 억누르지 못해 나오는 공격적인 모습은 비사회적인 모습이다. 게다가 부모가 지나치게 공격적이면 아이의 공격성은 적절히 발달하지 못한다.

아이가 공격적일지라도 부모는 공격적이면 안 된다. 아이를 가장 사랑하고 보호해 주어야 할 존재이기 때문이다. 강도나 도둑이 나를 위협하는 것은 그럴 수 있다고 생각하지만, 부모가 공격적이면 아이는 세상이 두렵게 느껴진다. 그래서 아이를 향한 부모의 화는 아이의 분노를 부른다. 부모가 아이에게 보여 준 작은 가시는 아이에게 화살이 된다. 꽂힌 화살을 빼려고 하면 봉합되지 않은 상처가 건드려져 아프다. 화살을 빼지도 못하고 두지도 못하는 아이는 평생 자신만 아는 비명을 속으로 지르며 살아갈 수도 있다.

아이가 공격적인 행동을 할 때, 내가 평정심을 잃고 흥분해서 소리를 지르고 미친 듯이 매를 찾게 된다면, 내 아이의 공격성은 건강하게 발달할 수 없고 그저 공격적인 아이로만 키우게 된다는 사실을 잊어서는 안 된다.

아이가 공격적이라고 똑같이 공격적으로 대처하는 부모들에게 꼭 해 줄 말이 있다. 아이가 공격적인 것은 한창 감정이 발달해 가고 공격성이 발달해 가는 중에 일어나는 정상적인 과정인 경우가 많다. 하지만 부모로서, 어른이 되어서도 다른 사람과의 관계에서 발끈하고 목소리를 높이고 폭력을 사용한다면, 그것은 안된 일이지만 허구의 센 척, 허구의 강함이다. 대부분의 공격적인 사람들은 알고 보면 약한 사람들이다. 자신의 나약함을 보여주기 싫어서, 내지는 자신의 나약함을 이해조차 못해서 센 척하는 것이다. 더군다나 어른이 작은 아이에게 공격적으로 행동하는 것은 더더욱 나약한 사람이다.

육아를 잘하는 사람일수록 화를 덜 낸다. 육아 능력이 떨어지는 사람일수록 화가 많고 짜증이 많다. 아이를 키우면서 자주 화가 나고 욱한다면, 아이를 잡을 것이 아니라 나의 육아 방식에 이상은 없는지 생각해 볼 일이다. 또한 아이 탓이 아니라 내가 내 감정을 잘 다루지 못한다는 것을 인정할 필요가 있다.

아이가 지난번에 맞은 복수(?)를 하고 왔을 때

아이가 일전에 자신을 괴롭혔던 친구 때문에 며칠을 씩씩거리더니 결국 똑같이 때리고 왔다고 했다. 먼저 때린 아이가 잘못이니 이럴 땐 적절한 공격성을 보인 것으로 봐야 할까?

이럴 땐 아이에게 오늘 일에 대해서만 생각하라고 가르쳐야 한다.

"맞아, 걔가 친구들을 종종 때리지? 잘못된 행동이야. 그런데 오늘도 그 애가 너를 때렸니?"

"안 때렸어요."

"그러면 때리지 말라고 말로 해야 해."

"걔는 늘 때린다고."

"네가 속상한 것은 알아. 걔는 그 행동을 고쳐야 해. 그렇게 나쁜 행동을 네가 배우면 안 되지. 오늘 그 애가 너를 먼저 때리지 않았으면 옛날 일을 생각해서 먼저 때리면 안 되는 거야."

그 친구가 오늘 내 아이를 때렸다면, 내 아이는 때리는 그 친구의 손을 막든 밀치든 해서 방어해야 한다. 상대 아이가 먼저 때리거나 괴롭혀서 우리 아이가 대응하다가 밀치게 된 거면, 우리 아이를 너무 혼내서는 안 된다.

오늘과 같은 상황에서 부모가 "지난번에 맞고 와서 속상했는데 잘했다"라고 반응하면 안 된다. 부모의 심정은 이해한다. 하지만 아이에게 그릇된 가치를 가르치지 않으려면 내가 부당하게 당하지 않는 선에서 끝내야 한다. 물론 부당하게 당하면 안 된다. 내가 많이 맞았으면 상대를 한 대는 때려야 한다. 그래야 상대가 '어이, 좀 아프네' 하고 또 때리지 않는다. 이러한 힘의 균형을 이룰 정도로 나를 지켜내는 당당함, 꿋꿋하게 버티는 힘은 필요하다. 하지만 이것이 지나쳐서 남을 공격하는 사람이 되게 해서는 안 된다.

아이에게 "언제나 엄마 아빠가 너를 존중하듯, 이 세상의 누구라도 너를 함부로 대하거나 때릴 수는 없어. 누군가가 너를 함부로 대하거나 부당하게 대한다고 느껴지면 반드시 네 의사를 표현해야 돼. 첫 번째는 말로 하는 것이 좋아"라고 말해 준다. 아이가 "말로 하면 안 듣는데요?" 하면 "그 사람이 꼭 네 말을 듣게 할 필요는 없어. 넌 네 표현을 하면 되는 거야. 그 사람이 네 말을 듣게 만드는 것 또한 네가 억압하려고 하는 거야"라고 말해 줘야 한다.

CHAPTER 4

주위 사람들이
쳐다보거나 말거나

'공공장소에서 말을 안 들을 때'

• • • • • • • • • • •

일요일 오전. 윤서 아빠는 모처럼 늦잠을 좀 자려고 하는데 윤서 엄마가 깨운다.

"오늘 같은 날은 애 데리고 박물관이라도 다녀와. 평일 내내 회사 일로 바빴으면 주말에는 애랑 좀 놀아 줘야지."

윤서 아빠는 잔소리를 더 듣느니 나가고 만다는 심정으로 찌뿌둥한 몸을 일으켰다. 박물관에 가려고 윤서 아빠는 윤서(만 4세)와 지하철을 탔다. 지하철에 오르자 윤서는 아빠의 손을 놓고 이쪽저쪽으로 정신없이 뛰어다녔다. 다행히 지하철 안에는 사람이 많지 않았지만, 이동하는 사람이나 타거나 내리는 사람들이 윤서와 부딪힐 뻔한 적이 한두 번이 아니었다. 사람들이 흘깃흘깃 윤서 아빠를 쳐다봤다.

"야야, 다쳐. 가만히 좀 있어."

윤서 아빠는 큰 소리로 한마디하고는 기둥 옆에 기대 다시 스마트폰을 잡았다. 윤서는 아빠 시선이 사라지자 운동화를 신은 채 이번에는 지하철 좌석 위로 올라갔다. 그리고 펄쩍 뛰어내렸다.

"어머나. 지하철에서 그러면 못 써. 얌전히 앉아 있어야지."

한 할머니가 윤서의 행동에 깜짝 놀라 말했다. 윤서 아빠는 얼굴이 확 달아올랐다.

"야, 너 아빠가 가만히 있으라고 했지? 왜 말을 안 들어? 사람들이 뭐라 하잖아?"

아빠는 소리를 버럭 질렀다. 윤서는 갑자기 얼음이 된 듯 아빠를 쳐다봤다.

"너 이러려면 집에 가. 아주 창피해서 못 다니겠네."

아빠는 아이의 팔을 아프게 잡아끌며 말했다. 윤서는 입을 삐죽거리다 울음을 터뜨렸다. 울음소리는 지하철 안을 가득 채웠다.

"뭘 잘했다고 울어?"

윤서 아빠는 누구를 향한 것인지 모를 짜증들을 혼잣말처럼 쏟아 내었다.

"애가 지하철에서 좀 놀 수도 있지. 뭐 그렇게 난리들이야. 다들 애 안 키워?"

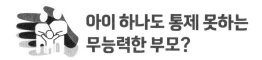

아이 하나도 통제 못하는 무능력한 부모?

아이가 공공장소에서 말을 안 들으면 자기 아이 하나도 통제하지 못하는 무능력한 부모로 보이는 듯해 수치심이 올라온다. 수치심은 화를 불러 부모는 아이를 잡거나 주위 사람을 잡거나 혹은 배우자를 잡거나, 일이 커지면 싸우기도 한다. 뭐가 됐든 갈수록 수치심은 커져 간다.

사람들은 자기 통제를 잘 못하는 모습을 부정적으로 본다. 술, 마약, 도박 중독과 같이 극단적인 것도 있지만, 일반적으로는 화를 못 참아서 한순간에 욱하는 경우도 포함된다. 아이가 잘못해서 화가 났다고 해도 사람이 많은 곳에서 욱하는 모습을 보이는 건 자기 통제를 못 하는 것이다. 내 아이도 통제 못 하는 부모에, 자기 자신도 통제 못 하는 사람이라는 인상이 더해진다. 당연히 주변 사람들의 시선은 곱지 않을 테고, 나의 수치심은 커져만 간다.

아이가 공공장소에서 말을 듣지 않을 때, 욱하는 부모들도 처음에는 타인에게 끼칠 피해를 걱정한다. 하지만 몇 번 주의를 주어도 아이가 제어가 안되면 자기 속이 더 부글거린다. 여기에 주변 사람들이 하나둘 불쾌해하기 시작하면 내 마음도 점점 더 불편해지기 시작하고, 민망하고, 부끄럽고, 창피하고, 억울하다. 그래서 결국에는 '방귀 뀐 놈이 성내는 꼴'을 보이고 마는 것이다. 시작은 내가 속상했고, 내가 미안했고, 내가 남들에게 피해를 주는 것 같아서 좀 불편했다. 그런데 누가 거기에 불을 지른다. "아, 애 좀 잘 봐요." 그러면 "당신은 애 안 낳아 봤어?"로 받아치고 마는 것이다.

부부가 같이 외출한 상황에서는 부부 싸움도 많이 일어난다. 싸우는 이유를 보면 다 비슷비슷하다. '왜 아이를 통제하지 않고 가만있었어? 평소 애를 이 모양으로 가르쳤니?'이다. 아이가 이런 모습을 보이는 것을 서로 '네 탓'이라고 하는 것이다. 엄마 아빠의 싸움이 시작되면 아이도 당황스럽다. 가족이 즐거운 시간을 보내려고 외출했는데, 그 외출이 기분 나쁘고 싫었던 기억으로 남는다.

공공장소에서 아이가 말을 듣지 않으면, 집에서 말을 듣지 않을 때보다 부모는 훨씬 더 예민해진다. 자기 자신, 자신과 아이와의 관계, 자신과 배우자와의 관계뿐만 아니라 자신과 낯선 사람과의 관계까지 다 포함되기 때문이다. 그래서 공공장소에서 아이가 말을 듣지 않을 때, 부모들은 무척 힘들다. 아이를 더 빨리 통제하고 싶어지고, 그러다 보니 욱해서 아이를 거칠게 잡아끌거나 때리거나 소리를 지르는 등 공격적으로 대하게 된다. 아이를 빨리 통제하고, 문제 행동을 빨리 없애려고 할 때 부모는 욱한다. 그러고 나서 꼭 후회한다. 본인도 과했다는 것을 알고 있기 때문이다.

많은 부모들이 감정을 느끼고, 표현하고, 처리하는 것을 잘 못하는 것 같다. 감정과는 전혀 맞지 않는 반응을 하고, 마지막에는 혼자 욱하고 상황을 더 크게 만드는 것으로 끝날 때가 많다.

공공장소에서 부모는 타인이 나를 어떻게 바라보느냐에 대한 사회적 관계를 먼저 고려한다. 그렇기 때문에 "저 집 애 참 예쁘다" "어머, 똑똑해라" 하면 뿌듯해지지만, "쟤 왜 저래?" "어머, 저러다 다치겠네" 하면 나를 꼭 흉보는 것 같다. 나를 부정적으로 평가하는 것 같을 뿐만 아니라 내가 기본적으로 아이를 잘못 키운 부모로 보인다는 생각까지 든다. 그러면서 부끄럽고 수치스럽다.

부끄럽고 수치스러운 감정을 인식했다면, 그 감정을 줄일 수 있는 방법을 택해야 한다. 아이를 데리고 빨리 사람이 없는 곳으로 가야 한다. 아무도 없는 곳이나 자동차 안 등이 좋을 것이다. 그곳에서 아이가 진정되기를 기다린 후, 공공장소에서 해서는 안 되는 행동을 가르치면 된다. 그런데 그렇게 차분하게 대처하지 않는 경우가 많다.

 ## 그 장소에서 안 되는 행동을 알려 주고, 보면서 배우게 하라

앞선 사례에서 윤서 아빠는 어떻게 해야 했을까? 윤서가 지하철 안에서 해서는 안 되는 행동을 시작할 때, 단호하게 지침을 주었어야 한다. 그리고 아이를 제어할 수 없다면 아이의 손을 잡고 지하철에서 잠시 내렸어야 한다. 타일러도 아이가 계속 같은 행동을 반복한다면 박물관은 포기하고 집으로 돌아가는 것이 맞다. 사람들은 어른에 비하여 아이에게는 훨씬 더 수용적이다. 같은 잘못이라도 아이가 그러면 이해해 주는 경우가 많다. 하지만 이해해 주는 것이 고마운 것이지, 당연히 이해해 주어야 한다고 하는 것은 뻔뻔한 생각이다.

아이도 사람이고, 사회에서 살아가려면 그 나이에 맞는 규칙과 질서를 배워야 한다. 특히 공공장소에서는 위험 요소가 많기 때문에 안전사고가 날 수 있다. 그러므로 부모는 늘 아이를 자기가 통제할 수 있는 범위에 두어야 한다. 만일 통제하기가 어려울 때는 아이를 데리고 그 장소에서 벗어나야 한다.

공공장소에서 말을 안 듣는 아이에게 부모들은 흔히 이렇게 말한다. "저기 할머니가 뭐라고 하시잖아?" "사람들이 다 쳐다보잖아. 창피하지도 않아?" 그러나 다른 사람의 시선을 의식해서 입장을 고려하는 것은 만 7세는 넘어야 가능한 일이다. 타인과 나와의 관계를 의식하는 것이 가장 분명해지는 시기는 청소년기다. 다른 사람을 고려하고 배려하는 능력이 잘 발달하면, 다른 사람이 싫어하는 행동을 자제할 줄 아는 사람이 된다.

이때 부모가 아이에게 이 상황을 제대로 이해시키지 못하면, 아이는 다른 사람의 시선에 과도하게 민감하게 반응하는 사람이 된다. 종종 초등학교 때는 밝고 명랑했던 아이가 중학교에 들어가더니 이상하리만치 내성적이고 수줍게 변했을 때 이런 경우가 원인이었을 수 있다. 또한 청소년 중에는 다른 사람을 지나치게 의식해 누군가 귓속말만 해도 자기를 흉본다고 오해하는 경우도 많다. 세상이 나를 어떻게 바라보는지에 대해 굉장히 민감한 것이다.

유아기는 사회적 시선에 대한 발달이 아직 미숙하다. 이 시기 아이들에게 "너가 그러면 사람들이 싫어하잖아?"라고 말하기보다 세상을 살아가는 기본 질서와 지침만 전하면 된다. 아이가 공공장소에서 뛰면 "봐, 사람이 많지? 이런 곳에서 뛰어다니면 부딪혀. 뛰면 안 돼"를 가르치면 된다. "여기는 여러 사람이 있으니까 네가 소리 지르면 안 돼. 네가 소리 지르고 울면 여기에서 나갈 수밖에 없어"라고만 하면 된다. 그래도 아이가 울면 데리고 나와야 한다. 지침을 준 후, 지침을 지키지 못하면 부모가 어떻게 행동할 것인지를 말해 준다. 그리고 실천하면 된다.

말로 잘 설득하면 되지 않을까? 데리고 나오는 건 너무 인정머리 없는 것 아닐까? 절대 그렇지 않다. 이 시기의 아이는 언어적 개념이 아직 잘 발달 하지 않아서, 말귀는 알아들어도 이것이 무엇을 의미하고, 자신이 그다음에 어떻게 행동해야 하는지를 바로 연결시키지 못하는 경우가 많다. 따라서 지침을 지키지 않으면 행동으로 보여 주어야 한다. 그래야 아이가 '아, 이렇게 하면 안 되는구나'를 깨닫는다.

공공장소에서의 중요한 육아 포인트는 첫 번째, 무엇이 되고 안 되는지 알려 주는 것이다. 두 번째, 행동으로 보여 주는 것이다. 공공장소에서의 지침은 단지 다른 사람에게 피해가 가기 때문에 필요한 것만은 아니다. 아이의 안전을 위해서도 꼭 지켜야 한다. 아이가 다칠 수도 있기 때문이다. 특히 대형마트는 시식코너도 있고, 쇼핑카트도 수시로 다닌다. 뛰다가 진열된 물건이 떨어질 수도 있다. 아이가 과하게 뛰어다니면, 그런 장소를 피하든, 아이를 딱 잡고 다니든, 아니면 안든, 행동으로 아이에게 지침을 가르쳐 주어야 한다.

아이가 공공장소에서 어떻게 해야 하는지 모르는 것은 당연하다. 공공장소에서의 예절은 하나부터 열까지 부모가 일일이 가르쳐 주어야 하는 것이다. 그것도 말이 아니라 행동으로 가르쳐야 한다. 부모가 공공장소에서 다른 사람을 배려하며 작은 규칙도 지키는 모습을 보이면, 아이도 그 모습을 그대로 따라 한다. 해서는 안 되는 행동도 자연스럽게 배우게 된다. 또한 식당에서 종업원이 물컵을 가져다주었을 때 부모가 "고맙습니다"라고 인사하면, 아이도 물컵을 받을 때 "고맙습니다"라고 한다. "왜 우리 것만 빨리 안 나와요? 옆 테이블은 우리보다 늦게 왔는데 말이에요!"라고 화를 내면, 아이도 그대로 배운다. 식당이나 지하철, 엘리베이터 등에서 큰 소리로 통화하면, 아이도 그렇게 한다. 부모가 작은 목소리로 "지금은 전화를 받을 수 없으니, 조금 있다 다시 전화 드릴게요"라고 하면, 아이는 공공장소에서는 다른 사람을 배려해서 목소리를 작게 해야 한다는 것을 배운다. 아이는 듣고 배우는 것보다 보고 배우는 것이 훨씬 많다.

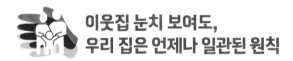

이웃집 눈치 보여도, 우리 집은 언제나 일관된 원칙

집에서는 옳고 그른 것을 단호하게 가르치면서, 밖에서는 부모의 행동이 달라질 때가 있다. 그러면 아이는 해서는 안 되는 행동을 밖에서 일부러 할 수도 있다. 부모의 약점을 알기 때문이다. 만약 아이가 평소에 부모와 사이가 안 좋거나 집에서 부모가 화를 많이 내는 편이라면, 아이는 앙갚음하려는 마음까지 발동한다.

그런 부모들은 대체로 지나치게 예의범절을 지키고, 밖에 나가서 남한테 피해 주는 것을 극도로 싫어하는 경우가 많다. 다른 사람의 시선에 신경을 많이 쓰기 때문이다. 그런데 내 아이가 공공장소에서 시끄럽게 하면, 미안하고 창피해서 어쩔 줄 모른다. 그래서 그 상황을 어떻게든 무마하기 위해서 아이 말을 싹 들어줘 버린다. 아이는 그것을 놓치지 않는다. '밖에 나와서 내가 이렇게 하니까 엄마가 창피해하고 안절부절못하면서 결국 내가 원하는 것을 들어주네'라고 학습한다.

이런 일을 막으려면, 어떤 장소이건 상황이건 규칙을 일관되게 적용하는 것이 좋다. 아이가 음식점에서 해서는 안 되는 행동을 계속한다면, 돈이 아까워도 "엄마가 몇 번은 잘못했다고 가르쳐 주겠지만, 네가 계속 그러면 맛있는 음식이 있어도 어쩔 수 없어. 그냥 집으로 갈 거야"라고 말하고 그대로 해야 한다.

간혹 아이를 동반한 모임에서는 원칙을 지키는 것에 눈치가 보일 때도 있다. 무리 중에는 나와 생각이 다른 사람들도 있기 때문이다. 그들이 나를 '유난스럽다'고 하면 어쩌나 하는 마음에 눈감아 주게 되고, 아이가 그것을 노려서 마음대로 하는 경우도 많다.

아이들을 데리고 모임을 가질 때는 불특정 다수가 모이는 곳을 약속 장소로 삼으면 안 된다. 아이들은 원래 장시간 얌전히 앉아 있는 것이 어렵다. 객관적으로 아이를 관찰하고 파악해서 인정할 것은 빨리 인정해야 한다는 것이다. 그렇게 하지 않으면 서로 마음 상할 일이 많아진다. 혹시 그런 곳에서 모임을 갖고 있는데 아이들이 다른 사람에게 피해를 줄 정도로 뛰어다닌다면 그곳을 나와야 한다. 그리고 아이들이 뛰어놀 수 있는 곳으로 가야 한다.

아이들이 뛰어놀고 싶은 것은 당연하다. 요즘은 지역마다 크고 작은 공원이 잘 조성되어 있다. 그런 곳에서 소리도 실컷 지르면서 뛰어놀 수 있게 해 주어야 한다. 엄마도 모처럼 외출해서 분위기 좋은 곳에서 차를 마시며 여유를 즐기고 싶겠지만, 아이들이 뛰기 시작하면 절대 그럴 수 없다. 다른 손님들에게도 피해가 된다.

무리가 모였을 때 이웃집과 우리 집의 훈육 방식이 다를 경우, 고민이 되기는 한다. 공공장소에서 이 아이 저 아이 할 것 없이 말을 안 듣고 뛰어다니는데, 특히 A가 좀 심하다고 치자. 누가 A를 말려 주었으면 하는데, A의 엄마는 의외로 신경을 별로 안 쓴다. 그 아이 때문에 나는 특별히 잘못한 것도 없는 우리 아이를 자꾸만 혼내야 하는 상황이 된다. 이럴 때 엄마 속은 불편하다. 이럴 때 용기를 내서 A 엄마한테 한마디 했다가 싸움으로 이어지는 경우도 비일비재하다.

이럴 때는 '내 아이'를 단속하는 수밖에 없다. 집집마다 아이의 문제 행동에 대한 훈육 방식이 다르다. 그것을 내가 지적할 수는 없다. 물론 아주 친한 사이라면, 평소에 자신의 교육관에 대해서는 자주 얘기해 둘 필요는 있다. "나는 있잖아. 아이들이 카페에서 뛰어다니는 거 못 봐. 아마 그때 그 아이 엄마가 가만있으면 내가 나서서 뭐라 할지도 몰라. 네 아이가 그래도 아마 뭐라 할 거야." 이렇게 소통을 좀 해 놓아야 한다. 그렇게 터놓고 지내는 사이가 아니라면 내 아이라도 단속해야 한다.

실내 놀이터에 갔다. 그런데 아이들이 자꾸 볼풀 공을 다른 아이 얼굴 쪽으로 던진다. 내 아이만 이런 행동을 하는 것이 아니라도 엄마는 내 아이에게 지침을 주어야 한다. "이리 와 봐. 여기가 아무리 볼풀 공을 마음대로 가지고 놀 수 있는 곳이라도 사람 얼굴을 향해서 던지면 안 돼. 계속 이렇게 하면 집으로 갈 거야. 다음에 다시 오더라도 오늘은 갈 거야." 다른 엄마들을 개의치 않고 아이에게 일관되게 대응해야 한다. 다른 집 아이의 훈육에까지 일관될 필요는 없다. 하지만 내 아이에 대한 지침은 일관되어야 한다.

아이가 계속 말을 듣지 않아 정말 집으로 와야 하는 상황이 생기면, 다른 엄마들에게 "미안해요. 하지만 제가 이전에 아이한테 갈 거라고 말했기 때문에 가야 할 것 같아요. 다음에는 제가 차를 살게요"라고 양해를 구하고 나와야 한다. 그래야 아이가 '아, 이 지침은 어떤 상황이라도 지켜야 하는구나' 하는 것을 배운다. 부모가 아이에게 어쩌다 조금이라도 빈틈을 보이거나 일관성 없이 대처하면, 그 '어쩌다' 때문에 아이는 옆길로 샌다.

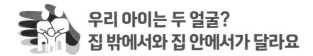

우리 아이는 두 얼굴?
집 밖에서와 집 안에서가 달라요

묘한 아이들이 있다. 집에서는 그래도 말을 잘 듣는데 밖에만 나가면 말을 안 듣거나, 혹은 밖에서는 말을 잘 듣는데 집에서는 말을 안 듣는 경우다.

집에서는 말을 잘 듣는데, 공공장소만 가면 말을 안 듣는 경우는 세 가지 이유를 생각해 볼 수 있다.

첫 번째는 자극이 많으면 쉽게 산만해지고 흥분하는 아이들이다. 새로운 자극에 충동적인 반응을 보이는 것이다. 아마 평소에도 조금 산만할 가능성이 있다. 산만한 아이들은 매일 가는 곳에서는 이미 호기심을 채웠기 때문에 차분하다. 하지만 새로운 곳에 가면 새로운 자극으로 주의가 분산되어 여러 호기심이 동시에 유발된다. 충동성도 높기 때문에, 호기심을 바로 행동으로 옮긴다. 그래서 처음 가는 공공장소에 가면 훨씬 더 산만하고 말을 안 들을 수 있다. 여기에 이런 성향의 다른 아이들까지 여러 명 합쳐지면, 산만하고 말을 안 듣는 것이 더 심해진다.

두 번째는 부모가 그동안 공공장소에서 제재를 안 한 경우다. 안 가르쳐 주면 아이는 못 배운다. 아이는 절대로 저절로 크지 않는다. 부모가 가르쳐 주지 않았는데 아이가 안다면, 텔레비전을 통해서든, 유치원에서든, 어디서든 배운 것이다.

만약 공공장소에서 하는 행동이 엉망이라면 지금부터라도 가르쳐야 한다. 이때 유념할 것은 아이는 한 번에 배우지 않는다는 것이다. 인내심을 가지고 여러 번 가르쳐야 한다. 외출하기 전에 미리 아이에게 얘기해야 한다. 그 장소에 도착하기 직전에 미리 다짐도 받아야 한다. 그리고 아이가 지침을 지키지 않으면 행동으로 옮겨야 한다. "네가 너무 시끄럽게 하면, 몇 번은 엄마가 주의를 주겠지만, 그래도 네가 잘 안 지키면 집으로 갈 거야"라고 말한 뒤, 정말로 집으로 가야 한다.

세 번째는 앞서 '일관된 원칙'에서 잠시 다루었지만, 평소 아이가 부모와의 관계에서 억울한 것이 많거나 화가 많이 나 있어서 밖에 나갔을 때 앙갚음을 하는 경우다. 밖에 나가서 시끄럽게 굴면 부모가 민망해하고 속상해 한다는 것을 안다. 그리고 다른 사람이 있을 때 부모가 자신을 크게 혼내지 못하는 것도 안다. 그래서 부모가 싫어하는 행동을 콕 짚어서 하는 것이다.

평소 하지 말라는 행동, 예를 들면 엄마를 느닷없이 때린다든가, 코를 파서 먹는다든가, 음식을 손으로 집어먹는다든가, 괜히 소리를 지른다. 실제로 어떤 아이는 평소에 엄마가 말할 때 끼어들지 말라고 한 것에 많이 속상하고 화가 나 있었다. 이 아이는 식당에만 가면 아무 테이블에나 가서 "이거 뭐예요? 나 좀 먹어 봐도 돼요?"라고 했다.

이와는 반대로 밖에서는 말을 잘 듣는데, 집에 와서는 말을 안 듣는 아이도 있다. 아마 밖에서의 행동은 어린이집이나 유치원에서 배웠을 것이다. 그런데 그것이 일반화가 안 된 것이다. 부모가 일관성 없이 가르치거나, 화를 자주 내서 아이가 화가 나 있거나, 유치원에서 배운 지침을 집에서는 적용해 주지 않을 때 그럴 수 있다.

유치원에서의 행동에는 문제가 없는데 집에서의 행동에만 문제가 있다면, 집에서 중요한 사람과의 관계에 문제가 있을 수 있다. 중요한 사람은 엄마일 수도 있고, 아빠일 수도 있고, 동생일 수도 있다. 엄마와 아빠 사이가 굉장히 안 좋은 것이 원인일 수도 있다. 이런 경우 아이에게는 집이 편안한 공간이 아니다. 집에 오면 뭔가 불안정하고 불편하다. 어린아이일수록 불안정한 상황에서는 지침을 일반화시키지 못한다.

그런데 누가 봐도 비교적 좋은 부모이고, 공공장소에서 모범도 보이고, 아이에게 일관성 있게 최선의 양육을 하는데도 이해가 안 될 정도로 공공장소에서 막무가내인 아이들이 있다. ADHD(주의력결핍 및 과잉행동증후군)를 의심해 봐야 한다. 이들은 생물학적인 문제가 있기 때문에 아무리 잘 가르쳐 보려고 해도 잘 안 된다. 기본적으로 통제와 조절을 하는 데 미숙함이 있기 때문이다. 마치 눈이 나쁜 아이가 안경을 안 쓰면 잘 안 보이는 것과 같은 문제다. 그럴 때는 빨리 의사를 찾아야 한다.

육아에서는 객관적으로 내 아이를 관찰해 봤을 때 문제점이 발견되면, 그것을 빨리 인식하고 인정하는 것이 중요하다. 그리고 조금이라도 빨리 도움을 받아야 한다. 부모의 사랑으로 아이가 더 잘 자라는 것은 분명하지만, 사랑만으로 모든 문제가 해결되지는 않는다.

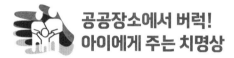

공공장소에서 버럭!
아이에게 주는 치명상

공공장소에서 남들이 다 쳐다보도록 아이에게 버럭 소리를 지르면서 혼내면, 아이의 기분은 어떨까? 아무리 어린아이라도 자존심 상하고 수치스럽다. 인간은 수치심이 유발될 때 어찌할 바를 모른다. 부모는 나를 보호해 주는 사람인데 보호해 주기는커녕, 나를 사랑해 주어야 하는 사람인데 사랑해 주기는커녕 나를 수치스럽게 만드니 표현할 수 없는 깊은 슬픔을 느낀다. 그리고 이런 일이 많아질수록 부모가 옳은 말을 하고 있고, 혼내는 것이 아니어도, 부모가 사람이 많은 곳에서 무슨 말만 하면 큰 수치감을 느끼게 된다.

사람이 많은 공공장소에서 내 아이가 뛴다면 아이를 뛰지 않게 해야 하는 것은 맞다. 하지만 그 말을 꼭 소리를 크게 질러 아이에게 창피를 주면서 할 필요는 없다. 아이를 존중한다면 그래서는 안 된다. 이런 부모들에게 몇 가지 말해 주고 싶은 것이 있다.

첫째, 혼내고 화내고 성질내는 것을 교육이라고 착각하지 말라. 본인이 화내고 성질을 내고 있으면, 아무리 옳은 말도 교육의 의미를 잃는다. 아이에게는 그것이 가르침이 아니다.

둘째, 나는 내 단점을 딱 세 번 만에 교정할 수 있는 사람인지 생각하라. 요즘은 세 번은 참아 주는 부모들이 꽤 많다. "아빠가 딱 세 번까지 참을 거야. 그다음에는 혼날 줄 알아." 그런데 가만 생각해 보면 참 우스운 말이다. 아이는 여러 번 가르쳐 줘야 한다. 오래 기다려 줘야 한다. 사실 어른도 세 번 만에 어떤 문제를 고친다는 것은 어려운 일이다. 그런데 세 번 만에 말을 안 들으면 혼을 내겠다니, 딱 세 번만 참으면 아이에게 함부로 해도 된다는 면죄부라도 주는가?

공공장소에서 부모가 어떤 지침을 주었는데, 아이가 듣지 않았다. 세 번이나 경고했는데도 그랬다. 그러면 '어쭈, 내 말을 안 들어? 이제부터 전쟁이다! 돌격 앞으로!'가 된다. 공공장소에서 소리 지르는 부모를 보면 이런 식인 것 같다. 아이를 훈계한다는 것은 싸우는 것이 아니다. 참고 말고의 문제가 아니다. '내 아이를 어떻게 가르칠 것인가?'의 문제다. 내가 막 소리를 지르면 아이가 따끔하게 받아들여 다시는 안 할 거라고 생각하지만, 절대 그렇지 않다.

아이도 자신이 떠드는 것보다 아빠가 소리 지르는 것이 훨씬 시끄럽다는 것을 안다. 사람들이 자기보다 아빠를 더 혐오하는 눈으로 바라보는 것을 안다. 초등학생만 돼도 "우리 엄마는요. '너 나가면 말 잘 듣고, 소리 지르지 말고, 얌전해야 돼'라고 말하면서 엄마가 더 크게 소리 지르고 떠들고 그래요. 창피해요"라고 말한다. 아이들은 공공장소에서 소리 지르는 엄마 혹은 아빠를 보며, '아, 내가 해서는 안 되는 행동을 했구나. 고쳐야겠다'가 아니라 '아빠(엄마)나 잘하시지'라고 생각한다. 부모의 권위가 떨어지는 것이다.

머리가 좋고 똑똑한 아이라고 해서, 정서까지 잘 발달되는 것은 아니다. 극소수의 사람들을 제외하고는 대부분이 어린 시절에 겪었던 두렵고 무서운 경험을 생생하게 기억한다. 기억하는 수준이 아니라 각인하고 있다. 인간은 본능적으로 그렇다. 무서웠던 경험을 잘 기억해야 다음에 비슷한 상황에 처했을 때 자기 자신을 보호할 수 있기 때문이다.

아빠가 마트에서 "으이구, 너 아주 혼날 줄 알아!"라며 아이를 크게 혼냈다. 아빠는 며칠 지나면 이 일을 잊어버린다. 하지만 아이는 그렇지 않다. 그래서 다음번에 마트에 왔을 때, 아이는 엄마에게서 더 안 떨어지려고 하고 아빠와 같이 있지 않으려고 할 것이다. 아이는 지난번에 마트에서 아빠에게 크게 혼난 것을 생생하게 기억하고 있기 때문이다.

아이를 아주 심하게 혼내거나 때리면, 아이는 그 다음부터 그 행동을 안 하기는 한다. 그러면 부모는 문제 행동이 확 줄었다고 생각한다. 하지만 이것은 정말 큰 착각이다. 아이를 가르칠 때는 아이에 대한 존중을 밑바탕에 깔고 있어야 한다. 존중이 없으면 진실한 교육이 안 되기 때문이다.

사람이 많은 공공장소에서 부모가 아이에게 버럭 소리를 지르거나 매를 들 때, 아이의 머릿속은 하얗게 된다. 아무 생각도 나지 않고 아무 정보도 입력되지 않는다. 그 순간 아이는 엄청난 공포에 질려 버리기 때문이다.

무엇보다 매번 이렇게 교육받고 큰 아이들은 어른이 되었을 때, 아니 청소년 시기만 되어도 당황스러운 상황에서는 머릿속이 하얗게 되고 만다. 인생을 살아가면서 당황스러운 상황이 얼마나 많겠는가? 그럴 때마다 내 아이의 머릿속이 하얗게 된다면? 당연히 다양한 상황에 대처하는 능력이 많이 떨어질 것이다.

오래 삐지는 아이에게 말걸기

아이가 해서는 안 되는 행동을 했을 때는 "그렇게 행동하면 안 돼"라고 말하고 지침을 주어야 한다. 그런데 아이가 부모의 말이 옳아서 그것을 따르기는 하지만, 아이의 기분이 별로 안 좋을 수는 있다. 오리처럼 입이 쑥 나와 있을 수도 있다. 대부분의 부모는 그런 모습을 그냥 넘기지 못한다. "입 빨리 안 넣어?" 하면서 아이 입을 탁탁 때리기도 한다. "너 지금 화났지? 화난 거지?" 반복해 물어보기도 한다. 그러다 아이가 "화 안 났다고!" 하면서 정말 화가 폭발하기도 한다. 그러면 부모는 "어디서 소리를 질러?" 하면서 다시 혼을 낸다.

똑같은 음식을 먹어도 사람마다 소화시키는 시간이 다 다르다. 감정도 마찬가지다. 감정을 느끼고 소화하는 시간은 사람마다 다르다. 빨리 기분을 풀라고 다그치는 것은, 아이의 감정 형성과 해결까지 부모의 기준에 맞추라는 것이다. 감정까지 통제하려는 것이다. 아이에게 엄청난 굴복을 강요하는 것이다. 아이가 삐져 있는 것은 불편한 감정을 소화하는 데 좀 시간이 걸린다는 신호다. 그러니 기다려 주어야 한다. 그것이 아이의 정서 발달에 좋다. 아이가 표현하는 감정을 수긍해 주는 것이, 아이의 정서를 잘 발달시키는 방법이기 때문이다.

너무 오래 삐져 있는 것 같다면, "네가 화가 난 것은 알겠어. 아까 아빠가 그렇게 말해서 기분이 별로 좋지 않을 거야. 당장 기분 풀라고 얘기하는 것은 아니지만, 너무 오래 기분 나빠하고 있는 것은 조금 문제야"라고 말해 준다. 이것이 아이의 감정을 인정하고 수긍해 주고 문제를 인식하는 말걸기다. 여기에 대안까지 제시해 주면 금상첨화다. "아파트 한 바퀴 돌고 올래? 어떻게 하면 기분이 조금 빨리 풀릴 것 같아?"라고 물었을 때 아이가 "아이스크림을 하나 사 주세요" 하고 스스로 대안을 낼 수 있다. 그러면 그렇게 해 준다. 그래야 아이가 자신의 감정을 잘 다루는 법을 훈련하게 된다.

CHAPTER 5

부모에게 한마디도
지지 않고
'또박또박 말대답할 때'

지안이(만 5세)를 어린이집에서 데리고 오는 길. 엄마는 아침부터 고민해 온 이야기를 시작했다.

"지안아, 너 어제 은희랑 싸웠어?"

"아니."

"은희 엄마가 싸웠다고 하던데? 어제 은희가 집에 와서 너랑 싸웠다면서 울었대."

"안 싸웠는데?"

"뭘 안 싸워? 다른 애들도 너희들 싸우는 거 봤다던데."

"아니야. 정말 안 싸웠어."

"너 자꾸 거짓말할래? 빨간 색종이 때문에 싸웠다며?"

"아. 그거. 싸운 거 아니야."

"뭐가 아니야? 애들도 다 보고 선생님도 봤다는데?"

"아니야. 아니라니깐. 그거 사실은 어떻게 된 거냐면…."

"시끄러워! 뭐가 그렇게 잔말이 많아. 내일 은희한테 사과해. 엄마가 색종이 사 줄 테니까 갖다 주고."

"아니라니깐. 싫어!"

"싫어? 왜 싫어? 잘못했으면 당연히 사과해야지."

"싫다고. 잘못도 안 했는데 왜 사과해?"

"은희가 집에 와서 울었다잖아. 친구 마음이 얼마나 아프겠어?"

"울면 꼭 사과해야 돼? 잘못 안 했어도?"

"얘가, 얘가! 잘한 것도 없으면서 왜 이렇게 말이 많아? 일단 사과해."

"그럼, 내가 더 크게 울었으면 사과 안 해도 되겠네?"

"어허, 사과하라면 사과해. 안 그러면 지난번에 사 달라고 한 인형 안 사 줄 거야!"

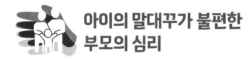
아이의 말대꾸가 불편한 부모의 심리

아이가 말대꾸를 할 때 이것을 기억해야 한다. '인간은 말을 안 하고는 살

수가 없다.' 인간은 언어라는 어마어마한 도구를 가지고 있다. 이 도구로 엄청난 문명의 발전을 이루었다. 말을 안 하면 나도 남도 이해할 수 없다. 말로 표현하고 소통하면서 인간은 많은 문제를 해결해 왔다. 말은 인간에게 매우 중요하다. 따라서 말은 하도록 격려되어야 한다.

그런데 부모는 왜 아이의 말이 싫을까? 좀 더 콕 집어 말하자면 아이의 생각이나 의견이 담긴 말, '말대꾸'가 싫을까?

부모는 자식을 나쁘게 대하려고 하진 않는다. 늘 잘해 주려고 한다. 그리고 어떤 문제 상황에서는 부모가 아이보다 올바른 길을 알고 있다고 믿는다. 그렇기 때문에 결론적으로 자기가 하는 지시나 말이 올바른 것이라고 여긴다. 자기 말대로 하는 것이 훨씬 결과가 좋을 것이라고 생각한다. 그러니까 아이에게 그냥 내 말대로 받아들이라고 하는 것이다.

아이가 중간에 어떤 설명을 해도 결과는 안 바뀐다. 그 설명의 의도가 나와는 달라도, '나는 언제나 너를 사랑하고 이렇게 하는 것이 제일 좋은 결과가 나오니, 네가 뭐라고 해도 나는 설득되지 않아' 모드다. 한마디로 찍소리 말고 따르라는 것이다.

여기에는 '꿇으라면 꿇어!'라는 복종의 의미가 깔려 있다. 아이가 말대꾸를 많이 하면 부모들은 "우리 애는 도통 통제가 안 돼요"라고들 한다. 적당한 통제는 필요하지만 빨리 통제하고 싶은 마음에는 강압하고 복종시키고 싶은 욕구가 있다. 그다음부터는 아이의 말대꾸에 부모는 '감히 나한테 대들어?' '나를 공격해? 나도 가만히 안 있을 거야'라는 생각을 하게 되면서 극한 감정 대립을 하게 된다. 그러면 어느 순간 아이를 향해서 무서운 표정을 지으며 날카로운 소리를 지르고 있다. 결국에는 조그만 아이랑 엄청 큰 어른이 싸우고 있는 꼴이 된다.

아이가 말대꾸를 하면 왜 나는 화가 날까? 한번 생각해 보자. 한 엄마가 말했다.

"아이가 꼬박꼬박 말대꾸를 하면, 참다 참다 어쩔 때는 분노가 치밀어요."

내가 물었다. "그 분노가 왜 치미는 것 같으세요?"

엄마는 하나마나한 질문을 한다는 식으로 대답했다. "아, 아이가 자꾸 말대꾸를 하잖아요."

나는 다시 묻는다. "그래요. 말대꾸를 하는데 왜 분노가 치미세요?"

엄마는 잠시 할 말을 잃었다.

내가 다시 말을 이었다. "말을 안 하고 살 수는 없잖아요."

엄마는 억울하다는 듯이 따진다. "아니, 그래도요. 원장님, 아이가 대들잖아요."

나는 다시 말한다. "아, 글쎄, 대드는 것은 대드는 것이고, 말하는 건 말 안 하는 것보다 훨씬 좋은 거예요."

엄마는 한동안 고개를 갸우뚱한 채로 있었다. 그런데 정말 그렇다. 대들더라도 말을 안 하는 것보다 말하는 것이 훨씬 다행이다.

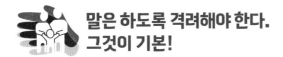

말은 하도록 격려해야 한다. 그것이 기본!

앞서 사례에 나온 지안이 엄마는 아이의 말이 말대꾸처럼 들리더라도 끝까지 다 들어 주었어야 했다. 요즘 부모들은 어떤 결정을 할 때 종종 "네 생각은 어떠니? 네 생각을 말해 봐"라고 아이 생각을 묻곤 한다. 여기까지는 옛날 부모에 비해서 많이 나아진 것처럼 보인다. 그런데 막상 물어봐 놓고 아이가 자신의 생각과 반대되는 답을 하면 화를 낸다. 이럴 때 아이는 말을 하라는 것인지 하지 말라는 것인지 헷갈린다. 어떻게 보면 어떤 지시를 내리거나 결정할 때, 부모가 바라는 말은 오직 "네. 알았어요" "잘못했어요" "그렇게 할게요" 뿐인 듯하다.

질문할 때 이미 바라는 답이 있다는 것은 매우 통제적인 상황이다. 아이의 말대꾸를 대할 때 기본적으로 전제되어야 하는 것은 아이가 말을 하고 살게끔 해야 한다는 것이다. 아이가 말하는 내용이 마음에 들지 않아도, 아이의 태도가 마치 대드는 것 같아도 끝까지 들어 줘야 한다. 중간에 끼어들어 아이의 말을 끊고, 그 내용과 태도를 평가해서는 안 된다.

아이가 악을 쓰면서 말대꾸를 해도 끝까지 들어야 한다. 말은 하고 살아야 하고, 말은 하도록 격려해야 한다. 아이가 입을 닫아 버리면 그다음부터는 가르칠 수가 없다. 거친 말이라도 내뱉어야 가르칠 것이 생긴다. 문제에 도달할 채널이 생긴다. 부부 싸움을 할 때도 그렇다. 상대가 말을 해야 "그렇게 생각했던 거야?" 하면서 문제에 접근할 수 있다. 한 사람이 입을 다물고 말을 안 해 버리면, 이것처럼 답답한 것도 없다. 우리 부모들은 "말해 봐. 말해 봐" 해 놓고 "아빠가 해 준 게 뭐가 있냐고!" 하면 "이 자식이 어디서 그런 말을 해!" 하면서 화를 낸다.

그런데 바꾸어 생각해 보자. 예를 들어, 회사에서 대표가 "불만 있으면 얘기해 봐. 다 들어줄게"라고 했다. 그래서 누군가 "회사가 이렇게 저렇게 하는 것이 문제인 것 같습니다"라고 했더니, 말을 꺼내자마자 대표가 "이것들이 제정신이야? 지금 경기가 얼마나 안 좋은데, 회사에서 이딴 소리를 해?"라고 하면 기분이 어떻겠는가? 의견을 말하라고 해 놓고 자기 귀에 거슬린다고 화를 내면, 다음부터는 아예 말을 꺼내기조차 싫어질 것이다. 반대로 일단 들어본 후 "내가 들어 보니 그 말에 일리가 있네. 이것은 회사에서 개선할 수 있는 부분이고, 그것은 자네들이 오해하고 있는 면도 있는 것 같군. 이런 각도로 다시 생각해 봤으면 좋겠어"라고 얘기해 주면, 순조롭게 대화가 진행된다.

또래와의 갈등이 있을 때도 아이에게 "미안해"라는 사과를 매번 먼저 하라고 시켜서도 안 된다. 아이가 그 상황에서 생각해 보고 '아, 내가 이러면 안 되겠네'라는 생각이 들면, 자연스럽게 "미안해"라는 사과가 나올 것이다. 그러지 않고 무조건 먼저 "미안하다고 해"라고 하면 굴복감이 들면서 아이는 자존심이 상한다. 부모가 무섭게 강요하니까 억지로 미안하다고 할 수 있다. 그런데 이렇게 키우면 정말 미안한 상황에서도 미안하다고 안 하는 사람이 될 수 있다. 사과하는 것이 불편하고 싫은 기억으로 남아 있기 때문이다.

부부 상담을 하다 보면, 미안하다고 느끼면서도 미안하다는 말을 못 하는 사람들이 많다. 그러면 갈등이 깊어진다. 이런 사람들은 "미안하다고 해야 하는 거 아니야?"라고 하면 "그걸 내가 꼭 말로 해야 해?" 하면서 오히려 화를 낸다. 당연히 말로 해야 한다. 말로 안 하면 모른다. 그렇기 때문에 말은 어떤 말이든 하도록 격려해야 한다.

말이 늦어도 언어치료를 시키는 판국인데, 말을 할 줄 아는데 못 하게 하다니 이것은 '응급'이다. 아이가 대들 때, 이렇게 생각하면 훨씬 화가 덜할 것이다.

진료할 때 내가 말할 때마다 소위 대드는 아이들이 있다. 나는 그럴 때 "너 어디 가서 밥은 안 굶겠다"라고 해 준다. 이렇게 대답하면 "그래요?" 하면서 속으로 '좀 의외네' 하며 좋아한다. "원장님한테 불만을 말로 얘기해 주니까 참 좋네. 네 마음 안에 강한 면이 있다는 얘기거든. 그건 좋은 거야." 이러면 아이들이 대드는 것이 확 준다.

고등학생쯤 되면 진료실에 들어오자마자 "제가 오늘 40분이나 기다렸어요. 시간도 없는데, 그 시간에 공부를 했으면…" 하면서 투덜대기도 한다. "공부하려고 그랬어?" "아니, 공부할 수도 있고, 친구를 만날 수도 있고요." 그러면 나는 바로 사과한다. "그래, 맞아. 40분은 너희들에게 굉장히 큰 시간이지. 게임 시간 30분을 쟁탈하려고 너희가 얼마나 부모랑 투쟁을 하는데, 정말 미안하다." "아, 뭐 그런 건 아니지만, 원장님이 화장실도 못 가면서 진료 보시는 것도 제가 알고 있고…." "알아?" "알죠." "알아 줘서 고마워. 진짜 미안하다, 좀 봐주라." 이렇게 말로 풀어 가기 시작한다. 그러면 대부분 수용한다. 물론 "네"라고 안 해 주는 아이도 있다. 그래도 끝까지 들어 주고, 반응해 줘야 한다.

  아이의 말을 끝까지 들어 보면 부모가 잘못한 때도 있을 것이다. 그럴 때는 솔직하게 사과해야 한다. "미안해. 듣고 보니 네가 그럴 의도가 아니었는데, 엄마가 그렇게 말해서 네가 기분 나쁠 수 있겠다." 아이가 말대꾸를 하면서 이전에 부모가 했던 잘못을 들먹일 수도 있다. "엄마도 저번에 그랬잖아?" 그럴 때도 "어디서 부모를 지적해? 너나 잘해!" 식으로 대응하면 안 된다. "맞아, 엄마도 그러면 안 돼. 엄마도 고칠 거야. 매일매일 노력할 거야. 미안하다. 그런데 너는 엄마보다 더 잘 살았으면 좋겠어. 더 잘됐으면 좋겠고. 넌 더 잘할 수 있어. 나쁜 것은 배우지 않았으면 좋겠어." 이렇게 말해 주어야 한다. 그러면 아이들이 의외로 잘 받아들인다.

  아이의 말을 끝까지 다 듣지도 않고, 감정도 받아 주지 않고, 지나친 복종만 강요하면, 아이가 "네"라고 하더라도 그건 진정한 "네"가 아니다. 그냥 그 상황을 무마시키고 넘어가려는 것뿐이다. 아이를 반항적으로 키우라는 것이 아니다. 그 감정을 수용해 주어서 정서적 안정감을 갖게 하는 것이 중요하다. 자신이 부정적인 감정을 표현해도 부모가 안정적으로 들어줄 거라는 믿음을 아이가 갖게 해야 한다. 그래야 갈수록 말대꾸가 준다.

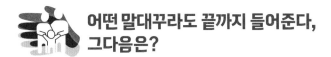

어떤 말대꾸라도 끝까지 들어준다, 그다음은?

아이가 말대꾸를 할 때는 일단 다 들어준 후, 지침을 주는 것이 맞다. 그런데 이때 조심해야 할 것이 있다. 아이들은 모두 자기 의견이 있다. 부모가 들어봤을 때 그것이 말도 안 되는 경우도 있다. 그것을 일일이 설득해서 너무 급하게 이해시켜서는 안 된다.

아이가 "나 유치원 가기 싫어. 집에서 뽀로로 보고 맛있는 것 먹고 싶어!"라고 말하면 부모는 처음에는 '아, 올바르게 가르쳐 줘야겠구나'라고 생각한다. 그래서는 안 되는 이유를 설명해 주고 이해시키고 싶어진다. 그리고 아이가 바로 납득했으면 한다. "너 다른 아이들은 다 유치원에 가는데, 너만 집에 있으면 바보 돼. 너 바보 될 거야?"라고 말한다. 그러면 아이가 '아, 유치원 가서 공부해야겠구나!'라고 생각할까? 그러기는 힘들다.

아이가 말도 안 되는 이유로 말대꾸를 해도, 일단은 다 듣는다. 다 듣고 나서 반응한다. "그런 마음이 드는구나. 어떨 때는 안 가고 싶구나"라고 해준다. 그다음은 지침이다. "그래도 유치원은 가야 해." 그래도 아이가 "안 간다고! 안 간다고!"라고 하면, 아이를 안고 가서 유치원 버스를 태워야 한다. 그러고는 "그래도 유치원은 가야 해. 잘 다녀와. 대신 갔다 오면 재미있게 놀아 줄게. 맛있는 것 해 놓을게. 기대해"라고 인사하면서 아이를 유치원에 보내면 된다.

부모가 아무리 잘 설명해도 아이가 부모 말을 듣고 "아, 그렇군요. 제가 잘못 생각했군요"라고 납득해 주기를 바라는 건 과욕이다. 그건 아이가 할 수 있는 일이 아니다. 그래도 설명은 해야 한다. "물론 그런 날도 있지. 안 가고 싶은 날도 있는데, 유치원은 아프지 않은 이상 매일매일 가야 하는 거야"라고 간단하게 설명해 주고 보내야 한다.

수많은 자녀교육서에서 아이라고 무시하지 말고, 결론만 통보하듯 전하지 말고, 안 되는 이유를 자세하게 설명해 주라고 한다. 그런데 그것은 평화로울 때 이야기다. 아이가 악을 쓰면서 말대꾸를 하고 있는데, 거기에 대고 자세히 설명해 봤자 아이 귀에는 들리지 않는다. 게다가 "너 바보 될래?"로 시작해서 "이 다음에 학교는 어떻게 갈래? 다른 아이들은 한글 다 쓸 줄 아는데, 너만 못 하잖아. 나중에는 친구도 하나 없을걸? 글도 모르는데 누가 놀아 주겠어?"라고 하는 것은 불필요한 말이다. 그냥 "그래도 가야 해"라고만 말해 주는 것이 전달이 잘 된다. 아이가 뭔가 기분이 나빠서 혹은 흥분해서 말대꾸를 할 때는 다 들어준 뒤, 지침은 열 단어 이하로 짧고 간결하게 하는 것이 좋다.

하지만 평화로울 때는 얼마든지 길게 설명해도 좋다. 그림책을 읽으면서 "그림책 속 민지는 유치원에 가기 싫다고 하는구나. 왜 싫을까? 장난감도 혼자 가지고 놀고 싶은데, 그럴 수 없으니 싫다고 하는구나. 너도 그럴 때 있어?"라고 물어 준다. "네 장난감은 네 것이니까 혼자 가지고 놀 수 있는데, 유치원에서는 그럴 수가 없지?" "응" "유치원 장난감은 누구 것이지?" "선생님 것." "그래, 선생님 것이야." 이렇게 얘기해 줄 수도 있다.

부모 이야기를 해 주는 것도 좋다. "엄마도 사실은 출근하기 싫을 때가 있어"라고 이야기를 시작한다. "그래? 그럼, 엄마도 놀아." "그건 안 돼. 엄마가 할 일이 있고, 무슨 일이든 참는 것도 필요해. 너도 참아야 할 때가 있어"라고 말해 준다. "그러면 언제나 가야 돼?"라고 물을 수 있다. "감기 걸려서 열이 펄펄 날 때는 집에서 쉬어야 빨리 나을 수 있어. 유치원에 가면 친구한테 병을 옮길 수도 있어. 그럴 땐 집에서 쉬는 거야. 또 집안에 특별한 일이 있어서 안 갈 수 있어. 정말 가기 싫은 날이 있으면 그때는 엄마에게 이유를 꼭 얘기해 줘. 엄마가 도와줄 수 있으니까." 이렇게 하면 된다.

어떤 아이들은 "안 돼"라는 말을 유난히 못 받아들이기도 한다. 여러 가지 이유가 있지만, 가장 대표적인 것이 '자기 의견을 받아 주는 것 = 나를 사랑하는 것'이라고 생각하기 때문이다. 자기 의견을 안 받아 주면 자기를 사랑하지 않는다고 여겨 기어이 애정을 확인하려고 든다. 끝까지 자기 의견을 관철시키려고 하는 것이다. 아이에 대한 사랑을 부모가 물건을 사 주는 것으로 해결해 왔거나, 아이의 요구를 기준 없이 들어주어 왔을 때 그럴 수 있다. 부모가 아이의 요구를 지침 없이 들어주면, 아이는 늘 그래야 한다고 생각하기 때문에 거절이나 좌절을 잘 받아들이지 못한다.

반대로 지나치게 아이의 요구를 안 들어주고 안 받아 주었을 때도 그럴 수 있다. 말은 곱게 하는데 뭐든 끝까지 안 들어주는 부모가 있다. 아이의 요구를 너무 안 들어주면, 아이는 내 뜻을 들어주고 안 들어주는 것으로 나를 사랑하느냐 아니냐를 판단하기 때문에, "안 돼"라는 말을 들으면 감정적으로 굉장히 힘들어한다.

앞에서도 언급했지만 지나치게 예민한 아이도 "안 돼"를 편안하게 받아들이지 못한다. "안 돼"라는 말에는 약간의 단호함이 배어 있는데, 아이는 그 자체를 공격으로 받아들인다. 그래서 기분이 나쁘다. 말을 듣기 싫어진다. 그래서 말대꾸를 위한 말대꾸를 하기도 한다.

예민한 아이를 키우기는 참 어렵다. 많은 부모들이 아이의 반응에 대응하기 괴롭기 때문에 지나치게 건드리지 않으려고 한다. 그래서 반대로 지나치게 허용적인 육아를 하는 경향이 없지 않다. 그러다 보니 예민한 아이들은 지침을 제대로 못 배운다.

어떤 아이든 다른 사람과 살아가려면 지침을 배워야 한다. 예민한 아이에게 지침을 줄 때는 벽지를 바를 때 초배지를 바르고 벽지를 바르듯 해야한다. 즉, 지침을 주기 전, "엄마가 너를 사랑하지만, 못 들어주는 것도 많아" "엄마가 혼내는 거 아니야. 너한테 이걸 꼭 가르쳐 줘야 해서 말하는 거야. 엄마가 너를 사랑하지만, 이건 못 들어줘"라고 부드럽게 말한다. 아이 마음에 초배지를 바르는 것이다. 이후 지침을 줄 때는 조금 단호하게 말한다. 그래야 충격이 덜하다.

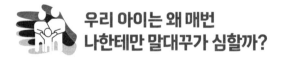

우리 아이는 왜 매번 나한테만 말대꾸가 심할까?

누가 봐도 아이가 좀 지나치게 대든다면 부모의 권위를 생각해 보아야한다. 아이가 부모를 만만하게 보고 있을 수도 있다. 만만하게 본다는 것은, 부모가 나를 지도할 수 있는 어른이라는 것을 인정하지 않는 것이다. 아이가 부모의 지도력을 인정하지 않으면, 여타 다른 어른의 지도력도 인정하지 않는 큰 사태가 발생한다. 한 청소년이 길에 쓰레기를 버렸다. 지나가는 어른이 "길에 쓰레기 버리면 안 돼"라고 말했다. 이때 어른이 나를 지도할 수 있다고 생각하지 않으면 "무슨 상관이야!"라고 반응한다.

아이는 성인이 되기 전, 인간관계에서 부모가 아니더라도 어른이 나를 지도할 수 있다는 것을 배워야 한다. 이런 사회적인 서열을 자연스럽게 배우지 못하면, 부모 혹은 교사 등에게 대들게 된다.

아이는 왜 부모의 권위를 인정하지 않게 되었을까? 그 대표적인 이유는 두 가지다. 첫째는 부모가 지나치게 서열을 강조해서 매번 아이를 공격하거나 굴복시키려 드는 경우다. 둘째는 이 반대다. 부모가 부모로서 전혀 지도력을 발휘하지 못하는 경우다. 이런 집을 가만히 보면 아이가 부모보다 위거나 동급이다.

나는 부모들에게 아이에게 존댓말을 쓰지 말라고 한다. 일부 책에서 아이에게 존댓말을 쓰라고 조언하는 것은 아이를 존중하라는 것이지, 아이를 떠받들라는 의미가 아니다. 그런데 많은 부모들이 이 뜻을 잘못 이해하고 잘못 실행한다. 아이의 밑에서 하인처럼 아이에게 좌지우지되는 부모가 많다. 그러려면 존댓말은 안 쓰는 게 낫다.

부모는 아이와의 관계에서 기본적으로 유지해야 할 서열과 위치가 있다. 그것을 아이가 자연스럽게 받아들여야, 학교에 가서도 사회에 나가서도 서열이 높은 사람의 지도를 잘 받아들이고, 편안한 관계를 유지할 수 있다.

아이가 화가 나서 부모를 때렸다. 어떤 엄마는 "아야야" 하면서 무척 아파한다. 이런 반응은 하지 말아야 한다. 그런다고 "야, 아파! 어디 엄마를 때려!" 하면서 소리를 지르라는 것은 아니다. 단호하게 "엄마를 때리면 안 돼. 누구라도 때리면 안 되는 거야" 정도의 반응은 꼭 해 줘야 한다. 나는 너보다 약한 존재가 아니며, 너에게 옳고 그른 길을 알려 주는 권위를 가진 사람이라는 인식을 아이에게 주어야 한다. 발버둥을 치는 아이를 어쩌지 못하고 안절부절못하거나 아이에게 질질 끌려가는 행동을 보여서는 안 된다. 아이 앞에서 신경질을 내면서 울어서도 안 된다. 권위가 떨어진다. 아이는 자신에게 쩔쩔매거나 자신을 누르고 억압하려는 사람에게는 권위를 느끼지 못한다. 또한 옳고 그른 것을 제대로 알려 주지 못하는 부모에게도 아이는 권위를 느끼지 못한다.

엘리베이터를 탔는데, 아이가 층마다 버튼을 다 눌러 놓았다. 그런데 옆에서 아이 엄마는 "아이고, 우리 민재. 꼭 꼭 꼭 잘도 누른다!" 하고 있다. 누가 뭐라고 하면 '자기가 무슨 상관이야? 자기 거야?'라는 식으로 얼굴빛이 달라진다.

엄마는 이럴 때 "불필요하게 버튼을 누르면 안 돼"라고 단호하게 말해 줘야 한다. 아이가 날카로운 가위를 들고 있다. "위험하니까 엄마 줘" 했다. 그러면 어떤 아이들은 바로 안 주고 까불거리며 도망 다닌다. 그런 상황에서 아이를 따라다니면서 "주세요. 주세요. 엄마 줄 거지요?" 해서는 안 된다. 얼른 가서 아이 팔을 잡고 "위험해" 하면서 손가락을 하나씩 펴서 바로 빼앗아야 한다. 그래야 권위가 선다. 요즘 아이들은 부모의 권위를 인정하지 않다 보니 어른의 지도를 잘 안 받아들이는 경향이 있다.

어떤 집은 아이가 엄마 혹은 아빠 말에만 토를 단다고 한다. 그럴 때 부모들은 '쟤가 나를 미워하나?' '쟤가 나만 무시하나?'라는 생각이 들기도 한다. 다른 사람한테는 그러지 않는데 유독 한 사람하고만 그런다면, 아이와 그 사람과의 관계에서 어떤 문제가 있는 것이다. 아이가 그 사람을 우습게 생각하든, 너무 편한 관계든, 가끔씩 아이에게 공격적인 반응을 보였든, 유독 아이와 대화를 못하든, 오해가 있든, 둘 사이에 뭔가 있는 것이다. 아이가 유독 어떠한 상황, 어떠한 특정 대상과 있을 때 문제 행동을 한다면 반드시 되짚어 봐야 한다. 그래서 어른의 잘못이 보이면 인정하고, 진솔하게 의논하고, 해결안을 찾아야 한다.

인간관계는 늘 작용과 반작용이다. 어떤 자극이 들어가면 그에 맞는 반응을 보이는 것이 인간이다. 지나친 말대꾸도 그런 것일 수 있다. 아이의 말대꾸가 지나치다면, 부모가 아이에게 주는 자극에 뭔가 지나친 것이 있는 것이다. 부모 두 사람 중 어느 한 사람에게 아이의 말대꾸가 심하다면, 그 사람이 주는 자극에 뭔가 문제가 있는 것이다.

누가 무엇을 더 잘못했든 간에 작용과 반작용을 바꾸고 싶다면, 동기가 있는 사람이 먼저 바꾸어야 한다. 부부관계에서도 마찬가지다. 누가 봐도 상대가 잘못했더라도 그와 이혼하지 않을 거라면, 내가 바꾸어야 한다. 내가 주는 자극이 다르거나 그 사람이 주는 자극에 대한 나의 반응이 달라지면, 그 사람도 바뀌게 된다.

아이의 말대꾸도 마찬가지다. 아이의 말대꾸가 정말 고민스럽다면, 부모인 내가 주는 자극을 바꾸어야 한다. 내가 이렇게 했더니 아이가 꼭 말대꾸를 한다면, 이전과 똑같이 대하면 늘 결과는 같다. 바꿔야 한다. 바꿔서 효과가 없으면 또 바꿔야 한다. 여러 번 바꿨으나 여전히 효과가 없다면 전문가를 찾아야 한다. 시행착오가 나쁜 것은 아니지만, 너무 많은 시행착오를 하다 보면 아이는 부모와 계속 부정적인 경험을 하게 된다. 자칫 아이와의 관계가 나빠질 수도 있다.

아이에게 문제점이 보일 때, 부모가 먼저 개선하려고 노력해야 한다. 그것이 부모다. 교사와 제자 사이도 마찬가지다. 제자에게 문제가 있을 때, 아무리 아이가 바뀌어야 마땅해도 먼저 시도하고 시작해야 하는 것은 교사다. 그것이 우리 어른들의 자세다.

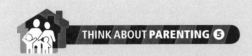

지금 안 잡으면 앞으론 못 잡는다?

"원장님, 지금 안 잡으면 못 잡는 것 아니에요?"

나는 이런 말을 들을 때마다 기분이 언짢아진다.

"아이가 쥐인가요? 왜 쥐 잡듯이 하려고 하세요. 왜 그런 표현을 쓰세요? 꿩 잡는 것이 매라고, 매 같은 부모가 되고 싶은 것 아니세요? 애를 가르쳐야지 왜 애를 잡나요?"

그러면 대부분 "아, 그게 잘 안 돼요. 저도 참아야 하는데"라고 대답한다. 아이를 잡고 싶은 마음에는 좀 더 참지 못하는 자신의 잘못이 있다는 것을 인정하는 것이다.

아이가 말을 잘 들어주면 좋긴 하다. 하지만 못 참는 것은 부모 본인의 문제다. 아이를 키우다 보면 저 깊은 곳에 숨겨 두었던 내 성격의 나쁜 점, 인격 발달의 미숙한 점들이 드러나게 된다. 그것은 아이 때문에 생긴 것이 아니라 원래 본인의 것이다. 본인이 미숙한 것은 본인이 메워야지, 아이를 탓해서는 안 된다. 아이를 잡아야 한다고 느낄 때, 우리가 생각해야 하는 것은 '아, 나의 미숙한 점을 메울 수 있는 좋은 기회가 생겼구나'이다.

아이가 고집을 부릴 때, 기를 꺾지 않으면 정말 아이를 평생 못 다루게 될까? 아이를 망치는 걸까? 그렇지 않다. 아이는 언제든 바뀌고, 언제든 배울 수 있다. 아이가 고집을 부릴 때 부모가 고민해야 할 것은 고집을 어떻게 한 번에 확실히 꺾을까가 아니라, 부모나 교사를 포함한 어른이 아이를 지도할 수 있다는 것을 어떻게 가르칠까 하는 점이다. 아이에게 기분 좋은 말을 하지 않는 것이 곧 아이를 공격하거나 혼 내는 것이 아니라는 것, 그것을 어떻게 가르칠까를 고민해야 한다. 그러려면 기본적으로 '잡는다'가 아니라 '가르친다'고 생각해야 한다. 가르치는 사람은 상대를 존중하는 마음을 반드시 가지고 있어야 한다.

CHAPTER 6

별의별 애를
다 써도 안 통해

'잘 달래지지 않을 때'

어린이집에서 돌아온 정하(만 4세). 신발을 벗으면서 징징거리기 시작한다.

"아아앙~ 이거 이거 안 벗겨지잖아. 안 벗겨진단 말이야."

"어디? 어디 가?"

엄마가 보니, 버클을 풀어야 하는데 그럴 생각은 하지 않고 괜히 징징거린다. 엄마는 이러다 아이가 계속 짜증을 낼까 두려웠다. 얼른 달려가 "엄마가 해 줄게. 이렇게 하니까 금방 벗겨지지?" 하면서 빛의 속도로 아이의 신발을 벗겨 주었다.

신발을 벗고 거실에 들어선 정하는 이번에는 어제 먹던 빵을 찾는다. 자기가 좋아하는 초코소라빵이 어디 있느냐는 것이다. 초코소라빵은 분명 어제 저녁

정하가 다 먹었다. 엄마가 이런 일이 있을까 봐 '이게 마지막이야'라는 말까지 했는데, 아이가 징징징 콧소리를 내며 초코소라빵을 찾는다.

"정하야, 어제 네가 다 먹었잖아. 엄마가 금방 사다 줄게."

정하는 지금 당장 빵을 내놓으라고 울음을 터뜨렸다.

"금방 사다 준다니까. 집에서 기다리고 있어."

아이는 혼자 못 있겠다고, 아빠한테 당장 사 오라며 울었다.

"그럼 엄마랑 정하랑 같이 갈까?"

"안 가, 안 간다고! 아빠한테 지금 사 오라고 해."

아이의 울음소리는 점점 커졌다. 아이의 울음이 커지고 길어지자, 엄마는 정수리가 뜨거워졌다. '얘는 왜 항상 이럴까? 왜 말이 안 통할까?' 엄마는 간신히 화를 누르며 말했다.

"아빠는 회사에 계시잖아. 지금 오후 4시밖에 안 됐어. 아빠는 사 올 수 없어."

아이는 "아빠가~ 아빠가~" 하면서 울부짖었다. 정하는 뭐든 마음에 안 들면 징징거리고, 해결될 때까지 하루 종일 운다. 그리 조심을 했건만, 오늘도 그 징징거림이 시작됐다. 엄마에게 아이의 울음소리는 칠판을 손톱으로 긁는 소리만큼 소름끼친다. 엄마는 순간 '당장 저 입을 막고 싶다'라는 나쁜 생각이 들었다. 엄마는 안방으로 들어가 문을 닫아 버렸다. 그리고 두 손으로 귀를 막았다.

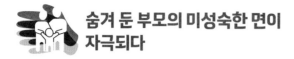
숨겨 둔 부모의 미성숙한 면이
자극되다

이제까지 스스로 꽤 괜찮은 사람이라고 여기고 살아왔던 부모들이 아이를 키우면서 그 생각에 의문이 든다. 본인조차 당황스러운 행동이 툭툭 튀어 나오기 때문이다. '어? 이게 뭐지? 나한테 이런 면도 있었어?' 그 행동이 좋은 쪽도 있지만, 보통은 경멸해 마지않는 나쁜 쪽일 때가 많다.

잘 달래지지 않는 아이를 키울 때 부모는 이런 고민에 자주 빠진다. 잘 달래지지 않는 아이는 부모의 아주 미성숙한 인격 구조, 성격적 특성의 나쁜 부분을 건드리기 때문이다. 그것들은 묻어 놓았던, 저 밑으로 가라앉혀 놓았던, 어쩌면 평생에 걸쳐서 해결해야 하는 내 자신의 문제에 불을 붙인다. 다행히 어떤 부모는 이러한 고민을 통해 더 성숙해진다. 그런데 대부분의 사람들은 나빠진다. 그래서 부모로서 가장 하지 말아야 할 행동을 하게 된다. 소리를 지르고, 아이를 때리고, 침대에 살짝 던지기도 한다. 내 자식은 마냥 사랑스럽고 눈에 넣어도 안 아플 거라고 생각했는데, 눈에 넣어도 안 아프기는커녕 아이가 어린이집에서 돌아올 시간이 되면, 가슴이 두근두근한다.

왜 그럴까? 아이를 키우다 보면 부모도 인간이기 때문에 순간순간 아이가 미울 때가 있다. 더구나 잘 달래지지 않는 아이는 그런 순간이 너무나 잦다. 이럴 때 '아, 하늘이 이 아이를 나한테 보내서 내가 인간적으로 성장할 수 있는 기회를 주는구나'라고 받아들이기 어렵다. 대부분의 부모는 내가 괴로워지는 원인을 내 안에서 찾지 않고, 아이에게 화살을 돌린다. 그러면서 너무나 많은 문제가 생긴다. "내가 아주 너 때문에 미치겠어!" "너는 왜 애가 항상 이러니?"라고 아이에게 따지는 것이다. 이렇게 되면 아이도 잘 클 수 없을 뿐더러 아이와 부모의 관계가 어그러지고, 부모 자신도 굉장히 괴롭다. 자식이기 때문에 기본적으로 좋아하는데, 이 좋아하는 아이가 나와 있는 시간이 길수록 나를 괴롭게 만든다.

아이가 계속 징징대고 울면 부모도 징징대는 소리가 듣기 싫다. 그런데 주위 사람들이 기름을 붓는다. "얘, 좀 달래 봐라. 너는 왜 이렇게 아이를 못 달래니? 너는 왜 그렇게 아이를 자꾸 울리니?" 그런 말을 들으면 부모로서 무능하게 느껴져 아이가 미워지고, 내 마음은 더 괴로워진다.

아이가 한번 울기 시작하면 잘 안 달래지고, 한도 끝도 없이 운다. 그러다 보면 많은 문제가 생긴다. 부모 자신이 우울해지기도 하고, 아이가 미워지기도 한다. 부부 사이에도 금이 간다. 아이가 안 달래지면 육아는 열 배, 스무 배는 더 힘들어진다. 이렇게 힘든데 배우자가 아이를 함께 돌보지 않으면 배우자도 미워진다. 배우자를 원망하고 비난하게 된다.

잘 달래지지 않는 아이는 부모를 닮은 면이 있을 수 있다. 배우자의 예민함을 닮아서 아이가 우니까 배우자가 더 밉기도 하지만, 그 배우자 또한 자신이 예민하기 때문에 아이가 달래지지 않는 것을 더 견디지 못한다. 예를 들어 아빠가 예민한 사람이다. 아이가 막 울기 시작하면, 아이가 싫은 것이 아니라 아이 울음이 싫어서 "데리고 나가"라고 소리를 질러 버린다. 그러면 아내는 기가 막힌다. 남편이 굉장히 비윤리적이고 비도덕적인 것처럼 여겨진다. 그리고 아이가 우는 상황과 별개로 아빠든 엄마든 예민한 성격이면 잘 삐지거나 화가 오래가기 때문에 결혼 생활도 덩달아 굉장히 힘들다.

어떻게 해도 아이가 달래지지 않으면, 부모들은 두 가지로 반응한다. 버럭 화를 내며 공격적인 반응을 보이거나, 잘못 건드려 울기 시작하면 끝이 없기 때문에 되도록 안 건드리려고 한다. 그런데 공격적으로 대하면 아이의 예민함은 더 심해진다. 되도록 안 건드리면 부모가 적절하게 개입하고 교육해야 하는 순간을 놓치기 때문에, 아이의 상태는 더 나빠진다.

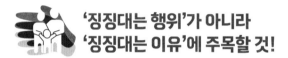
'징징대는 행위'가 아니라 '징징대는 이유'에 주목할 것!

사례에서처럼 아이가 징징대면 부모들은 시끄러워서 아이 요구를 들어준다. 그러면 아이는 '징징대면 들어주는구나'라고 생각해서 계속 징징댈 수 있다. 이런 아이들은 아무리 징징대도 안 되는 것은 안 되는 것이라고 알게 해야 한다. 부모가 일관된 원칙으로 단호하게 나오면 아이는 곧 징징대는 방법을 포기한다.

우리가 좀 더 깊이 생각해 봐야 하는 경우는 부모로부터 만족감이 떨어져서 징징거리는 아이의 경우다. 이런 아이들은 징징대면서 뭔가 계속 요구한다. 이 요구는 사실 '엄마, 나 좀 봐 주세요' '엄마, 내 말 좀 들어주세요'의 다른 표현이다. 부모에게 만족감이 떨어진다는 것은, 정서적으로 충분히 흡족하지 않은 것이다. 부모에게 수용받는 느낌도 충분하지 않다. 아이가 별것도 아닌 것으로 계속 징징댄다면, '내가 혹시 아이의 요구를 제대로 파악하지 못하고 있나?' '내 수용이 부족한가?'를 잘 생각해 봐야 한다.

하루 종일 징징댄다고 느껴지는 아이의 부모들은 대부분 하루 종일 '징징대지 말라는 것'으로 아이와 상호작용을 한다. 왜 징징대는지에 대해서는 관심이 없다. "원하는 게 뭐야?"라고 물어 줘야 하는데, "또 징징대기 시작했네. 너 징징대지 말라고 했지? 예쁜 말로 하라고 했지?" 한다. 핵심에서 벗어나 예쁜 말, 고운 말까지 쓰라고 하니, 아이가 계속 징징대는 것이다. 물론 너무 징징대면 징징대지 말라고 가르쳐야 한다. 그런데 그러려면 징징대는 이유부터 알아야 한다.

아이가 징징대기 시작하면, 가만히 관찰부터 해 보자. 그리고 아이의 징징대는 말을 잘 들어 본다. 울음이 섞여 있기는 하지만, 아이는 말하고 있다. "나는 인형을 갖고 놀고 싶은데, 엄마는 놀아 주지도 않고…." 다 들어 보고 "그럼 엄마가 30분 놀아 줄까?" 이렇게 물어보고 아이의 요구대로 놀아 주어야 한다.

그런데 대부분의 부모는 아이의 말은 듣지도 않고 "시끄러워 못 살겠다. 너 징징대는 거 징글징글해" 하고 징징대는 것만 혼낸다. 징징대는 것은 감내력이 떨어지는 아이들이 화를 내거나 우는 것으로 자기의 불편함을 표현하는 것이다. 하루 종일 징징대고 있다면, 하루 종일 뭔가 불편한 것이다.

잘해 주기는 잘해 주는데, 아이의 마음이나 말귀를 잘 못 알아듣는 부모가 있다. 아이는 종이접기를 하자는데, 엄마는 온 힘을 다 바쳐 소꿉장난을 해 준다. 아이는 신이 나서 이야기를 했는데, 엄마의 반응은 시큰둥하다. 반면 아이는 아무 감흥도 없는 일에 엄마 혼자 호들갑을 떨면서 신 나 한다. 마치 오른쪽 등이 가렵다고 하는데, 엄마는 자꾸 왼쪽 등을 긁어 주는 식이다.

그러면서 "시원하지?"라고 묻는다. 아이가 시원하지 않다고 하면 엄마는 오히려 서운해하는 것이다. 이러면 아이는 부모에 대한 만족감이 떨어진다.

어떤 부모는 아이와 끊임없이 논쟁하기도 한다. 아이가 개별 포장된 작은 과자봉지를 가지고 "이게 왜 이렇게 안 뜯어져!" 하면서 짜증을 내고 있다. 이럴 때는 잘 안 뜯어지는 부분을 가리키며 "여기까지는 엄마가 뜯어 줄게. 그다음은 네가 뜯어 볼래? 아니면 엄마가 뜯어 줄까?" 하면 "엄마가 뜯어 줘" "알았어. 뜯어 줄 테니까 잘 먹어" 이러면 끝난다. 뜯어 줄 때 "여기 이 부분 봐봐. 여기는 이렇게 하는 거야"라고 가르쳐 주면 된다. 그런데 논쟁하는 부모는 "이런 것도 못 하니? 이제 오빠도 됐는데, 언제까지 엄마가 해 줘야 하니?"라고 답한다. 이런 일이 많아지면 아이는 부모와의 상호작용에서 불만이 많아진다. 좋은 감정이 쌓이지 않는다.

부모들은 아이가 두 살이 되기 전까지는 아이를 잘 받아 주는 편이다. 아이가 아무리 예민해도 '아기니까'라고 생각해서다. 두 살이 넘으면 좀 달라진다. 아무리 달래도 달래지지는 않으면서 자기가 하고 싶은 말은 종알종알 다 한다. 그러면 부모는 아이에게 욱하는 일이 많아진다. 말도 잘하고, 말귀도 다 알아들으면서 왜 내 말은 안 듣느냐는 것이다. 그런데 부모가 이렇게 나오면 아이는 섭섭해진다. 섭섭해서 증상이 더 심해진다. 아이가 부모한테 섭섭한 게 많아도 잘 안 달래진다.

부모들은 가끔 "네가 몇 살인데 아직도 혀 짧은 소리로 아기처럼 말해?"라고 하면서 면박을 줄 때가 있다. 겨우 일곱 살밖에 안 된 아이한테 의젓한 언니나 형처럼 행동하라고 한다. 조그만 실수를 해도 "형아가 돼서 이게 뭐니?" 한다. 이럴 때 부모에 대한 아이의 충족감은 확 떨어진다. 부모가 아이의 정서를 채워 주기보다 빨리 배우고 의젓해지기만 바라면 아이에 따라서는 특별한 이유 없이 하루 종일 징징거리는 아이가 될 수 있다.

아이는 부모한테 끊임없이 뭘 요구한다. 물건을 사 달라고도 하고, 할 수 있는 일도 자꾸 해 달라고 한다. 뭔가 충족되지 않아 불안해서 하는 행동이다. 정작 자신이 채워야 하는 것이 정서적인 것임을 알지 못한 채 그저 요구적인 행동만 하는 것이다. 그런데 아이의 요구가 정서적인 것임을 부모가 알아채지 못하면, 행동은 더 심해진다.

아이가 어리광을 부릴 때는 받아 주는 쪽이 낫다. 우리 아들은 올해 고등학교 3학년이다. 그래도 가끔 혀 짧은 소리로 "엠마~" 하고 안긴다. 그러면 나는 "오구오구, 그래" 하면서 머리나 어깨를 쓰다듬어 준다. 엉덩이도 토닥거려 준다. 왜냐하면 부모에게 사랑을 채움받고 싶어 안기는 것이라는 걸 알기 때문이다. 그렇게 받아 주면 아이는 다시 힘을 내서 제 나이에 할 일을 힘 있게 해 나간다.

하나 더 말하고 싶은 것은 동생이 생긴 아이가 징징거리는 것은 지극히 정상적인 본능이라는 점이다. 아이에게는 부모의 보살핌과 사랑이 생존을 유지하는 데 매우 중요한 요소다. 그런데 경쟁자가 생긴 것이다. 사랑을 나눠 받아야 한다. 먹을 것을 나누는 것도 불안한데, 사랑을 나눠야 되니까 본능적으로 두려워진다. 엄마를 뺏기거나 엄마에게 사랑을 못 받으면 어쩌나 하는 마음에 아이는 불안하다. 당연히 사랑받기 위해 아이들이 제일 먼저 쓰는 방법은 자기도 아기처럼 돌아가는 것이다. 그래서 잘하던 행동도 안 하고 징징대면서 해 달라고 하는 것이다. 이때도 받아 줘야 한다. 말도 안 되는 요구나 행동은 안 되겠지만, 웬만하면 아이의 응석을 받아 주는 것이 좋다. 아이가 안심할 수 있도록 사랑을 충분히 충전해 줘야 하기 때문이다.

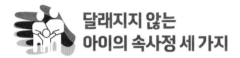

달래지지 않는 아이의 속사정 세 가지

유난히 잘 달래지지 않는 아이들이 있다. 크게 세 유형이다. 첫 번째는 워낙 예민한 아이다. 밖에서 오는 여러 자극이나 상황을 과하게 받아들이는 아이들이다. 다양한 자극을 과하게 받아들여서, 결국 그 자극을 처리하는 과정에서 정서에 영향을 많이 받는다.

엄마와 외출을 했는데 졸음이 막 쏟아진다. 그런데 누울 자리가 없다. 어떤 아이들은 엄마가 무릎을 내주면서 여기 누워서 자라고 하면 그냥 누워서 잠든다. 그런데 예민한 아이는 같은 상황에서 목이 불편하네, 옆구리가 불편하네, 귀가 아프네 하면서 계속 징징거린다. 잠자리가 불편한 것도, 주위가 밝은 것도, 시끄러운 것도 모두 짜증이 나는 것이다. 나 외의 바깥 세계에서 오는 여러 가지 자극을 처리할 때 과민한 것이다. 자극이 과하게 느껴지니까 그 자극을 처리하는 과정에서는 결국 정서 상태에 큰 영향을 받는 것이다.

아이가 과민하면 부모 둘 중 한 사람이 과민한 경우가 많다. 이런 생물학적인 특성은 대부분 부모를 닮았기 때문이다. 아이가 나를 닮았다면, 잘 달래지지 않는 아이를 통해 나를 이해할 수도 있다.

한 엄마가 "원장님, 저는 왜 이렇게 아이 키우기가 어려운지 모르겠어요"라며 상담을 해 왔다. 그런데 상담을 진행하면서 그 엄마는 "듣고 보니 제 어릴 적 얘기 같아요" 하면서 아이가 자신을 닮아 그렇다는 것을 깨닫게 되었다. 그 엄마는 그것만으로도 아이로 인해서 힘든 것이 덜해졌다. '아, 이게 나를 닮은 부분이네. 이런 부분을 물려주어 엄마가 미안하다'라는 생각이 들기 때문이다.

또한 나랑 똑같지만 나는 그런대로 직장 생활도 잘하고 연애도 해서 결혼도 했으니, 우리 아이도 내가 조금만 도와주면 잘 크지 않을까 싶기도 하다. 아이의 예민한 부분에 대해서 설명해 주면, '나 또한 아이에게 과민하게 굴었구나' 하고 아이를 대하는 태도를 바꿔 나가기도 한다. 부모가 자신의 예민한 정도를 돌아봤을 때, 어릴 때는 심했지만 지금은 그리 문제가 되는 정도가 아니라면, 아이를 이해하고 도울 수 있게 써먹으면 된다. 하지만 지금도 자신이 여전히 지나치게 과민하여 힘들다면, 아이에게 심각한 영향을 줄 수 있으므로 적극적으로 치료해야 한다.

잘 달래지지 않는 아이의 두 번째 유형은 견디는 능력이 떨어지는 아이다. 감당하고 견디고 인내하는 능력이 떨어지면 감정 주머니가 빠른 속도로 금방 차 버린다. 이런 아이들은 조금만 배가 고파도 "배고파 미치겠다"라고 한다. 자신이 뭔가 요구했는데 빨리 들어주지 않으면, 쉽게 울음을 터뜨리기도 한다. 울고 있지만 슬퍼서가 아니라 화를 내는 것이다. 원하는 대로 혹은 자기가 편해지는 쪽으로 빨리 해결되지 않으면, 못 참고 못 견디고 못 기다린다. 이런 아이들은 감정 주머니를 키워 주지 않으면, 욱하는 어른으로 자랄 수 있다.

세 번째는, 감정 조절 능력이 나이에 비해 떨어지는 아이다. 이것은 부모가 가르쳐야 한다. 예민하게 타고났어도 조절하는 법을 가르쳐 주면 좀 나아진다. 조절하는 방법을 안 가르치면, 지금은 징징거리는 정도지만 어른이 되면 감정 조절을 못 하는 사람이 된다. 감정 조절을 못 하는 어른은 지금과는 비교도 안 될 만큼 많은 문제를 일으키고, 본인도 괴로운 삶을 살게 된다.

감정 조절은 어떻게 가르쳐야 할까? 부모가 아이한테 지나치게 휘둘리고 오냐오냐해서는 안 된다. 어찌할 바 몰라 방치해서도 안 된다. 어떤 부모는 세 살 된 아이가 부모를 때리면 그냥 맞아 준다. 아이라서 별로 안 아프다고 한다. 이건 아프고 안 아프고 문제가 아니다. 어떤 상황에서든 남을 때리면 안 된다는 것을 가르쳐야 하는 교육의 문제다. "때리면 안 돼"라고 분명하게 가르쳐야 한다.

부모가 언제나 무섭고 엄하고 강압적이고 아주 똑 부러져서 손톱만큼의 빈틈도 없이 매사 지적해 주는 경우도 아이들이 조절을 못 배운다. 아이는 부모 앞에서는 긴장해서 의젓하게 행동하지만, 조금만 빈틈이 보이면 조절을 안 하려고 든다. 엄한 엄마 앞에서는 말을 잘 듣지만, 놀이터에서는 친구들을 때리고 온다. 엄마 앞에서는 "네"라고 얌전하게 굴지만, 만만해 보이는 유치원 선생님에게는 "싫어, 나한테 왜 그래!" 하면서 소리칠 수도 있다.

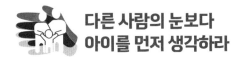

다른 사람의 눈보다
아이를 먼저 생각하라

아이가 징징대면서 울 때, 왜 빨리 달래고 싶은가? 3분만 본인 마음을 들여다보며 생각해 보자. 나는 왜 아이를 빨리 달래고 싶을까?

아이가 아주 어릴 때는 우는 것이 안쓰러워 빨리 달래려고 한다. 그런데 조금 크면 심하게 울거나 부적절하게 징징거리거나 크게 화를 내는 것이 문제 행동이라고 인식해서 빨리 그치게 하고 싶다. 이때 부모들이 주로 쓰는 방법이 설명을 통한 설득이다. 징징거리거나 울고 있는 아이한테 장황하게 설명하려 든다. 설명을 통해서 이해시키고 설득하려는 것이다. 그러면 아이가 멈출까? 빨리 설득당할까? 아니다. 이런 방법은 대부분 전혀 안 먹힌다.

실패하면 이번에는 좀 더 강한 자극으로 누르려고 한다. 눈을 크게 뜨고 인상을 쓰면서 침을 들이마시며 "어허! 쓰으읍! 너 혼나!" 한다. 겁을 주어서 빨리 멈추게 하려는 것이다. 후자가 통할 때가 더 많을 것이다. 하지만 강압적으로 감정을 빨리 멈추게 하는 것은 명백한 공격이다. 옳은 방법이 아니다.

그러면 어쩌면 좋을까? 일단 아이에게 집중해야 한다. 밖에서 아이가 떼를 쓰면 부모는 다른 사람이 받게 될 피해를 생각한다. 인간은 사회적 동물이므로 타인을 고려해야 하는 것이 맞다. 남들이 쳐다봐도 뻔뻔하게 '그럴 수도 있지'라고 넘기는 것은 옳지 않다. 하지만 이러한 상황에서 무엇보다 먼저 고려해야 하는 것은 지금 이 자리에서 내 아이를 어떻게 가르칠 것인가다. 아이가 울고 있으면 다른 사람이 시끄러울까 봐 "쓰으읍!" 하고 겁을 주어 멈추게 할 것이 아니라, 부적절하게 우는 것을 내가 어떻게 지도할 것인가에 대해 먼저 생각해야 한다. 아이는 어떤 경우에도 잘 보호하고, 돌보고, 지도해 주어야 한다. 지금 아이의 상황에 몰두해야 한다.

아이에게 뭔가를 가르치는 것은 모두 백년지대계(百年之大計)를 해 나가는 과정이다. 그 순간에는 그 어떤 것보다도 '아이를 어떻게 잘 지도할까?' '아이가 무엇이 불편한가?'를 최우선으로 생각해야 한다.

아이가 징징거리면서 울 때 빨리 멈추게 하는 것은 아이에게는 도움이 안 된다. 아이에게 교육적이려면 그 감정을 겪게 두어야 한다. 아이에게 "그래, 울어라. 울어라. 더 오래 울어라" 하라는 것이 아니다. 아이가 자신의 감정을 겪고 느끼게 해 주라는 것이다. 스스로 진정되어 멈출 때까지 지켜보라는 것이다. 이때 부모가 스마트폰을 하거나 다른 것을 하면 안 된다. 아이들은 부모가 나한테 몰두하지 않고 한눈팔고 있다는 것을 기가 막히게 알 뿐만 아니라 무척 싫어한다. 그런 상황에서 부모가 하는 말을 들을 리 없다. 지켜봐 주는 것이 매우 중요하다.

감정은 스스로 정점을 찍고 스스로 내려 와야 조절 능력이 생긴다. 우는 아이 옆에서 설득하고 겁주는 것은 도움이 되지 않는다. 물론 아이가 넘어져서 너무 아파하면 달래야 한다. 그러나 부적절하게 떼를 쓰고 울 때는 스스로 진정할 수 있도록 부모가 가만히 지켜봐 줘야 한다.

떼 쓰는 아이를 가만히 지켜봐 주면, 아이는 주위가 조용해지면 울음을 그치고 주변을 살펴본다. 말도 한다. "왜 아무 말 안 하세요?" 그러면 그때 얘기해 준다. "너 울음 그칠 때까지 기다리고 있는 중인데? 너랑 얘기해야 하는데, 울면 얘기를 못하잖아." 그러면 어떤 아이는 "하세요" 하기도 하고, 어떤 아이는 "아앙" 하면서 다시 운다. 그러면 또 "네가 그칠 때까지 기다릴게" 하고 기다려야 한다. 그런데 부모들은 이 시간을 기다려 주지 못한다. 우는 아이 옆에서 끊임없이 "그만하라고 했지?" "쓰으읍! 너 혼난다!"라고 하면 아이는 감정을 참고 견디는 능력을 기르지 못한다.

아이가 그 과정을 공격받지 않고 스스로 견뎌야 상황을 파악하는 능력도 생긴다. 스스로 겪어야 감정이 올라갔다가 내려올 수 있다는 것을 배운다. 부모가 너무 일찍 개입해 버리면 아이는 그 감정이 어떻게 지나가는지 모른다. 자신의 감정이 어떻게 단계별로 올라갔다가 내려왔는지 기억하지 못한다. 부적절하게 우는 아이는 다른 누군가가 달래 주어야 하는 것이 아니라 스스로 달래게 해야 한다. 이때 부모는 아이 스스로 자신을 달래 가는 것을 지켜봐 주어야 한다.

"원장님, 저희 아이는 그렇게 지켜만 보면 아마 3박 4일에도 안 그칠걸요." 나의 20년 넘는 임상 경험상, 며칠씩 우는 아이는 없다. 큰 장애나 질병이 없는 한, 절대로 오래 안 운다. 그렇게는 아이도 힘들어서 못 운다. 내버려 두고 지켜봐 주면 정점을 찍고 내려온다. 다만 그것을 부모가 못 견디는 것이 문제다. 중간에 자꾸 자극을 줘서 울음이 계속 이어지는 것이 문제다. 단언컨대, 한 가지 문제로 며칠씩 우는 아이는 없다.

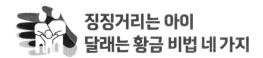

징징거리는 아이
달래는 황금 비법 네 가지

떼쓰는 아이를 달래는 **첫 번째 황금 비법은 두 살 전까지는 적극적으로 달래 주되, 아이의 특성을 파악해 두는 것이다.** 이 시기는 아이 스스로 감정을 추스르기를 지켜보고만 있어서는 안 된다. 달래면서 우리 아이가 어떤 특성이 있는지 잘 살펴야 한다.

그 특성이 정상 범주에 있고 병적인 정도는 아니지만 또래에 비해서 과하면, 전문가와 함께 원인을 파악해서 현명하게 대처해야 한다. 그렇게 하지 않으면 달래지지 않는 아이의 특성이 꼬이기 시작한다. 꼬이면 참 괴롭다. 사회성에 문제가 생긴다. 굉장히 자기 주관적인 아이가 된다. 내가 불편한 것은 다 나쁘다고 여기게 된다. 좀 딱딱한 의자가 있다고 치자. 다른 사람들은 '의자가 좀 불편하네'라고 생각하지만 잠시 앉아 있을 수는 있다. 그런데 우리 아이는 "아이, 씨! 딱딱해!" 하면서 화를 낸다. 매사에 이런 식이라면 아이의 삶이 얼마나 불행할까?

두 번째 황금 비법은 아이가 달래지지 않을 때는 아무 말 없이 지켜봐 주는 것이다. 달래려고 애를 쓰면, 아이한테 지나치게 많은 것을 제안하게 된다. "아빠랑 나갈까?" "아빠가 만들어 줄까?" 애를 쓴다고 쓰지만, 그렇게 계속 자극을 주면 아이들은 새로운 자극을 받아들일 때마다 감정이 불편해져서 더 심하게 징징거린다. 아무리 잘해 줘도 좋게 말해도 기분이 나빠진 상태에서는 내용이 잘 전달되지 않는다.

아이가 울거나 소리를 지를 때는 말을 하지 말아야 한다. 지켜보고 있어야 한다. 달래지지 않는 아이는 스스로 진정하는 법을 가르치는 것만 목표로 삼아야 한다.

세 번째 황금 비법은 예민한 배우자에게 아이를 맡기지 않는 것이다. 배우자가 어렸을 때는 예민했지만 지금 괜찮다면 상관없다. 하지만 여전히 예민하다면, 아이가 문제 행동을 했을 때 욱할 수 있다. 욱하는 부모는 달래지지 않는 아이들에게는 최악이다. 가뜩이나 예민한데, 부모가 욱하면 아이의 상태는 더 나빠진다. 혹 자신이나 배우자가 예민한지는 잘 모르겠으나, 아이가 달래지지 않을 때마다 소리를 지르게 되거나 화를 낸다면 그 사람은 예민할 가능성이 크다.

그렇다면 예민한 배우자는 육아에서 영영 빠져야 할까? 아이가 문제 행동을 할 때만 그렇다. 기본적으로 아이는 부모가 같이 키우는 것이 가장 좋다. 부모가 너무 예민하면 평소에도 아이에게 좋지 않은 영향을 미칠 가능성이 높으니 치료를 받아야 한다. 아이가 상대방을 닮았다고 생각하면, 평소에 예민한 배우자와 얘기를 나누어 보자. 어떨 때 가장 수월하게 진정이 되는지 물어서 가장 효과적이었던 방법을 아이에게 적용해 보는 것도 좋다. 아이를 파악해 나가면서 동시에 배우자도 파악해 나가는 것이다. 아이가 안 달래지면 서로 마음이 조급해져 상대방을 탓하고 비난하는 경우가 많다. 이런 일은 반드시 피해야 한다.

네 번째 황금 비법은 아이를 지켜볼 때 자리 이동을 하지 않는 것이다. 처음 몇 번이 중요하다. 처음 몇 번을 성공하면 그다음은 수월하다. '내가 오늘 아이에게 이것을 꼭 가르쳐야겠다'라고 마음을 단단히 먹어야 한다.

아이가 울음을 그칠 동안 엄마는 움직이면 안 된다. 저녁 먹을 시간이 돼도 "네가 울음을 그칠 때까지 밥 안 먹을 거야" 하고 앉아서 기다려야 한다. 아이가 울음을 멈추는 것 같다고 밥을 하러 일어나서는 안 된다. 그러면 아이가 "가지 말라고!" 하면서 다시 울 수 있다. 그러면 새로운 판이 시작되는 것이다. 절대로 자리를 뜨지 말고 안정된 자세로 앉아 있어야 한다.

그렇게 자리를 지키는 부모 자체가 아이한테 주는 상징적 의미가 크다. 단호함이다. '내가 오늘 너에게 이것을 끝까지 가르치겠다'는 의지를 보여 주는 것이다. 단호하게 한다고 무섭게 해서는 안 된다. 단호함에서 '무서움'을 빼려면 평정심을 유지해야 한다. 마음에서 혼낸다는 생각을 지워야 한다. 아이들은 혼낼 존재가 아니라 가르쳐야 할 존재다. 시어머니가 김장을 하면서 "이것을 먼저 넣어야 돼. 절대 잊으면 안 된다"라고 분명하게 가르쳐 주는 것과, "야야, 이것부터 넣어야지. 너는 도대체 친정에서 뭘 배웠니? 이런 것도 못하고"라고 하면 기분이 어떻겠는가? 가르쳐 주는 것은 가르쳐 주는 것답게 해야 한다. 혼내면 아이가 배우지 못한다.

아내가 아이에게 욱할 때, 남편은 어떤 모습인가?

아내가 아이에게 욱할 때 우리나라 남편들의 모습은 크게 세 가지다. 첫 번째는 '욱 아빠'다. 이 아빠는 항상 화가 나 있다. '내가 먹고살기 위해서 회사에서 얼마나 힘들게 일하고 왔는데, 집이 이 모양이야?'라고 생각한다. 집에 돌아오니 아내는 욱해서 뚜껑이 열렸고, 아이는 소리 지르며 울고 있다. 피로가 몇 배로 늘어나는 느낌에 하루 종일 참았던 감정이 폭발한다. 그래서 들어오자마자 집 안을 정리하면서 잔소리를 하거나 "시끄러워! 그만해!"라고 벼락같이 호통을 친다. 아내보다 더 욱하는 것이다.

두 번째는 '좀비 아빠'다. 많은 아빠들이 집에 오면 쉬고 싶다. 자기를 좀 쉬게 해주었으면 좋겠다고 생각한다. 그런데 현관문을 열고 집에 들어서니 그럴 분위기가 아니다. 그러면 이 아빠는 자기감정을 딱 고립시킨다. 아내가 소리를 지르든 아이가 울든 신경을 끈다. 좀비처럼 자기 방으로 들어가 컴퓨터를 하거나 소파에 누워 리모컨을 잡고 TV 채널을 돌린다. 리모컨과 친한 좀비인 것이다.

세 번째는 '무조건 엄마 편 아빠'다. 집에 들어왔는데, 아내가 아이한테 소리를 지르고 있다. 그러면 아빠가 엄마보다 한 술 더 떠서 아이에게 소리를 지르는 것이다. 아이 입장에서는 황당하다. '자기들은 어른이면서, 두 명이서 나를 공격하네!'라고 생각한다. 이 아빠들은 상황 파악이 중요하지 않다. 무조건 아내 편이다. 그런데 이런 아빠들은 아이가 초등학생만 돼도 원성을 산다. "아빠는 상황도 모르면서 만날 끼어든다"라는 말을 듣는다. 또는 엄마가 아빠한테 일렀다며, 엄마를 고자질쟁이라고 미워하게 되기도 한다. 세 유형 모두 바람직한 아빠의 모습은 아니다.

도대체 어떻게 대해야 할까?

🍃 욱하는 남편 혹은 아내 다루기

　아이도 옆에 있는데, 버럭버럭! 건드리면 폭발할 것 같은 내 남편 혹은 아내, 안전하게 다루는 법은 없을까? 주로 욱하는 상황별로 아이에게 주는 영향은 어떤지, 어떻게 다뤄야 하는지 꼼꼼히 알아본다.

⬢ 상황 1> 운전대만 잡으면 욱한다!

욱 당사자에게 ▶ 정말 사소한 것에도 욱한다는 증거

　잘 생각해 보자. 운전하면서 만나는 사람들은 나와 생면부지의 일면식도 없는 사람들이다. 그 사람이 나를 추격한 것도 아니고, 내 차를 들이박은 것도 아니다. 그런데 욕이 나오고 화가 난다는 것은 별일 아닌 일에도 잘 욱한다는 증거다. 만약 누가 운전을 이상하게 해서 사고가 날 뻔했다면, 생명의 위협을 당했으니 당연히 화가 날 수 있다. 그런 것이 아니라면 내가 쉽게 욱하는 사람이 아닌가 생각해 봐야 한다.

　운전하고 있는 배우자가 길을 잘못 들었어도 그렇다. 우리나라는 외국처럼 도로가 길어서 아주 먼 길을 갔다가 돌아와야 하는 것도 아니다. 조금 가다가 다시 되돌아오면 된다. 얼마나 사소한 일인가? 이런 일로 나에게 매우 소중하고 중요한 사람들에게 감정적으로 피해를 주어서는 안 된다.

아이에게 줄 수 있는 영향 ▶ 다른 상황보다 열 배는 더 나쁜 영향을 준다.

차 안은 좁은 공간이다. 그런 장소에서 욱하면 거실에서 욱한 것보다 아이에게 가는 나쁜 영향이 최소 열 배는 더 크다. 운전대를 잡고 있는 아빠가 욱하면 어쩌면 사고가 날 수도 있다는 것을 아이도 안다. 따라서 아빠가 평정심을 잃고 소리를 지르면, 아이는 좁은 공간에서 생명의 위협까지 받는다. 아이에게는 매우 공포스러운 상황인 것이다.

아내가 운전할 때 옆에서 운전 못 한다고 소리를 질러도 마찬가지다. 아이는 운전대를 잡은 사람이 욱하면 보통 때보다 열 배 무섭고, 운전은 안 하더라도 차 안에서 어른이 소리를 지르면 보통 때보다 다섯 배는 더 무섭다.

이런 배우자 다루는 법 ▶ 미리 사인을 만들어 둔다.

운전하면서 욱하는 배우자 옆에서 말을 걸면 더 화를 낸다. 이럴 때 "왜 이렇게 소리를 질러?" 하고 언성을 높이면 싸우게 된다. 남편이(혹은 아내가) 운전하다가 자주 욱한다면, 평소에 충분히 얘기하고 미리 사인을 정해 두는 것이 좋다. "당신이 지나치게 화를 낸다 싶으면 '운전 바꿔서 할까?'라고 말할게. 그러면 '아, 내가 지금 좀 흥분했구나'라고 생각해 줘. 욱하는 것은 당신이나 아이한테 모두 좋을 게 없잖아."

만약 내가 운전하고 있고 옆에서 배우자가 길을 잘못 왔다고 화를 낸다면, 내가 참아야 한다. 나까지 욱하면 안 된다. 함께 욱했을 때의 결과는 뻔하다. 내가 좀 더 나은 방법을 택해야 한다. "한번 돌지, 뭐"라고 쿨하게 넘어가 준다. 상대가 "시간도 많다. 기름 한 방울 안 나는 나라에서"라고 되받아도 내가 참아야 한다. 사소한 것으로 욱하는 사람은, 그 부분이 미성숙한 사람이라고 생각하라. 내가 도와줘야 하는 사람이다. 미성숙한 사람은 내가 한마디 한다고 고쳐지지 않는다.

◆ 상황 2> 식당에만 가면 욱한다!

욱 당사자에게 ▶ 나는 이기적인 사람인지 생각해 보라.

가족들과 맛있는 음식을 먹으며 즐거운 시간을 보내기 위해 식당에 왔다. 그런데 사소한 일로 싸우거나 소리를 지르면, 내가 내 가족과 그 식당에 있는 사람들의 행복할 권리를 뺏는 것이다. 사소한 일로 욱해서 많은 사람에게 나쁜 기운을 퍼뜨리는 것은 이기적인 행동이다.

이런 일이 잦아지면 아이는 부모와 같이 시간 보내는 것을 싫어한다. 부모가 자기 이름을 부르는 것을 싫어할 수도 있다. 부모의 목소리가 큰 것도 싫어한다. 그런데 이렇게 자신의 뿌리인 부모를 싫어하게 되면, 아이의 자존감은 당연히 떨어진다.

아이에게 줄 수 있는 영향 ▶ 주목받는 것을 겁내게 된다.

음식이 늦게 나오거나, 종업원이 빨리빨리 안 오거나, 불친절하거나, 음식이 맛이 없으면 화를 내는 사람들이 있다. 부모가 식당에서 욱하면 아이는 당황스럽고, 부끄럽고, 무섭다. 더 치명적인 것은, 소리를 지르면 사람들이 주목하는데, 이런 상황에 자주 맞닥뜨린 아이는 살아가면서 사람들의 주목을 받게 되는 상황을 굉장히 두려워하는 사람이 될 수 있다는 것이다. 부모가 욱했고, 사람들이 주목했고, 부모는 더 욱했다. 나는 부끄럽고 무서웠다. 부끄럽고 마는 것이 아니라 주목받으면 항상 나쁜 일이 일어난다는 공식이 머릿속에 생긴다. 증상이 심한 아이들은 누가 자기를 쳐다볼까 봐 길을 걸을 때 땅만 보고 걷는다.

이런 배우자 다루는 법 ▶ 나가기 전에 몇 가지 약속을 한다.

가족은 늘 기분이 좋고 편안할 때 많은 이야기를 나눠야 한다. 가족 중 누가 욱하는지에 대해서, 그럴 때는 서로 기분이 어떻고, 어떻게 하면 좋을지에 대해서 의견을 주고받는다. 그리고 식당에 가기 직전에, 몇 가지 약속들을 확인하자. "오늘 우리의 목표는 어떤 상황이 돼도 기분 좋게 먹고 오는 것! 잊지 맙시다!"라고 확인하고 출발한다.

◆ 상황 3> TV를 보다가, 지나가는 사람을 보다가 욱한다!

욱 당사자에게 ▶ 다름을 인정하지 않는 것

두 가지만 짚어 보겠다. 그들과 일면식이 있는가? 그들이 나와 평생을 같이 할 사람인가? 두 가지 다 해당되지 않는다면 첫째, 나는 사소한 일에 격분하는 것이고 둘째, 다름을 인정하지 않는 것이다.

물론 다름 중에도 옳고 그름은 있다. 상식으로 볼 때 정답에 가까운 것은 있다. 그래도 그 사람이 나에게 크게 피해 주지 않는다면 다르다고 생각해야 한다. 다른 것이지 틀린 것이 아니다. 나와 다름을 인정하고 그 사람의 삶은 그 사람의 몫으로 내버려 둬야 한다. 그것이 공익을 해 친다든가, 개인의 권리를 침해하거나 법적으로 크게 문제가 된다면 욱할 수 있다. 그러나 그렇게 욱하는 것은 욱이라고 표현하지 않는다. '공분'이라고 한다. 그렇지 않은 것은 모두 다름이다.

우리 아버지들을 한번 생각해 보자. 젊었을 때 다들 욱 깨나 하셨다. 그것이 남자답다고 생각했다. 어머니들은 젊을 때는 아버지의 포악스러움에 죽은 듯 지내다가 나이가 들수록 같이 욱하게 된다. 여자들도 나이가 들면 남성호르몬이 많아지기 때문이다. 게다가 애들도 다 키워 놨고, 돈도 여자들이 관리했기 때문에 무서울 것이 없다. 여자가 포악스러워진다고 남자가 고개를 숙이고 친절해지는 것이 아니다. 늙은 아버지는 더 고집불통으로 똘똘 뭉친다. 그러면 아버지에게는 이제 말할 대상이 없어진다. 그래서 늙은 아버지들은 TV를 보면서 하루 종일 욱하고 있는 것이다.

지금 당신을 욱하게 만든 그 모습대로, 당신도 늙어서 그렇게 되지 않으리란 보장이 없다. 지금부터 조심해야 한다.

아이에게 줄 수 있는 영향 ▶ 부모를 불편하게 생각할 수도 있다.

TV를 보다가, 길거리에 지나가는 사람을 보다가 부모가 화를 내면서 욱한다. 그들과 내가 다름을 인정하지 않는 것이다. 이런 일이 심해지면 아이는 부모가 불편해진다. 자식도 나와 다르다. 다른 생각을 가지고 있다. '나도 저렇게 비난받지 않을까?' '마음에 안 든다고 미워하지 않을까?' 이것 역시 자존감과 연결된다. 자존감은 조건 없이 수용받고 존중받을 때 커지기 때문이다. 다름을 인정하지 않으면 아이의 자존감에 좋은 영향을 줄 수 없다.

이런 배우자 다루는 법 ▶ 안쓰럽게 생각해야 한다.

욱하고 있을 때는 말을 붙이지 않는 것이 좋다. 평상심일 때 이런저런 얘기를 해야 한다. 그리고 '다름'에 대한 이야기를 많이 나눠야 한다. 사실 우리가 보고 있는 것은 그 사람의 단면이다. 그 사람의 삶의 다른 부분에서는 굉장히 좋은 면이 있을 수도 있다. 그런데 단면만 보고 판단해서는 안 된다. 또한 이런 사람은 대부분 고집이 셀 가능성이 크며 본인의 자존감이 낮을 가능성이 높다. 그렇기 때문에 불쌍하게 생각해야한다. 따라서 이런 배우자를 미워하기보다 어떻게 도와줄까를 고민해야한다.

못 참는 아이 욱하는 부모

욱이
치미는 상황,
해결책을
찾으라

PART
03

CHAPTER 1

엄마는 바빠 죽겠는데
아이는 세월아 네월아

'빨리빨리 안 할 때'

CASE • • • • • • • • • •

"서희야, 너 지금 밥 먹고 있지? 오늘 8시에 나가야 해. 엄마 오늘은 절대 늦으면 안 된단 말이야."

서희 엄마는 욕실에서 머리를 감으면서 서희(만 4세)에게 말한다. 7시 반에 깨우기는 했는데, 아이가 너무 비몽사몽이라 거실 소파에 눕혀 놓고 테이블 위에 볶음밥을 올려놓은 터다.

"엄마, 나 뽀로로."

"알았어. 뽀로로 보면서 밥 먹어. 그럼 엄마 머리 감으러 간다."

아이가 대답이 없다. 왠지 불안하다.

"서희야, 너 왜 대답 안 해? 밥 먹고 있어?"

"어…. 먹고 있어."

입 속에 밥이 가득 든 서희의 대답. 하지만 머리를 다 감고 나와 보니, 두 숟가락이나 먹었을까? 시간은 7시 40분이다.

"엄마 늦는다고 했잖아? 밥 먹지 마. 빨리 옷이나 입어."

엄마는 밥을 치우고, 아이가 입을 옷을 가져다줬다. 옷을 가져다주면서 엄마는 TV를 꺼 버렸다.

"왜 꺼? 지금 에디가 루피한테 가는 중이라고!"

"너 또 TV만 보다가 옷도 안 입고 있을 거잖아. 너 엄마 머리 말리고 화장하는 동안 옷 다 입어야 해."

서희는 입이 오리가 되어 엄마가 가져다준 옷을 봤다.

"나 이거 안 입어. 분홍색 원피스 입을 거야."

"그거 월요일에 입었잖아? 아직 안 빨아 놨어. 오늘은 이거 입어."

"싫어. 나 민아랑 그거 입기로 약속했단 말이야."

"그럼, 어제 말했어야지. 오늘은 그냥 입어."

시계를 보니 7시 50분, 엄마는 마음이 조급해진다. '8시에 유치원 버스를 태워야 하는데, 그래야 아침 회의에 안 늦는데….' 엄마는 대충 머리를 말리고 화장을 하고 옷을 입었다. 7시 55분.

"다 입었니?"

거실에 나와 본 엄마는 깜짝 놀랐다. 서희는 잠옷 그대로 다시 뽀로로를 보고 있었다.

"너 뭐야? 옷 하나도 안 입었어?"

"저거 싫어. 안 입어. 내가 다른 걸로 고를 거야."

아이는 자기 서랍장 쪽으로 갔다.

"지금 언제 골라? 유치원 버스 온다고! 엄마 늦어!"

8시. 엄마는 유치원 버스 기사에게 전화했다. 10분만 기다려 달라고 말했다. 기사님은 그럴 수 없다고 하며 일장연설을 했다. 한 집 한 집 사정을 다 봐주기 시작하면 9시 안에 아이들을 모두 등원시킬 수 없다는 것. 엄마는 한숨을 내쉬며 회사에 전화해 아이가 아파서 30분 정도 늦는다고 거짓말을 했다. '아, 정말. 이런 말을 해야 하는 이 상황이 너무 싫다.'

"야, 이서희!"

서희는 서랍을 다 뒤집어엎고 땡땡이 양말을 찾는 중이다.

"너 진짜 왜 그래? 왜 이렇게 힘들게 해? 빨리 좀 못 해?"

서희는 아랑곳하지 않고 계속 양말을 찾고 있다. 갑자기 욱! 아이가 너무 얄미워 보였다. 엄마는 감정을 담아 서희 머리에 꿀밤을 주었다.

"아! 아프잖아. 아프단 말이야. 엄마, 나빠!"

서희는 울음을 터트렸다. 서랍 안에 있는 옷을 다 던지면서 엉엉 울어 댄다.

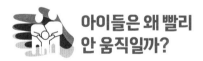

아이들은 왜 빨리 안 움직일까?

단도직입적으로 답하자면, 아이들은 쾌락 위주이기 때문이다. 아이들은 지금 무슨 상황이든 "뽀로로"가 재미있으면 그것을 더 보고 싶어 한다. 게임이 재미있으면 게임을 한다. 블록이 재미있으면 엄마가 뭐라든 그것을 붙잡고 있다. 아이는 몇 시까지 준비하고 나가지 않으면, 어떤 일이 벌어지고, 다른 사람이 불편하게 될 수도 있다는 생각을 하지 못한다. 그게 아이다.

아이가 서두르지 않는 이유는 정말 심플하다. 대부분의 아이들이 "뽀로로"에 눈을 고정한 채 바지 한쪽에만 다리를 넣고 있는 것은, 그냥 그게 더 재미있어서다. 부모를 곤란하게 만들기 위해서가 아니다. 그러면 어떻게 해야 할까? 가르치면 된다. 나이에 맞게 차근차근 가르치면 된다.

많은 부모들이 어떻게 가르쳐야 하는지 잘 모른다. 그저 채근만 한다. 빨리하라고 강요만 한다. 아이가 늦어질수록 부모의 감정은 액셀을 밟기 시작한다. 마음이 점점 급해진다. 너무 급해지면 미칠 것 같다. 미칠 것 같아 도저히 참을 수 없을 때 부모는 그 감정의 덩어리를 아이에게 던진다. 아이에게 소리를 지르며 화를 내고, 거친 말을 하고, 머리를 쥐어박고, 등짝을 때리고, 꿀밤을 먹인다. 부모 마음 안에 불편한 감정덩어리를 만든 것이 '아이'라는 것이다. 일이 잘못된 원인을 아이에게 모두 귀결시키는 것이다. "너 때문에 늦었잖아. 너 이렇게 엄마 속 썩일 거야?" 정말 이 모든 게 아이 때문일까?

부모의 마음을 안다. 빨리 준비하고 나가야 하는 상황, 옷을 빨리 입었으면 좋겠는데 넋 놓고 만화만 보거나, 끊임없이 "엄마, 근데…" 하면서 종알종알 말을 걸거나, 느닷없이 입겠네 못 입겠네 옷 타령을 해 대면 꼭 빨리하기 싫어서 일부러 그러는 것 같아 얄밉다. 어떤 엄마는 그런 상황에 어떻게 욱하지 않을 수 있느냐고 되묻기도 한다.

그런데 딱 한 발만 물러나 생각해 보자. 아이도 태어나서 3~4년 살면, 자기 나름대로 전후맥락이 있고, 궁금한 것이 있고, 항변하고 싶을 때가 있다. 자기 나름대로 하루를 사는 방법도 있다. 아이들이 그렇게 행동하는 것은 다 이유가 있다. "뽀로로"를 그 시간에 꼭 봐야 하는 이유, 종알종알 말을 거는 이유, 그 옷이 입고 싶지 않은 이유가 있다. 그 이유가 부모 입장에서는 이 상황에서 말도 안 되는 것처럼 생각될지라도 아이 입장은 다르다. 빨리 안 하는 아이가 얄밉기만 하다면, 그것은 '아이 입장'에 대한 배려가 없는 것이다.

아이가 빨리빨리 안 해서 답답한 마음은 부모 안에 있다. 그 마음의 주인은 부모다. 밖에서 아이가 준 것이 아니다. 그 마음은 부모 안에서 만들어졌고, 계속 액셀을 밟아 대다 마지막에는 결국 사고를 낸 것도 부모다. 욱은 부모가 만든 감정이다. 아이가 빨리 움직였으면 하는 상황이라면, 상황에 맞게 나이에 맞게 가르치면 된다. "늦으면 안 돼. 그렇기 때문에 정해진 시간이 되면 엄마가 너를 번쩍 들어서 나갈 거야"라고 말해 주고 약속한 시간에 나가면 된다. 왜 그것이 안 될까?

빨리빨리 안 하는 아이를 보면서 부모의 내면에서는 수많은 감정이 건드려진다. 마음이 복잡하고 불편해진다. 그 감정을 자신이 더 이상 가지고 있을 수 없어 아이한테 "너 자꾸 엄마한테 이럴래?"라고 소리를 지르는 것이다. 부모가 욱하면 아이는 어떨까? 아이의 심정은 '내가 뭘?'이다. '내가 뭘 어쨌다고 이 난리야?' 하는 마음이다. 한마디로 황당한 것이다. "말도 정말 안 듣네. 계속 그러면 맞을 줄 알아!" 하면 아이는 '내가 왜 맞는데?'가 된다. 그래서 화가 머리끝까지 난 부모에게 말대꾸까지 하다가 정말 맞기도 한다. 아무리 어린아이라도 '이건 내 잘못이 아닌 것 같은데?'라고 느낀다. 아이도 자기 방어를 하느라 말대꾸를 하게 되는 것이다. 그런데 맞기까지 하면 얼마나 억울할까?

부모가 "빨리 준비해"라고 하면, 아이는 왜 "네"라고 해야 할까? 왜 부모가 말하면, 아이가 한 번에 "네" 하면서 말을 들어야 할까? 아이에게도 상황이 있다. 대드는 것이 당연하다는 말이 아니다. 아이 입장에서는 상황이 잘 납득이 안 되는데, 혹은 정말 재미있는 것이 있는데, 왜 단번에 "네" 하기를 기대하냐는 것이다. 무리한 기대다. 이렇게 말하면 "원장님, 그럼 그냥 둬요?"라고 되묻는다. 그냥 두라는 얘기가 아니다. 기본적으로 이런 시각으로 바라봐야 화가 덜 난다는 이야기다.

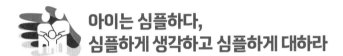

아이는 심플하다,
심플하게 생각하고 심플하게 대하라

사례에서 서희 엄마가 한 "어제 말했어야지" "미리 골라 놓지"와 같은 말은 아이 탓으로 원인을 돌리는 것이다. '네가 어제 말했으면 지금 이런 상황은 안 만들어졌을 것이고, 내가 편할 텐데 왜 나를 불편하게 하니?'이기 때문이다.

엄마는 어제 아이한테 "내일 입을 옷 미리 골라 놔" "내일 무슨 옷 입을 거니?"라고 묻지 않았다. 어른들의 대화라면 엄마 말이 맞을 수도 있다. "미리 좀 골라 놓지. 왜 아침에 와서 이래?" 어른은 자신의 생활을 자신이 책임지고 조절해야 하기 때문 그 말이 맞다. 하지만 아이는 아직 아니다. 그러니 엄마 말은 틀리다. 본인 문제로 본인이 불편해진 것을 아이 탓으로 돌리는 것이다.

그렇다면 이런 상황에서는 어떻게 말해 주는 것이 좋을까? "그래? 엄마가 골라 놓은 옷이 마음에 안 들 수도 있으니까, 오늘부터는 전날 골라 놓자. 그런데 오늘은 시간이 없어. 네가 마음에 안 드는 것은 알겠는데, 오늘은 안 돼." 이렇게 해야 한다. 부모가 이렇게 말해도 아이는 짜증내고 발버둥치면서 울 수 있다. 이때 같이 화를 내면 안 된다. 아이가 느끼는 감정적인 반응은 당연한 것이라고 생각해야 한다. 엄마의 말로 일어난 감정의 반응은 쉬이 가라앉지 않을 수 있다. 그렇게 얘기해 주고, 아이가 못 받아들여도 옷을 챙겨서 아이를 번쩍 안고 나와야 한다. 이때 아이를 협박하지 말아야 한다. "너 계속 그러면 엄마 진짜 화낼 거야." 이런 말은 필요 없다. 그냥 데리고 나오면 된다. 그것으로 아이에게 '상황은 알겠어. 네 마음에 안 드는 것도 알아. 하지만 지금은 나가야 하는 시간이야'라는 메시지를 가르쳐 줄 수 있다.

아이는 심플하다. 단지 자기 마음에 드는 옷을 입고 싶은 것이다. 그것이 잘못은 아니다. 그런데 오늘은 상황이 안 된다. 그러면 엄마도 심플하게 "알겠어. 하지만 지금은 그럴 시간이 없어. 나가야 돼" 하면 된다. 그 과정에서 얌전하게 엄마의 말을 따르고, 재빠르게 움직이고, 우는 것을 깔끔하게 그치기를 바라서는 안 된다. 그것은 엄마가 통제할 수 있는 일이 아니다. 아이가 운다. 하지만 나가다 보면 울음을 그친다. "거 봐, 그칠 거면서" 이런 말은 하지 말라. 그치면 그치는 대로 두어야 한다.

단, 지난번에는 비슷한 상황에서 30분 만에 그쳤는데, 이번에는 15분 만에 그쳤다면, 그것은 칭찬해 준다. "서희야, 엄마가 보니까 너 지난번보다 울음을 빨리 그치네." 이렇게 해 주면 된다. 아이를 심플하게 생각하고 심플하게 다루라. '내가 이 상황에서 뭘 가르쳐 주어야 하나? 마음에 안 들어도 나갈 시간에는 나가야 한다는 것을 가르쳐야 되겠구나' 하면 그것을 가르치면 된다.

통제적인 육아 태도를 가진 부모는 아이가 자기 말을 꼭 들어야 한다고 생각한다. 아이가 조금이라도 통제에서 벗어나거나 말을 안 듣는 것을 못 견딘다. 그런데 아이는 로봇이 아니다. 감정을 가진 인격체다. 어떻게 매번 엄마 말대로 하고 싶겠는가. 만약에 학교 선생님이 "이 책상 저기에 좀 갖다 놔"라고 했을 때, 무조건 "네" 하고 말을 들어야 하는가? "왜요, 선생님?" 하고 물어볼 수 있지 않은가? 선생님이 "아이들이 지나가다가 다칠 수도 있으니 옮기려고. 선생님이 팔을 좀 다쳤거든. 그러니까 네가 도와줬으면 좋겠다"라고 설명하면 대개 아이들이 "네" 한다. 이렇게 되어야 하지 않을까?

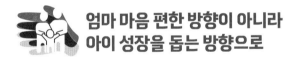

엄마 마음 편한 방향이 아니라 아이 성장을 돕는 방향으로

빨리 안 한다고 욱하는 것 중 단골은 '아이 숙제'다. 숙제는 해야 한다고 가르쳐야 한다. 숙제는 공부이기 때문만이 아니라 책임감을 기르려는 목적도 있다. 자신의 일을 완수하고 선생님과의 약속을 지켜야 한다는 것을 가르쳐야 한다. 따라서 그것을 해 나가는 과정에서 주는 지침은 아이의 성장에 도움이 되는 것이어야 한다.

"숙제는 꼭 해야 해"라고 엄마가 말했다. 아이가 "왜요? 선생님이 검사도 안 하는데?"라고 대답한다. "선생님께 혼나지 않으려고 숙제를 한다면 그리 좋은 것이 아니야. 숙제는 너희한테 필요하기 때문에 너만이 아니라 반 전체한테 내 주고 해 오라는 거야. 힘들어도 다들 참고 하는 것은 너도 참고 해야 해. 그것을 습관화하는 것을 배워야 하기 때문에 숙제를 내주는 거야"라고 말해 주는 것이 지침이다. 여하튼 꼭 해 가야 한다는 것이다.

숙제하는 시간은 아이가 정해야 한다. "오늘 하긴 해야 하는데, 시간은 네가 정해. 어떻게 할래?" "10시요." "10시부터 했을 때 너무 늦어지면 네가 잠을 못 자잖아?" 이 정도는 도와줘도 된다. "조금 일찍 시작해야겠다. 그때는 안 될 것 같아. 자야지." "그럼 9시요." "오케이, 그럼 한 30분 안에 끝낼 수 있는 분량인지 봐." "어? 의외로 많네." "그럼 좀 일찍 시작하는 것이 어떨까?" 이처럼 '숙제는 해야 해. 힘들어도 하는 거야. 시간은 네가 정해 보렴' 하는 식으로 대화가 진행되어야 하는 것이다. 기준을 정하는 과정에서 유연성을 설정하는 것은 부모와 함께 배우는 것이다. 이렇게 해야 기본적인 규칙을 받아들이고, 자기조절을 해 나가는 것을 배우면서 아이가 성장할 수 있다.

"당장 해"는 부모가 일방적으로 정한 기준이다. 정확히 말하면 부모 마음이 편하자고 잡은 기준이다. 부모들은 아이를 다그칠 때 '지금 바로' '말이 떨어지자마자' 아이가 시작해서 빨리 끝내기를 원한다. 그래야 내 마음이 편하기 때문이다. 너무 경직된 기준을 들이대 놓고, 아이가 그것을 따르지 않으면 내 마음이 불편하니까 아이를 채근하고 강요하고 집요하게 여러 번 명령을 반복한다. 아이가 빨리빨리 하지 않아 욱할 때, 반드시 생각해 보아야 하는 것은 '이 모든 방향이 나를 위한 것인가? 아이를 위한 것인가?'이다.

아이가 9시까지 한다고 해 놓고 안 했다. 그럴 때 보통은 아이에게 "네 말을 들은 내가 잘못이지" 하면서 속으로는 '그렇게 참고 믿어 줬는데'라는 생각을 하면서 배신감(?)을 느낀다. 시행착오는 여러 번 경험시켜야 한다. 아이는 그 안에서 배운다. 늘 시행착오를 경험시키지 않고, 어른인 내 입장에서 옳은 기준, 좋은 결과가 나올 것을 제시하며 이대로 빨리 하라고 강요하는 것도, 역시 내 마음이 불편하지 않기 위해서다. 아이가 시행착오를 겪는 모습을 보면, 내 마음이 불편하다. 아이가 숙제를 안 해 가서 선생님한테 혼나는 것을 내가 차마 볼 수가 없다. 결국은 내가 그 불편감을 경험하지 않으려고 아이한테 시행착오를 경험시키지 않는 것이다.

학교를 가기 전의 어린아이라면 어떨까? 유아기에도 해야 할 '뭔가'가 있다. 아마도 한글과 관련된 학습일 것이다. 이 아이들에게도 '지금 즉시'와 같은 경직된 지시를 내려서는 안 된다. 그런데 이 시기 아이들은 시간을 본인이 정하기가 어렵다. 좀 더 구체적인 지침을 줘야 한다.

아이가 한글 공부를 미루고 "뽀로로"를 보고 있다고 치자. 엄마가 시계를 가리키며 "바늘이 여기까지 가면 뽀로로 끝나니까, 끝나고는 숙제를 해야 해. 너 일찍 자니까"라고 말해 준다. 그런데 아이가 안 따랐다. 그러면 화를 낼 것이 아니라 한번 경험시켜야 한다. 그리고 다음 날 다시 얘기해야 한다. "서희야, 엄마가 어제 가만히 보니까 네가 저녁을 먹고 나면 졸려 하는 것 같아. 저녁 먹고 나서 한글 공부하는 것은 어려울 것 같으니까 오늘은 먼저 하고 놀아 볼까?" 이렇게 아이에게 순서를 바꿔 보자고 제안하는 것은, 시행착오를 경험시키면서 아이한테 자기를 조절하는 법을 가르치기 위함이다.

어제 실패하고 오늘 바로 성공하지는 못한다. 실패했지만, 오늘 한 번 더 해 보겠다고는 할 수 있다. 그러면 해 보게 해야 한다. 아이가 '아, 이렇게 해야겠구나'라는 생각을 스스로 할 수 있을 때까지 시행착오를 여러 번 반복해야 한다. 어떤 것들은 반복하면 그것에 의해서 개념이 생기고, 그 개념에 따라 몸이 적응된다. 그것이 중요한 것이다. 만약 아이가 유난히 지시를 안 따르고 엄마 말을 안 들을 때는, 먼저 좋은 관계를 맺는 것이 우선이다. 좋은 관계를 맺는 가장 좋은 방법은 신 나게 놀아 주는 것이다. "엄마가 한 30분 신 나게 놀아 줄게. 그러고 나서 하자"라고 하면 아이들이 잘 따른다.

외출을 해야 하는데 준비하는 것이 늦다면, 앞서 여러 번 강조한 것처럼 엄마가 말한 대로 행동하면 된다. "네가 그 시간까지 옷을 입으면 좋겠는데, 준비가 안 되어 있으면 엄마가 그냥 안고 나갈 거야. 시곗바늘이 여기까지 오면 나갈 거야." 아이가 "옷을 안 입었으면?" 하고 물어볼 수 있다. "옷은 들고 나갈 거야." 이 정도로 말해 주면 된다. 현실적으로 기다려 줄 수 없는 상황이라면, 행동으로 옮겨야 한다. 마냥 기다려 주는 것은 아이한테 도움이 안 된다. 현실적으로 시간에 맞춰서 해야 하는 일은, 그 시간 안에 처리해야 한다는 것을 알게 해야 한다.

엄마가 워킹맘이라면, 하루 정도는 전화해서 "오늘 제가 아이 때문에 늦겠는데요" 할 수 있다. 하지만 매일 그럴 수는 없다. 그러면 아이에게도 얘기해야 한다. 엄마가 무조건 8시 10분에 나가야 할 때는 "엄마가 8시까지는 기다려 줄 건데, 안 될 때는 어쨌든 나가야 된다"라고 한다. 양치를 안 했다면 어린이집 선생님한테 칫솔을 주면서 "좀 도와주세요. 죄송해요"라고 요청하거나, 옷을 안 입었으면 대략 벌거벗지만 않은 상태로 겉옷을 입힌 다음 옷을 챙겨서 어린이집 선생님께 도움을 청해야 한다. 그래야 어쨌든 그 시간에는 나가야 한다는 것을 가르칠 수 있다.

많은 엄마들이 하는 실수가 있다. 8시까지는 기다려 준다고 해놓고 계속 채근하는 것이다. 아이가 아직 어리기 때문에 중간중간에 얘기는 해 줘야 한다. 그러나 "8시 다 되어 간다. 얼른 해." 이 정도가 딱이다. 더 이상 채근해서는 안 된다. 엄마가 "옷 입어" 해 놓고 엄마 볼일 보고 오면 대부분의 아이들이 옷을 안 입고 있다. 우리 아이만 그런 것이 아니다. 그럴 때 "너는 왜 이렇게 말을 안 듣니?" 할 것이 아니라 입는 것을 도와줘야 한다. 예를 들어 바지에 두 다리를 끼워 준 후, 그다음은 아이보고 하라고 한다. 이렇게 하는 것이 엄마에게나 아이에게나 실질적으로 도움이 된다.

한가한 날 연습을 해 볼 수도 있다. 회사나 유치원에 갈 필요가 없는 주말에 마트에 가기 전에 "○○시 ○○분까지 준비해 봐" 하고 시켜 본다. 그리고 아이가 어떻게 준비하는지 잘 관찰한다. 엄마의 마음이 여유로운 때라 아이를 빨리 준비시키려면 어떤 도움이 필요할지 더 잘 보일 것이다.

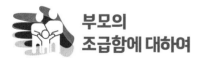

부모의 조급함에 대하여

자, 이제 부모 이야기를 좀 해 보자. 왜 이런 상황에서 욱하는가? 아이가 빨리빨리 안 하는 것이 제일 극명하게 드러나는 상황은 첫째, 데드라인이 있는데 아이가 빨리빨리 안 움직일 때다. 등교 시간이나 외출 시간이 여기에 포함된다. 둘째, 과제를 수행해야 할 때다. 일단 시작을 해야 언젠가는 끝이 날 텐데, 아이가 시작도 안 하고 있거나 자꾸 미루고 있을 때가 그렇다.

이럴 때 왜 욱할까? 가장 큰 이유는 '조급함' 때문이다. 그렇다면 왜 조급해질까? 조급해지는 데는 크게 세 가지 이유가 있다. 첫 번째는 본인이 계획해 놓은 틀에서 벗어나면 당황스럽고 불편해지기 때문이다. 왜냐하면 우리는 계획을 세우면서 그걸 이루겠다는 마음의 준비도 한다. 마음의 준비는 그만큼까지는 내가 받아들이겠다는 것이다. 그 정도까지는 자신이 마인드컨트롤을 하면서 여유를 찾고 있겠다는 것이다. 예를 들어 2시에 집을 나서야 한다. 좀 늦어진다고 해도 마음속의 데드라인을 2시 30분으로 정해 놓았다. 그 시간까지는 그럭저럭 견딜 만하다. 그런데 2시 32분이 되면 겨우 2분 만에 막 초조해지기 시작한다. 마음의 평정심이 깨지면서 2분 사이에 무척 불편해진다. 그리고 이 상황을 만든 것이 모두 아이 탓인 것 같다. 아이 입장에서는 말도 안 되게 억울한 일이다. 결과를 예측해서 다양한 경우의 수를 생각할 수 있다면, 그게 어떻게 아이겠는가?

두 번째는 그렇게 해서 생겨나는 결과가 싫기 때문이다. 늦어서 누군가에게 한소리 듣는 것도 싫다. 아이가 30분까지 유치원 버스를 타야 하는데, 늦으면 기사 아저씨 표정이 안 좋다. 엄마는 그게 싫다. 그냥 싫은 정도가 아니라 그 밑바닥에는 내 자식이긴 하지만, 아이가 저지른 일로 인해서 내가 싫은 소리를 듣는 게 싫은 면도 있다. 본인은 잘 인지하지 못하지만, 그게 몹시 싫은 것이다. 이런 사람들은 다른 사람 때문에 욕을 먹거나, 다른 사람으로 인해서 단체로 혼나는 것을 매우 싫어한다. 이런 사람들은 뭐든 책임의 소재를 분명히 하려고 한다. 자신이 잘못한 것은 책임을 잘 진다. 싫은 소리를 들어도 잘 감내한다. 네 것과 내 것의 선이 분명한 사람들이다. 남이 내 볼펜을 허락 없이 만지는 것도 싫다. 경계가 분명한 것까지는 좋은데, 자칫 잘못하면 타인에 대한 포용력이 떨어질 수 있다. 늘 선을 긋고, 경계를 지켜 자기 인생의 평정심을 유지하기 때문에 그 경계를 넘나드는 것이 굉장히 불편하다. 이런 엄마는 아마 본인이 해야 할 업무와 과제 수행은 아주 잘할 것이다.

전자와 후자는 비슷한 측면이 있지만, 약간 다르다. 전자는 삶을 굉장히 통제하고 있다. '나는 오늘 이렇게 하고 아이도 이 시간까지 준비시켜서 나갔으면 좋겠다'이다. 상당히 계획적이고 자기 방식으로 틀을 잡아가면서 평정심을 찾는 사람들이다. 이런 부모들은 아이도 자꾸 통제하려고 든다. 매사 "빨리해! 빨리빨리!" 한다. 통제의 틀에서 벗어나면 조급해진다. 조급해지는 본질은 불안이다. 불안이 높아져서 불편해지는 것이다.

후자는 평가에 예민한 사람이다. 주변 사람이 보는 눈이 중요하다. '네가 좀 빨리 움직였으면 내가 욕 안 먹잖아'이다.

세 번째는 지나치게 걱정이 많은 것이다. 네다섯 살 아이가 유치원 준비를 빨리 안 하는 장면을 보고, 갑자기 30년 후를 생각한다. '이래 가지고 이 복잡한 세상을 잘 살아갈 수 있을까?' 이런 사람들은 아이에게 채근하면서 무리한 요구를 한다. "너 이렇게 게을러서 어떻게 하니?" 사실은 아이가 걱정이 돼서 하는 말이다. 하지만 아이의 미래는 아무도 모른다. 도를 지나쳐 망상 수준이 된 걱정은 오히려 아이의 자존감에 흠을 낼 뿐이다.

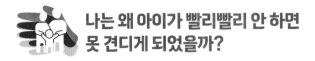

나는 왜 아이가 빨리빨리 안 하면 못 견디게 되었을까?

　나는 왜 조급함을 가지게 되었을까? 어린 시절에 부모로부터 아이들이 그 나이에 저지를 수 있는 미숙함, 아이라서 당연한 것들을 수용받고 크지 못한 경우 그럴 수 있다. 작은 실수에도 혼이 많이 났거나, 혼이 나지 않으려고 마음을 졸였거나, 부모에게 잘 보이려고 너무 애를 쓴 경우(결국 혼이 나지 않으려는 것이다) 그럴 수 있다. 참 편하지 못하게 큰 것이다.

　자주 심하게 혼나는 아이는 불안해진다. '이렇게 했을 때는 안 혼났지?' 하면서 혼나지 않는 틀을 스스로 만들게 된다. 이 틀들은 대부분 굉장히 경직되어 있고, 아이는 그 틀 안에서 안정감을 찾는다. 어떤 사람은 자신은 부모에게 혼난 기억이 없다고 하는데, 아이한테 하는 행동을 보면 심하게 혼나면서 자란 사람처럼 한다. 어떤 부모는 자식을 직접 혼내거나 거친 말을 하지는 않는데, 본인의 감정이 늘 모호하다.

　아빠가 일을 끝내고 집에 왔다. 아이가 보기에 아빠 기분이 나쁜 것 같다. 이러면 아이들은 '뭐가 안 좋은가 보네. 건드리지 않아야겠다'고 생각하고 조심한다. 용기를 내서 "아빠, 무슨 일 있어요?"라고 물었지만 아빠는 "아니"라고 한다. 하지만 뭔가 있는 것 같다고 느낀다. 우리는 언어적 의사소통만 하는 것이 아니라 감정적인 의사소통도 한다. 그런데 뭔가 명확하지 않다. 안개 속에 있는 느낌이다. 아이는 혼나지 않으려고 꼬리를 탁 내리게 된다. 누가 호되게 혼을 낸 것은 아니지만 냉랭한 집안 분위기 속에서 크면, 첫 번째 사례와 같이 틀이나 경계가 확실한 사람이 될 수 있다.

칭찬의 힘은 크다. 하지만 적절하게 잘해야 그 힘을 발휘한다. 요새 부모들을 보면 아이의 자신감을 길러 준다며 칭찬을 굉장히 많이 한다. 그런데 그냥 "잘했어"라고 하는 것은 굉장히 무서운 칭찬이다. "잘했어" "최고야" 이런 말은 자칫 잘못하면 아이가 부모의 사랑에 대해서 의심하게 만든다. 보통 이런 말은 아이가 어떤 일을 잘했을 때, 성공했을 때, 결과가 좋을 때 한다. 칭찬이 과하면 부모가 어떠한 결과나 조건에 관계없이 나를 사랑해 준다는 생각이 안 들 수 있다. 내가 잘해야만 예뻐하고 사랑한다고 생각할 수 있다. 이렇게 되면 아이는 부모에게 지나치게 잘 보이려고 한다. 부모가 나를 상황과 상태, 조건에 관계없이 언제나 사랑한다는 믿음이 흔들리는 것이다. 잘 보여서 사랑받고, 잘하는 모습을 보여서 인정받는다면 굉장히 가여운 것이다. 어린 시절을 그렇게 자란 사람은 자녀에게도 그럴 수 있다.

이런 사람들은 본인이 계획하고 예상했던 방향과 틀대로 움직였을 때에만 안정감을 찾기 때문에, 거기서 벗어나면 아이한테 자꾸 "빨리해. 엄마가 20분까지 하라고 했지?" 한다. 그 밑바닥에는 조급과 불안이 있다. 이런 불편한 마음은 결국 아이한테 전염된다. 아이도 불편하고 불안해진다. 나와 같이 그 나이에 저지를 수 있는 미숙함을 인정받지 못하고, 나와 같이 편치 않은 어린 시절을 보내게 되는 것이다. 그리고 어쩌면 나와 같은, 어쩌면 나보다 더 욱하는 부모가 될지도 모른다.

THINK ABOUT **PARENTING** ❼

엄마는 혼내기 담당, 아빠는 칭찬 담당?

유아기나 초등생 아이들을 키우는 부모들 중에는 훈육과 칭찬의 역할을 나누는 경우가 의외로 많다. 육아에 대해서 대화를 전혀 안 나누는 부모보다는 어떤 형태로든 대화하는 것이니 낫다면 낫지만, 그리 바람직하지는 않다.

"혼내는 것은 내가 담당할게. 당신은 아이를 잘 못 보니까 칭찬만 해 줘. 내가 혼내고 나면 좀 보듬어 안아 줘."

이런 식으로 역할이 경직되게 정해지면, 한쪽 부모는 계속 나쁜 역할을 맡게 된다. 그러면 그 부모는 아이와의 관계가 나빠질 수 있다. 이는 아이의 정서 발달이나 교육에 큰 타격을 입힌다.

아이는 가르침을 받는 존재다. 가르침은 가르쳐야 되는 상황에서 함께 있는 어른이 해야 한다. 그 사람이 누가 되었든. 심지어 동네 아저씨라도 어른의 입장에서 아이가 문제 행동을 할 때는 "그렇게 하면 안 된다"라고 가르쳐야 한다. 그런데 '나는 칭찬 담당이니까 이따가 엄마 오면 가르쳐 줄게' 하고 가르침의 타이밍을 미루면 안 된다. 늘 유연하게, 그때그때 아이의 문제 행동 앞에 서 있는 어른이 아이를 잘 가르쳐야 한다. 아이는 절대로 한 번에 배울 수 없다. 같은 것이라도 여러 번 가르쳐야 한다. 그런 측면에서 부모의 역할을 경직되게 나누는 것은 바람직하지 않다.

CHAPTER 2

아무리 어르고
달래도 헛수고
'안 자고 안 먹을 때'

CASE • • • • • • • • • • •

수지 엄마는 지금 삶은 닭고기 살을 잘게 찢고 있다. '이건 좀 잘 먹을까?' 이유식을 시작한 지 넉 달 째, 남들은 이유식 진도가 쭉쭉 나가건만, 수지(생후 10개월)는 도대체 진행이 안 된다. 수지가 잘 받아먹는 것은 감자죽이나 흰쌀죽 정도. 다양한 음식을 먹어 보는 것이 중요하다는데, 수지는 조금만 덩어리가 커도, 한 가지 재료만 더 추가되어도 바로 뱉어 낸다. 어제도 감기 때문에 동네 병원을 갔다가 의사 선생님에게 혼이 났다.

"어머니, 수지는 또래에 비해 체중이 너무 적네요. 키도 작은 편이고요. 이유식 제대로 하고 계시죠? 지금쯤이면 덩어리가 있는 진밥으로 반 공기는 먹어야 해요. 고기도 매일 먹여야 합니다."

수지 엄마도 그랬으면 좋겠다. 수지가 넙죽넙죽 잘 받아먹고, 살도 포동포동 오르고, 키도 쑥쑥 컸으면 정말 소원이 없겠다. 하루 종일 수지 먹일 것만 생각하고, 세 끼에 과일 간식까지 챙기지만, 수지의 입맛은 정말 까다롭다. 많이 먹지도 않고, 덥석 먹지도 않고, 다양하게 먹지도 않는다. 수지 엄마는 병원을 갈 때마다, 수지 또래의 다른 아기를 볼 때마다, 친척들을 볼 때마다 죄인이 된다.

"5개월? 어머, 10개월이에요? 많이 작구나."

"얘, 아직도 그것밖에 안 먹니? 팍팍 좀 먹여라. 그렇게 먹이니 애가 안 크지."

찢은 닭고기 살을 한 번 먹을 분량만큼 나눠 냉동실에 넣는데, 수지의 칭얼거리는 소리가 들린다. 어휴, 한 시간만 좀 자 주지. 겨우 30분 만에 깨서 칭얼거린다.

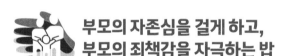

부모의 자존심을 걸게 하고, 부모의 죄책감을 자극하는 밥

먹고 자는 것은 아이의 생존에 가장 필요한 일이다. 이것을 잘해 주는 것이 부모의 의무임은 누구도 부정하지 않는다. 자식을 낳으면 젖을 먹이고, 울면 달래고 재워야 한다는 것은 인간의 역사가 시작된 이래 유전인자에 코딩되어 있는 부모의 의무다. 그런데 겉으로는 말할 수 없지만 속으로는 이것 때문에 아이가 몹시 밉다면, 부모의 마음이 어떨까? 엄청난 죄책감이 자극된다.

잘 안 먹고, 안 자는 아이들은 일어나서 잘 때까지 하루 종일 부모의 속을 썩인다. 10분도 제대로 쉴 수가 없다. 수시로 먹여야 하고, 수시로 달래야 하고 재워야 한다. 몸과 마음이 무척 힘들다. 하지만 그렇다고 "나 너무 힘들어서 더 이상 못 하겠어!"라고 할 수 없다. 숙제는 간혹 안 봐 줄 수도 있다. 하지만 안 먹이고 안 재우면 비난을 받는다. 아이를 잘 먹이고, 잘 재우는 것은 부모의 가장 기본적인 역할이다. 아이를 굶기는 부모는 천하의 나쁜 인간이다. 사람들의 머릿속에 이렇게 각인되어 있고, 부모 자신에게도 이렇게 각인되어 있다.

그렇긴 한데 이 문제가 정말 수월하지 않다. 숙제는 없는 날도 있지만, 먹이고 재우는 것은 '항상' '매일' 겪는 문제다. 먹이고 재우는 것만큼(특히 먹이는 것은) 부모의 자존심을 걸게 하고, 죄책감을 자극하는 문제는 없는 것 같다.

그래서 정말 그러면 안 되는 것을 알면서도 부모는 이 때문에 욱하기도 한다. 순간적으로 '내가 이렇게까지 노력하는데도 너 정말 너무한다'라는 마음이 들기 때문이다. 그러면서 화가 나는 자기 자신에 대해, '내가 부모가 돼서 조그만 아이가 안 먹고 안 잔다고 화를 내다니, 내가 이것밖에 안 되는 사람이었나?' 하는 죄책감에 마음이 더 힘들어진다. 아이가 두 살 전일 때는 아이 때문에 힘들다고 생각하면서도, 사실은 아이가 화를 돋구는 부분이 많지 않다는 것을 부모 스스로도 안다. 그래서 어린아이에게 이것 하나 맞춰 주지 못하고 화를 내는 자신이 무능하다는 생각도 한다.

젊은 부모들은 아이가 잘 먹고 잘 자지 않는 것 때문에 결혼 생활의 첫 번째 위기를 맞는다. 몸과 마음이 너무 힘들어지면, 우리 안에 깊숙이 숨겨 둔 미성숙함이 슬슬 고개를 든다. 엄마는 엄마대로, 아빠는 아빠대로 각자가 가지고 있는 인간적인 미성숙함이 있다. 미성숙함은 각자가 가지고 있는 성격적인 문제라고도 할 수 있다. 부부가 서로 성격적 결함을 드러내면서 극도로 갈등하게 되기도 한다.

육아는 인간의 성장을 도와주는 여정이다. 누구나 인간적인 미성숙함이 있고, 이것은 대체로 육아 초기에 새삼스럽게 발견되는데 많은 사람이 자신에게 실망하고 당황한다. 그중 소수는 아이를 키우면서 자신의 성격적인 문제를 좀 더 좋은 방향으로 성장시켜 결국 인간적으로 성숙해지는 기회가 된다. 하지만 그중 다수는 그러지 못한다. 너무 힘들어서 서로 탓을 하며 헐뜯고, 아이 탓을 하고, 자기 탓을 하면서 몸과 마음에 많은 상처를 입는다. 심각한 우울증이 생기는 부모들도 꽤 많다.

이 시기에 누군가가 육아를 도와주면 굉장히 도움이 된다. 그런데 그게 여의치 않은 상황이면, 그것이 남편이든 친정 식구든 시댁 식구든 그 서운함이 뼛속 깊이 사무친다. 보통의 서운함과는 종류가 다르다.

사실 첫아이 같은 경우, 남편들도 한창 일을 많이 해야 하는 나이다. 회사에서 아직 충분히 안정된 위치에 올라 있지 않기 때문에 일은 많고 수입은 적다. 이 시기 남편들의 모든 관심은 솔직히 집보다는 사회적인 것에 쏠려 있다. 그러다 보니 아내를 도와줄 여력이 충분하지 않다.

아내는 남편에 대한 서운함 때문에 매일 악다구니를 쓰며 전쟁을 한다. 여러 가지 문제로 인해서 날이 서 있고, 너무나 많은 것이 걸려 있다. 어린 시절 부모와의 갈등이 건드려지는 것부터 시작해서, 자신의 미성숙함, 잘하려고 마음먹었는데 잘 안 돼서 아이에게 욱한 것에 대한 자괴감, 이런 것들이 다 쌓여 있으니까 뼛속 깊이 힘들다. 그래서 남편한테 "나 목욕 좀 하고올 테니까 아이 좀 봐 줘"라는 말이 곱게 나오지 않는다. 말 한마디 한마디가 비난과 증오로 쏟아져 나온다. "이럴 거면 왜 결혼하자고 했어?" "애는 나혼자 낳았어?" "왜 나를 이렇게 불행하게 만들어?" 아내가 이렇게 나오면 남편도 서운하다. 상사한테 "너 이럴 거면 사표 내!"라는 소리까지 들으며 야근을 하고 들어왔는데, 아내라는 사람이 위로는 못할지언정 물어뜯다니, 남편도 말이 곱게 안 나온다.

시댁도 안 도와주면 서운하지만, 큰 문제는 친정 엄마다. 자신의 성장 과정에서 친정 엄마와 갈등이 있었을 경우, 엄마가 육아를 도와주지 않는다는 사실로 쌓여 있던 억울함이 폭발한다. '어릴 때도 그렇게 서럽게 하더니, 엄마가 어떻게 나한테 이럴 수 있어?'가 된다. 친정 엄마가 없어도 상황은 좋지 않다. 우울함과 서러움, 그 어떤 괴로움이 또 뼛속 깊이 사무친다. 자식을 키우면서 자신의 미성숙함도 드러나지만, 해결되지 않았던 자기 부모와의 관계의 갈등이 다시 수면 위로 떠오르는 것이다. 아이가 잘 안 먹고 안 자는 상황이 마음속에 묻어 놓았던 판도라의 상자를 열어 버리는 것이다.

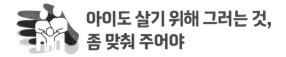

아이도 살기 위해 그러는 것, 좀 맞춰 주어야

영유아 초기, 아이가 잘 자지 않고 잘 먹지 않는다면 부모가 많이 힘들 것이다. 하지만 결론적으로 말하자면, 두 돌이 되기 전의 아이가 잘 자지 않거나 먹지 않는 것은 아이가 의도한 바가 아니다. 기질이 그렇게 타고 났거나 감각을 예민하게 타고 난 것이다. 그렇다면 어떻게 해야 할까? 맞춰 줘야 한다.

수지의 사례처럼 잘 안 먹는 아이는 아이의 예민한 기질이나 감각을 존중하여 이유식을 천천히 진행해야 한다. 이유식도 아이의 입맛을 존중한다. 그렇다고 계속 흰쌀죽만 먹일 수는 없다. 여러 가지 재료 중 아이 입맛에 맞는 것을 가끔 하나씩 추가해 본다. 아이가 싫어하면 '그럴 수 있지'라고 생각해야 한다. 다양한 재료를 하나씩 시도하되, 아이가 편안해하는 조리법을 선택한다.

무엇보다 엄마가 아이가 먹는 것에 대해 편안하게 생각해야 한다. 뭔가 아이에게 줄 때 이것만은 꼭 먹이겠다고 비장하게 임하면 아이는 부담스러워서 잘 못 먹는다. "괜찮아. 입맛에 맞지 않구나. 다음에는 다른 걸 해 줄게" 하고 아이가 잘 먹는 것으로 그 끼니를 때워도 된다.

아이가 안 먹는다고 엄마가 울고, 소리 지르고, 화내면 아이는 '어? 내가 이렇게 행동할 때 엄마가 영향을 많이 받네?'라고 생각한다. 그 부분이 엄마의 제일 약한 부분이라는 것을 안다. 그래서 그것을 건드린다. 먹이는 것에 부모의 자존심을 걸면 아이도 안다. 자존심을 거는 것은 약점을 드러내는 것이다.

하지만 오해는 하지 말았으면 한다. 아이의 행동은 부모를 괴롭힐 목적이 아니라 자신의 생존을 위한 것이다. 아이도 부모한테 화날 때가 있고, 억울할 때가 있다. 하지만 부모처럼 논리정연하게 말도 못하고, 말해 봤자 이길 수도 없다. 그래서 굉장히 수동적인 방법이지만, 밥을 잘 먹지 않는 것으로 반격을 하는 것이다. 안 먹으려고 하고, 먹여 주면 뱉어 내고, 돌아다니면서 먹고, 넘기지 않고 물고만 있다. 아이는 자기 나름대로 생존을 위해 그러는 것이다.

아이를 먹이는 것에 마음을 편하게 가질 필요가 있다. 미각이 예민해 편식이 심한 아이는 대개 열 살쯤 되면 많이 좋아진다. 아이들이 특정한 음식을 먹지 않는 것은 그 음식이 독처럼 느껴지기 때문이다. 머리로는 아닌 걸 알지만 입은 그렇게 느낀다. 독을 안 먹기 위해서 별짓을 다하는 것이다. 생존인 것이다. 이런 사정을 가진 아이를 두고 골고루 안 먹는 것을 말 안 듣는다고 표현하면 되겠는가? 아이는 '엄마, 나 이것 먹으면 죽을 것 같아'라고 하는데, 엄마는 '골고루 먹어야 건강해'라는 일방통행이다. 그래도 억지로 먹이면 아이는 앞에서 말한 수동적인 방법으로 부모와 싸움을 하게 된다.

잘 안 먹는 아이들도 잘 관찰해 보면 뭔가 먹는 것이 있다. 흡수장애나 대사질환이 있지 않은 한, 뭐든 먹는 것이 있다. 목록을 만들어 보면 의외로 종류가 많을 것이다. 그것 위주로 만들어 주면 된다.

조금 커서 말귀를 알아듣는 아이에게는 대 원칙을 얘기해 준다. "먹는 것은 중요해." 이것이 대 원칙이다. "네가 뭘 잘 먹는지 한번 보자. 매번 맛있게 먹었던 것은 적어 놔 보자. 엄마가 그것 위주로 요리해 줄게. 특별히 먹고 싶은 것이 있으면 얘기해 봐." 귀엽고 예쁜 모양의 음식 사진을 쭉 붙여 놓고, 아이에게 그중에서 한번 골라 보라고 하는 것도 좋다. 그것 위주로 만들어

주면 아이가 먹는 양이나 종류가 좀 나아진다.

　신생아 시기에 잘 못 자는 아이는 안고 재우다가 잠들면 이불에 눕히는 것이 맞다. 다만, 손에서만 재우면 그것에 길들여져 눕히면 잠에서 쉽게 깰 수 있다. 두 살이 지난 아이는 부모가 함께 자면서 안정감을 갖게 하는 것이 좋다. 그런데 어느 정도 커서도 그런다면, 전정감각, 고유감각을 발달시켜 주는 방법을 적용해 줘야 한다. 평형감각이라고도 하는 전정, 고유감각을 키워 주면 예민하게 느껴지는 각성 수준을 둔하게 느끼게 해 주고, 다양한 감각 간에 균형을 맞춰 준다.

　잘 때 몸이 조금만 불편해도 못 견디는 아이들이 있다. 자기가 편한 포즈에서 조금만 벗어나도, 자다가 어디가 조금만 눌리는 것 같아도 짜증을 내고 깬다. 한 번 깨면 다시 잠도 잘 못 든다. 안아 줘야 잘 자는 아이, 업어 주어야만 자는 아이 모두 포함된다. 이런 아이들은 평형감각을 발달시키는 놀이나 운동을 시켜야 한다. 좌우로 흔들리는 것을 느낄 수 있는 장난감, 탈 것 등을 이용하면 예민한 감각을 바로잡는 데 도움이 많이 된다. 요즘 키즈카페나 실내 놀이터에도 이런 것들이 많다. 집에서는 담요에 태워 흔들어 준다든지, 김밥처럼 이불로 온몸을 꼭꼭 눌러 주면서 말아 주는 놀이를 하는 것도 좋다.

　어떤 엄마는 유아기 아이에게 '성장호르몬'을 설명해 가며 빨리 자야 한다고 강조한다. 그다지 바람직한 방법이 아니다. 보통 아이가 자기 싫어하는 이유는 눈을 감으면 무섭기 때문이고, 자는 동안 못 놀기 때문이다. 이때는 이런저런 말로 설득하기보다 매일매일 일정한 행동을 반복하여 습관화시켜 주는 것이 가장 좋다.

쉽게 잠이 안 드는 아이는 부모가 옆에 가만히 누워 있어 준다. 한 20분 정도는 아이와 이야기를 나누다가 이후에는 대답을 안 하는 것이 좋다. 잠든 척하는 것이다. 계속 말을 주고받으면 뇌가 각성되어 잠이 안 온다. 부모가 먼저 잠든 척하면 아이는 몇 번 "엄마, 자?" 하고 확인하고는 조금 지나면 신기하게도 자기도 잠이 든다.

불이 꺼지면 무서워하는 아이들은 부모가 옆에 있어 주어 정서가 안정되도록 하면 도움이 많이 된다. 같이 자면 잘 자는 아이들은 당분간 같이 자는 것도 괜찮다. '몇 살 되면 반드시 혼자 재워야 한다'는 법은 없다. 이것은 정말 사람마다 다르다. 간혹 아이의 독립심을 발달시키기 위해 따로 재워야 한다고 주장하는 사람도 있는데, 따로 재우는 것으로 독립심을 발달시킬 필요는 없다. 독립심은 잠자는 것 말고도 다른 것으로 얼마든지 키워 줄 수 있다.

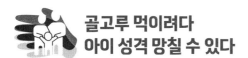

골고루 먹이려다 아이 성격 망칠 수 있다

나는 태어날 때 미숙아로 태어났다. 굉장히 작았고 굉장히 예민했다. 몇 살 때까지인지는 정확하지 않지만 저녁 9시만 되면 울어 대서 마을 사람들이 시계를 보지 않고도 시간을 알 정도였다고 했다. 편식도 심했고, 잔병치

레도 많았다. 지금은 잘 아프지도 않고 못 먹는 음식도 없지만, 초등학교 저학년까지 나의 반찬은 김이랑 멸치, 달걀 프라이 정도였다. 집이 가난해서가 아니라 그 외는 절대 먹으려고 하지 않았기 때문이다. 지금의 내 모습으로는 상상이 되지 않을 수도 있지만, 먹는 양도 매우 적어서 키도 작고 빼빼 말랐다. 하지만 그렇다고 내가 곡기를 끊고 지낸 것도 아니고, 먹는 것이 싫었던 것도 아니었다. 식사 시간은 늘 즐거웠다. 엄마는 내가 좋아하는 몇 가지를 즐겁게 먹게 해 주셨기 때문이다.

한번은 병원에 갔는데, 의사 선생님이 나를 보고 "너는 잘 안 먹으니까 이렇게 감기도 자주 걸리지" 하며 말을 풀어 놓았다. 엄마는 그 말을 듣고 웃으면서 의사 선생님에게 말했다. "얘가요. 병원 단골인 걸 보니까 나중에 의사가 되려나 봐요." 나는 병원에서 나올 때 굉장히 뿌듯했다. 주변에서 애가 작고 약하다고 할 때도 엄마는 나를 나무라지 않았다. 오히려 남들이 "얘는 얼굴이 왜 이렇게 노래요?" 하면 "이래 봬도 얘가 달리기는 엄청 잘해요"라고 말해 주셨다. 엄마의 그런 긍정적인 반응이 나의 성장에 굉장히 큰 도움이 되었다.

아이를 잘 먹이려고 하는 이유 중 하나가 키 때문이다. 잘 먹어야 키가 큰다고 생각한다. 다음은 잔병치레다. 흔히 잘 안 먹어서 잔병치레를 한다고 생각한다. 그런데 이 두 가지를 놓고 생각해 보면, 꼭 그렇지는 않다. 키는 부모 따라간다. 유전이 25퍼센트밖에 관여를 안 한다는 말도 있지만, 내가 보기엔 그보다 훨씬 큰 영향을 미친다. 키는 유전이다. 그렇다고 안 먹는 아이를 내버려 둬서는 안 된다. 노력하되, 지나치면 안 된다는 것이다. 어린 아이들에게 외모나 키에 대해 지나치게 강조하면, 신체 자아상이 부정적으로 바뀔 수 있으므로 조심해야 한다.

요즘 부모들은 유아기 아이에게 먹는 것에 대해서 너무나 많고 복잡하고 혼란스러운 의미를 주는 것 같다. 잘 먹어야 된다고 하면서, 어떤 것은 독이 된다고 말한다. 심지어 어린아이들에게 '해독'이라는 말을 쓰는 사람도 있다. 먹으라고 해 놓고 많이 먹으면 살이 찐다고 얘기한다. 많이 먹으면 키가 큰다고 해 놓고, 어떤 것을 먹으면 성장에 방해가 된다고도 말한다. 이런 것은 어른들의 개념이지, 아이한테 잘못 전달되면 큰 혼란만 준다. 아이한테는 '그냥 먹는 것은 즐거운 일, 잘 먹어야 잘 큰다' 정도의 메시지만 심플하게 전달하면 된다.

아이가 뚱뚱한 것 같아 걱정될 때 "뚱뚱하면 애들이 안 놀아 줘"라고 말하지 말아야 한다. 아이 건강이 걱정이 돼서 하는 말인 줄은 알지만, 아이나 어른이나 할 것 없이 키나 살에 대해서 얘기하는 것처럼 듣기 싫은 소리가 없다. 스트레스 받아서 더 먹는다. 게다가 본인이 뚱뚱하지 않더라도, 나중에 뚱뚱한 친구들을 보고 편견을 가지고 대할 수 있다. 아이들한테는 "잘 먹는 것은 좋은데, 네가 기름기를 너무 많이 먹으니까 그것은 좀 줄이는 것이 좋아. 이런 것은 저런 것으로 바꿔 보자" 정도로 답해 준다.

아이가 과식하거나 폭식하는 경향이 있다면, "네가 잘 참지 못하는 것 같아. 참을 줄 아는 것은 아주 중요한 거야"라고 얘기해 준다. 조금 큰 아이에게는 "참을 줄 모르는 사람은 행복하지 않아. 잘 참지 못하는 사람은 남들은 별로 스트레스 받지 않은 일도 괴로운 일로 받아들이거든"이라고 말해 준다.

조절해야 하는 것에는 스마트폰, 공부하기 싫고 놀고 싶은 것들도 들어간다고 말해 준다.

식습관을 제대로 배우지 못한 아이들은, 단체 생활을 시작하면 남이 하는 것을 보면서 배운다. 그리고 무엇보다 지금 부모가 그렇게 몰두하는 먹는 문제는, 성인이 되면 크게 문제가 되지 않는 것 중 하나다. 대부분 잘 먹게 되고, 편식도 고쳐진다. 또한 잘 먹지 못한다고 큰 문제가 생기지도 않는다. 성인이 되어서 문제가 되는 것은 사실 성격이다. 성격이 나쁘면 문제가 많이 생긴다. 그런데 어릴 때 아이와 먹는 것으로 실랑이를 심하게 하면, 아이 성격이 나빠진다. 먹는 것으로 아이와 실랑이를 하는 것은 여러모로 손해가 많은 일이다.

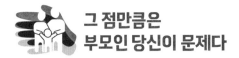

그 점만큼은 부모인 당신이 문제다

한 아이를 만났다. 손이 굉장히 예쁜 1학년 여자아이였다. 내가 "너 손 되게 예쁘다" 하면서 아이 손을 살짝 잡았다. 아이는 "아니에요" 하면서 손을 재빠르게 뺐다. 자신의 신체에 대해 부정적인 자아상이 있는 것 같았다. 이런 경우 대부분 자존감이 낮다. 이 아이의 아빠는 유능하고 경제적으로도 성공한 사람이었다. 아내와 딸도 굉장히 아낀다. 상담을 위해 몇 시간씩 기다려도 기분 나빠하지 않고, 나를 만나면 궁금한 것이 무척 많아 질문도 많이 하는 사람이었다. 여자아이는 예쁘고 똑똑하지만 소심하고 겁이 많다.

예민하지는 않은데, 용기가 없고 자신감이 굉장히 떨어져 있었다. 왜일까? 그 아이를 그렇게 만든 이유는 부모에게 있었다.

엄마는 예쁘고 차분하고 아이 마음도 잘 읽어 주고 마음도 따뜻했다. 남에 대한 배려심도 많았다. 이 엄마는 자신의 남동생이 장애를 가지고 있어서 어렸을 때부터 굉장히 의젓해야만 했다고 한다. 그래서 항상 불안해하는 부분이 있었다. 이 엄마의 불안은 '청결'로 나타났다. 깨끗한 것은 좋은데 정도가 심해서 강박적이었다. 밖에 나갔다 온 아이가 손을 닦지 않고 엄마를 만지면, "어머? 엄마, 만지지 마" 하게 된다고 했다. 아이가 지저분한 탁자에 손을 올리면 "안 돼! 만지지 마" 하면서 갑자기 소리를 지른단다. 그리고 수시로 가글을 시킨다고 했다. 또 이 엄마는 해가 지면 아무것도 먹지 않았는데, 건강을 위해서, 또 살찌는 것을 막기 위해서였다. 아이들에게도 먹을 것을 절대 주지 않는다고 했다. 또한 성장호르몬이 원활하게 분비되어야 성장에 지장에 없기 때문에 반드시 밤 9시에는 재운다고 했다.

아빠는 의도한 것은 아니지만 외모에 대한 이야기를 자주 한다고 했다. 아내에게도 "당신 좀 뚱뚱해진 것 아니야? 운동 좀 해야 되겠네"라는 말을 자주 한단다. TV를 보면서도 누가 날씬하다든지 예쁘다든지 하는 말을 잘 한다고 했다. 지나가는 여자를 보면서도 종종 "저 여자 체중 관리 좀 해야겠네"라고 했다.

이러한 엄마, 아빠에게서 자란 여자아이는 나에게 자기 허벅지 살을 잘라내고 싶다고 말했다. 겨우 초등학교 1학년이, 조금도 통통하지 않은 아이가 말이다. 설마 이런 말까지 아이에게 영향을 줄까 하고 부모는 쉽게 내뱉지만, 가족 내에서 한 사람이 지나치게 강하면 그 강한 사람의 말은 별생각 없이 한 말이라도 아이에게 큰 영향을 미친다. 이 집의 모든 힘은 아빠한테 모여 있었다. 그래서 아이에게 직접적으로 "야, 너 살쪘다"라고 말하지 않아도 아빠가 가끔 던지는 외모나 체중에 대한 말이 영향을 미친 것이다. 이 아빠는 칭찬에도 인색한 편이어서 아이가 줄넘기를 하고 나서 "아빠, 나 잘하지?"라고 물으면, "아빠는 옛날에 그것보다 훨씬 잘했어. 좀 더 해라"라고 했다고 한다.

나는 이 엄마와 아빠에게 아이의 지금 상태를 얘기했다. 그리고 아이를 대하는 태도를 당장 고쳐야 한다고 했다. "엄마 아빠의 그 점만큼은 아이한테 해롭습니다." 마음이 편안한 것이 모든 행복의 근원이고, 마음이 불편한 것은 모든 병의 시작이다. 골고루 먹는 것은 잔병치레를 안 하는 데 도움이 된다. 하지만 하나부터 열까지 건강, 건강 하면서 다 따지면, 오히려 스트레스로 건강이 나빠진다. 기본적으로 몸에 나쁜 것은 안 먹으면 된다. 너무 더러운 것은 안 만지면 된다. 그러나 사람은 누구나 자기를 보호할 수 있는 능력이 있다. 웬만한 더러운 것을 만져도, 상피세포가 더러운 것이 내부로 들어오지 못하도록 막아 준다. 나는 즐거운 마음으로 열심히 일하고 맛있게 먹으면, 그것이 건강에 가장 좋다고 생각한다.

좀 참을 줄 아는 아이에게 가장 나쁜 육아

좀 참는 아이들에게 부모가 주는 가장 나쁜 육아는, 많은 자극, 강한 감정 자극을 주는 것이다. 아이가 글짓기 다섯 줄을 써야 하는 상황이다. 쓰는 것을 잘 못하거나 싫어하는 아이는 그것만 처리하기도 힘들다. 그런 아이에게 "연필 똑바로 잡아야지" "허리 굽었잖아. 너 이러면 병원 다녀야 해. 몸 미워져. 척추 휘면 키 안 커" 하고 잔소리를 한다. 원래 참을성이 없는 아이는 이런 자극을 주면 바로 터져 버린다. 좀 참을 줄 아는 아이도 버거워진다.

요즘 아이들은 대체로 참을성이 부족한 편이다. 꼭 해야 하는 것만이라도 잘 견뎌서 참을성을 키울 수 있게 도와주어야 한다. 그런데 우리 부모들은 아이를 가만두지 못한다. 자극이 많으면 마음이 불편해지기 때문에, 그 과정을 해 나가는 것이 더 어려워진다. 그러다 어떤 한계를 넘어가면 확 불편해한다. 가만히 있으면 참을 수 있는 것을, 자극을 줘서 참지 못하는 상황으로 만들어 버리는 것이다. 참을성이 떨어지는 아이에게는 '기다려'만 가르치면 된다. 떼를 부리는 아이에게는 '안 돼'만 가르치면 된다. 나머지는 지금 가르치는 것을 잘 해낼 때 다른 것을 가르치면 된다.

못 참는 아이를 만드는 부모의 나쁜 육아 중 또 하나는 약속을 지키지 않는 것이다. 아무리 어린아이에게라도 지키지 못할 약속을 해서는 안 되며, 한 번 한 약속은 되도록 지켜야 한다. 그래야 아이가 부모의 가르침을 따른다. 부모를 존경하고 좋아해야 부모가 하지 말라는 것을 안 한다. 정당하지 않게 약속을 안 지키면서 참으라고만 하는 것은 부모에 대한 신뢰를 깨는 대표적인 행동이다.

CHAPTER 3

도통 마음에 드는
부분이 없이

'똑 부러지게 제대로 안 할 때'

• • • • • • • • •

"도대체 6단이 며칠째야? 6 곱하기 4가 어떻게 23이야? 엄마가 4 곱하기

6하고 같은 거라고 했어, 안 했어? 너 4단은 외우잖아? 왜 6 곱하기 4는 틀려?

자꾸 제대로 안 할래?"

동민이(만 4세)는 고개를 푹 숙인 채 두 손을 모으고 손가락만 매만지고 있다.

"지금 너? 손가락 장난할 때야?"

"…."

"왜 대답이 없어? 손가락 장난할 때냐고?"

"아니요."

동민이는 허리를 곧추세우고 차렷 자세로 앉았다.

"다시 외워 봐."

동민이 엄마는 매서운 눈초리로 동민이를 쳐다본다.

"6×1= 6, 6×2=12, 6×3=18, 6×4는 음, 6×4 음…."

엄마는 자신도 모르게 동민이 입을 손끝으로 때렸다.

"24잖아. 너 바보야? 너 바보냐고!"

동민이의 눈에서는 또르르 눈물이 한 방울 흘러내렸다.

"뭘 잘했다고 울어? 엄마가 금방 불러 준 것도 틀려? 승철이는 벌써 구구단 다 외웠다는데, 네가 승철이보다 머리가 나빠? 정신을 똑바로 안 차려서 그런 거잖아? 30분 후에 다시 6단 시험 볼 테니까 제대로 외워!"

엄마는 동민이 방문을 쾅 소리가 나게 닫고는 나가 버렸다. 동민이는 다시 6단을 외우기 시작했다.

• • • • • • • • • • ▰▰▰

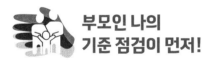

부모인 나의
기준 점검이 먼저!

다섯 살 아이에게 구구단이라니, 앞의 동민이 이야기가 좀 과하다고 느껴질지 모르겠지만 나에게 상담을 받고 있는 엄마와 아이의 실제 이야기다. 우리가 아이에게 '똑 부러지게 제대로 하라고 다그치는 상황'은 이것과 그리 다르지 않다. 부모의 기준과 아이의 수준이 맞지 않는 경우가 대부분이다.

부모의 기준이 왜 이리 높아졌을까? 아이가 잘못하면 부모가 책임을 진다. 회사나 학교에서도 학생이나 부하 직원이 잘못하면 상사 혹은 교사가 책임을 진다. '책임'의 일부는 잘 가르쳐서 잘하도록 해야 하는 관계일 때 발생한다. 아랫사람이 못하면 윗사람이 책임을 져야 하지만, 굳이 그렇게 하고 싶지 않으면 회사나 학교는 부하 직원을 내보내거나 그 학기만 참으면 된다. 하지만 혈연관계는 그렇지가 않다. 종지부를 찍을 수가 없다. 부모는 아이가 잘못했을 때 늘 뒷감당을 해 줘야 하는 입장이다. 그러다 보니 아이가 좀 잘했으면 좋겠다. 그래서 아이가 그 나이에 할 수 있는 기준과 부모가 바라는 기준에 조금씩 틈이 벌어진다. 부모의 기준은 자꾸 높아져만 간다.

아이가 잘 못하는 것 같고 그 모습이 자꾸 눈에 거슬리고 밉다면, 부모인 나의 기준을 점검해 봐야 한다. '나의 기준이 과도한가?' '아이의 발달 상태를 고려하고 있는가?' 또래 아이 열 명 중 일곱 명 정도가 하는 수준이 '기준'이 되어야 한다. 열 명 중 가장 우수한 아이 한 명의 수준이 내 아이의 기준이 되어서는 안 된다.

또한 그 기준 속에 나의 어린 시절이 지나치게 투영되고 있지는 않은지 생각해 봐야 한다. 부모는 어릴 때 똑 부러지게 해서 늘 칭찬을 받았다. 그것이 아이에게 너무 투영되면, '도대체 왜 똑 부러지게 못하는데? 이해가 안 되네' 하면서 무리한 요구를 하게 된다. 반대로 부모인 내가 어릴 때 똑 부러지게 하라고 하는 것이 너무 싫었다면, 그 부분에서 지나치게 아이에게 허용적으로 대할 수도 있다. "괜찮아. 괜찮아. 하지 마. 하지 마. 엄마가 해 줄게"식이다. 괜찮지 않다. 일곱 명이 하는 수준까지는 우리 아이도 하도록 해야 한다. 무조건 "괜찮아. 괜찮아" 하는 부모도 좋은 부모가 아니다. 아이에게 요구하는 기준이 너무 높거나 혹은 낮을 때, 나의 어린 시절이 아이에게 투영되고 있는지 점검해야 한다.

똑 부러진다는 것, 야무지게 잘하는 것에는 늘 남과의 비교가 들어가 있다. 부모의 마음 안에 그 남이 누군지 모르겠지만, 늘 어떤 누군가와 내 아이를 비교하고 있다. 비교는 순간적으로 일어난다. 비교해서 우리 아이가 우등한 것이 아니라 열등하다고 느껴지면 못 견딘다. 잘 못한다는 생각이 든다. 잘 못하는 것이 당연하다는 생각이 들기보다는 '어? 이걸 못하네. 왜 못해?'라고 생각한다. 그 나이에서 당연한 수준인데도 '못한다'는 사실만 크게 와 닿는다.

예를 들면 이런 것이다. 언젠가 밥을 같이 먹었던 친구의 딸은 포크질을 잘했다. 그래서 칭찬을 해 줬다. 그 애는 우리 아이보다 한 달 늦게 태어났다. 그런데 우리 아이는 포크로 뭘 집기만 하면 자꾸 흘렸다. 실수하는 아이를 보니 불현듯 그 친구네 아이가 떠오르면서 비교가 된다. 대놓고 "야, 누구누구는 너보다 한 달이나 늦게 태어났는데…"라고는 안 하지만, 우리 아이가 열등하다는 생각이 들어 견디기 힘들다. 왜냐하면 열등하다는 생각과 동시에, 의식적으로 구체화된 생각이 떠오르는 것은 아니지만 우리 아이가 앞으로 많은 경쟁에서 제대로 못 해낼 것 같고, 제대로 못 해냈을 때 부모로서 내가 언제까지 뒷바라지하고 책임을 져야 하나 하는 막중한 부담감이 느껴지기 때문이다. 그래서 "으이구, 몇 살인데 포크질도 제대로 못하니?" 하면서 욱하는 것이다.

첫아이일 경우는 이것이 더 심해진다. 첫아이 때는 육아에 대해 온통 모르는 것뿐이다. 그래서 첫아이는 열이 나서 보채면 무섭고 눈물부터 난다.

책이나 병원에서도 아이가 열이 나면 좀 보챌 수 있다고 했지만, 직접 경험해 본 적이 없으면 당황스럽다. 그런데 둘째 때는 열이 좀 나도 아이를 안고 울지 않는다. 오히려 아이가 보채면 "열 나서 그래. 열 떨어지면 괜찮아질 거야"라고 말해 줄 수 있다. 아이가 똑 부러지게 하는 것을 바라는 것도 그와 같다. 그래서 첫아이에게는 더 심하게 군다. 똑 부러지게 제대로 하기를 더 많이 요구한다.

"너는 왜 그렇게 못하니? 다른 사람은 잘하는데"라는 말을 들을 때 아이 기분은 어떨까? 어른인 내가 누군가에게 이런 말을 들었다고 생각해 보자. 기분이 어떤가? 나를 무시하는 것 같고 기분이 나쁘다. "이렇게 해 봐"가 아니라 "너 왜 이렇게 못하니?"라는 말은 상대를 무시하는 것이다. 무시를 당하는 아이는 그 일을 다시 하고 싶은 의욕이 생길까? 남도 아니고 부모가 나를 무시하는데 제대로 열심히 하고 싶어질까? 많은 아이들이 무시를 당하면 자신감을 잃고 자존감이 낮아진다. 부모와 자녀 관계도 나빠진다.

'똑바로' '제대로' 하라는 것은 결과만 중요하게 생각하는 것이다. 조금 큰 아이들한테 부모가 하지 말아야 하는 말 중에 하나가 "하려면 제대로 하고, 제대로 안 할 거면 하지 마"이다. 아이들은 이런 말을 들으면 '제대로 해야겠다'라고 생각하는 것이 아니라 '최고로 잘하지 못하면 할 필요 없구나'라고 생각한다. 아예 시도조차 안 하려고 든다. 결과보다는 열심히 하는 과정을 칭찬해야 하고 독려해야 한다. 어릴 때부터 "너 똑바로, 제대로 못해?"라는 말을 듣고 크면, 스스로 '나는 제대로 하는 것이 하나도 없어' '나는 잘할 수 있는 것이 하나도 없어'라고 생각하게 될 위험이 있다. 나는 이렇게 자존감이 낮아진 아이들을 만나면 이런 식으로 대화를 한다.

"왜 네가 꼭 무엇인가를 잘해야 해?"

"사람마다 잘하는 것이 있잖아요. 김연아 선수처럼요. 저는 그런 것이 하나도 없어요."

"생각해 보면 잘하는 것은 있을 거야. 그런데 그게 꼭 특출 날 필요까지는 없어. 아이고, 김연아가 이 세상을 망쳐 놨네. 김연아 같은 사람은 우리 몇천 년 역사에서 하나 있을까 말까 한 사람이야. 왜 그런 사람들이랑 너랑 비교하니?"

카페나 파워블로그에서 만나는 육아 맘들의 글을 보면 엄마들은 불안해진다. 세상에는 뛰어난 아이가 많은데 우리 아이만 못하는 것 같다. 엄마는 불안해지면 극성스러워지고 아이를 달달 볶게 된다. 그런데 파워블로그의 아이나 똑똑하다고 TV에 나오는 아이, 혹은 동네 엄친아라고 소문난 아이에 대해 우리가 모든 부분을 아는 것은 아니다. 그 아이의 일부만 보고 우리 아이와 비교한다. 총체적인 한 사람과의 비교가 아니라 각 부분 부분을 떼어서 부분마다 굉장히 잘하는 사람과 비교하는 것이다. 그렇게 보면 우리 아이는 언제나 상대적으로 부족할 수밖에 없다. 아이를 키울 때는 그런 것에 주의해야 한다.

아이가 똑 부러지게 제대로 못할 때 내가 자꾸 욱한다면, 가장 먼저 해야 할 일은 나의 기준을 점검하는 일이다. 만약 내 기준이 그리 높지 않다면, 다음으로는 아이를 점검해야 한다. 아이가 계속해서 또래 수준을 따라가지 못한다면, 내가 아이를 지도하는 방식에 문제가 있는지, 아이에게 무슨 문제가 있는 것은 아닌지 살펴봐야 한다. 어쩌다 또래만큼 못 해내는 것은 괜찮다. 지속적으로 못한다면 문제가 있는 것이다. 아이에게 도움이 필요하다고 생각되면, 부모는 적극적으로 그 방법을 찾아봐야 한다.

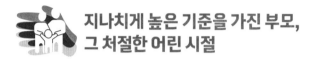

지나치게 높은 기준을 가진 부모, 그 처절한 어린 시절

  사례에 나온 동민이 엄마 이야기를 해 보려고 한다. 가명으로 수미 씨라고 하겠다. 수미 씨는 좋은 대학을 나왔고 결혼 전까지 대기업에 다니며 잘나가는 커리어우먼으로 지냈다. 남편도 인성이 훌륭했고, 공부도 많이 하고 사업도 잘 되어서 꽤 여유롭게 산다. 수미 씨는 결혼 후 아들을 낳고는 직장을 그만뒀다. 아이를 잘 키우기 위해서다.

  수미 씨의 꿈은 아이를 영재로 만드는 것이다. 그래서 아이한테 '올인'한다. 유치원도 집에서 자동차로 두 시간이나 걸리는 국제유치원에 보낸다. 아이를 돌봐주는 도우미 아줌마가 집에 있어도 아이 혼자는 못 맡긴다. 나에게 잠깐 상담을 와서도 수시로 집에 전화해서 아이 상태를 확인한다. 수미 씨는 요리를 잘하지 못하지만 아이가 먹는 것은 모두 자기 손으로 만들어 먹인다. 당연히 시간이 아주 많이 걸린다. 몸도 힘들다. 수미 씨는 집에 가사 도우미, 육아 도우미를 뒀지만 매일매일 너무 피곤하다. 아이를 데리고 유치원에 가고, 집에 와서 공부를 가르치고, 먹이고 나서 재우면 저녁 무렵 항상 파김치가 된다.

  수미 씨의 아이 동민이는 6개월마다 영재 검사를 받는다. 아이가 영재인 것을 확인하고 싶기 때문이다. 지능검사를 해 보면 아이의 인지 기능은 무척 우수하게 나온다. 하지만 영재는 아니다. 수미 씨는 아이가 영재가 아니라는 사실에 견딜 수가 없다. "아니, 왜 아이가 영재여야 해요? 이 정도면 못할 것이 없어요"라고 해도 우리 아이는 반드시 영재여서 인생에서 성공해야 한다고 한다. "영재인 것이랑 인생에서 성공하는 것은 다른 거예요." 아무리 얘기해 줘도 못 받아들인다.

수미 씨는 아이를 굉장히 사랑한다. 그런데 소위 공부라는 것을 시킬 때 보면 학대하는 엄마다. 구구단을 외우다 틀리면 입을 때린다. 영어 시험을 보는데, 철자가 틀렸다고 뺨을 때린다. 겨우 다섯 살짜리 아이에게 말이다.

수미 씨에게는 언니가 한 명 있었다. 어릴 때부터 언니는 엄마로부터 무척 인정을 받았다. 반면 수미 씨는 별로 인정받지 못했다. 인정받기 위해서 열심히 공부했지만 언니보다 좋은 대학에 가지는 못했다. 그래도 대기업에 취직했다. 그 무렵 집안의 가세가 기울기 시작했다. 수미 씨는 친정집에 생활비를 보내기 시작했다. 부모에게서 돈이 부족하다고 연락이 오면, 군말 않고 돈을 보냈다. 그런데도 친정 엄마에게서 인정을 못 받았다. 친정 엄마는 수미 씨에게 타박만 했다. 수미 씨에게 경제적으로 지원받는 것을 당연하게 생각했고, 그녀에게 늘 "누구네 딸은 더 많이 벌고, 더 많이 보내 준다더라. 어느 집 딸은 부잣집으로 시집을 가서 그 집에서 친정에 집을 사 줬다더라"라고 했다. 반면 언니는 무조건 예뻐했다. 언니는 친정의 어려운 사정을 알고도 경제적 지원을 전혀 하지 않았다. 수미 씨는 지금도 친정의 생활비를 댄다. 그런데 친정 엄마는 언니한테만 늘 고맙고, 언니 아들이 전교 1등 하는 것만 자랑스럽다.

수미 씨가 친정 엄마한테 인정받지 못하는 것은, 친정 엄마의 성격적 결함 때문이다. 이럴 때 수미 씨는 '나는 이 정도면 할 만큼 했어. 최선을 다했어'라고 스스로에게 말할 수 있어야 한다. 그런데 수미 씨는 어린 시절의 문제가 지금의 삶에도 너무나 깊게 투영되어 있다. 지금의 삶도 꽤 괜찮고 꽤 행복함에도 불구하고 자신이 진심으로 바라서가 아니라 대외적으로 인정받고 싶어서 대학원에 가서 동시통역사가 되려고 하고, 아이는 매우 우수함에도 불구하고 영재가 아닌 것이 견딜 수 없어 끊임없이 아이를 닦달한다. 아이를 영재로 키워 자기 성공의 일부분으로 삼아 인정받으려고 하는 것이다.

수미 씨는 아이가 뛰다가 넘어져도 "왜 넘어져, 바보처럼"이라고 한다. 고작 다섯 살짜리한테 영어 단어를 외우게 해 놓고 철자가 틀리면 분노가 치민단다. 매사 똑 부러지게 행동하지 못하는 아이를 보면, 수미 씨 마음속에는 이런 생각이 드는 것이다. '나는 죽을 둥 살 둥 열심히 해도 인정을 못 받았는데, 너는 그 정도도 못해?'

수미 씨의 문제는 어린 시절 부모에게 무조건적인 사랑을 받아 보지 못해서 생긴 것이다. 사실 이제는 수미 씨도 안다. 지금 뭔가로 성공한들 부모님으로부터 인정받지 못할 거라는 것을. 하지만 오랜 시간 길들여진 이 문제로부터 벗어나는 것이 심리적으로 안 되는 것이다. 그리고 그 부정적인 영향을 아이에게 미치고 있는 것이다. 수미 씨를 보면 '처절하다'는 생각이 든다.

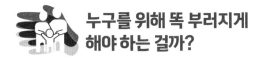# 누구를 위해 똑 부러지게
해야 하는 걸까?

어떤 부모든 내 아이가 똑똑하기를 바란다. 멍청하기를 바라는 사람은 아무도 없다. 왜 아이가 특별히 더 똑똑하기를 원할까? 부모는 아이가 잘되기를 원하고, 그래서 잘하기를 바란다. 이것은 아이를 위해서이기도 하지만 나를 위함이기도 하다. "너를 위해서 잘하라는 거야." "너를 위해서 공부하라는 거야." 물론 그 마음도 맞다. 하지만 그 말 안에는 부모인 자신을 위해 아이가 잘해 주기를 바라는 마음도 있다.

부모와 자녀가 분리되지 못하는 우리 민족에게는 더 그렇다. 자식의 성공은 나의 성공이고, 가문의 영광이다. 서구 사회에서도 가문을 중요시하긴 했다. 하지만 현대 사회에서는 개인이 더 중요해지면서 많은 변화가 있었다. 지금은 집안보다 개인이 훨씬 중요한 시대다. 그런데도 우리는 여전히 개인을 하나의 독립체보다는 집안의 일원으로 이해하는 문화다. 우리는 한 개인의 특성을 파악할 때 그 개인의 부모와 가족을 연결시키려 한다.

대표적인 예가 아이의 숙제다. 냉정하게 말하면 부모가 아이의 숙제에 관심을 갖고 주지시켜 줘야 하지만, 그것을 안 해서 선생님한테 벌을 받든 스티커를 못 받든 그것은 아이가 감당해야 한다. 부모가 지나치게 신경을 쓰는 것도 아이와 나의 관계가 잘 분리되지 않았을 때 나오는 모습이다. 아이가 잘 못하면 나의 책임인 것 같고, 내가 부담스러울 것 같고, 내가 평생을 책임져야 할 것 같고, 아이가 잘 못하는 것으로 우리 집안이 영향을 받을 것 같다. 반면 아이가 잘하면 아이가 잘되는 것으로 인해 우리 집안이 빛날 것 같고, 내가 영광스러울 것 같다.

　부모 중에 대학 졸업반인 아이가 공부를 더 하고 싶다고 하면 경제적인 이유 때문이 아니라 무조건 허락을 안 해 주는 경우가 종종 있다. 취직이나 하라고 떠민다. 대놓고 아이에게 '너한테 느끼는 부담에서 벗어나고 싶다'고 말하는 부모도 많다. 부모의 이런 강경함 때문에 나를 찾아오는 대학생들도 적지 않다. 아이들이 자기 힘으로 공부하겠다고 하는데도 무조건 취직하라고 한단다. 자식을 위해서가 아니라 부모가 부담을 덜기 위해서인 것 같아 서운하다고 한다. 계속 부모한테 의지할 수 없다는 것은 잘 알지만 아이들도 부모에게 서운함을 느낀다.

　아직은 너무나 먼 이야기로 들리겠지만, 이럴 때는 솔직한 대화가 가장 좋다. "네가 공부를 더 하고 싶다면 해라. 대신에 경제적인 지원은 어렵겠다. 방법은 네가 찾아보렴"이라고 해야 한다. 아이가 졸업 전에 미국 연수를 1년 갔다 온다고 하면 "가는 것은 허락하마. 그러나 가서 드는 경비는 내 능력 밖의 일이다. 네가 아르바이트를 하든, 회사 생활을 해서 돈을 좀 번 다음에 가든 방법을 찾아봐라. 대출을 얻어서 나중에 갚는 방법도 있다"라고 해 주면 된다. 이것이 아이에게도 책임감을 길러 주는 방법이다. 부모의 부담감으로 아이의 인생을 좌지우지하는 것은 선을 넘는 것이다. 부모가 선을 넘으면, 아이는 자신의 인생을 위해서 어떤 결정을 할 때 주저하게 된다. 불효를 저지르는 것 같다고 느끼기 때문이다. 그래서 자기 뜻을 펴도 편하지 않고 뜻을 포기해도 편하지 않다. 결국 부모가 원하는 방향으로 결정했을 때는 인생에 후회가 남는다. 인생은 길다. 나쁜 짓이 아닌 다음에야 시도해 봐도 된다. 약간 후회할 일을 해도 그 시행착오로 때로는 큰 배움을 얻는다. 긴 인생으로 봤을 때 큰 도움이 되는 일일 수 있다.

'취직해라' '결혼해라' 하는 부모일수록 자식에 대한 책임감이 강하다. 이 분들은 인생에서 가장 중요한 가치 기준이 '책임감'이다. 책임감이 강하면 자식에게도 나이를 고려하지 않고 '네가 알아서 해야지' 하면서 책임감을 강요한다. 반대로 책임감이 너무 강해서 자기가 해 주기도 한다. 잘하든 못 하든 모두 자기 책임이라고 느끼기 때문이다. 책임감을 느껴서 다 해 줘야 한다고 생각하니까 아이가 좀 안 먹으면 이 할당량을 다 먹여야 한다고 생각하고 쫓아다니면서 먹인다. 그러니 힘들다.

책임감이 강한 사람일수록 무리수가 따른다. 뭐든지 과하면 안 된다. 아이를 위한 책임감이라고 말하지만, 사실 부모의 과도한 불안일 수 있다. 내가 내 책임을 다 못한 것처럼 느껴지는 것이다. 아이에게 책임을 완수한다는 것은 결국 나를 위한 것이다.

 ## 똑 부러지게 못하면
똑 부러지게 가르쳐 주면 된다

아빠들 중에 아이가 똑 부러지게 못할 때 유난히 욱하는 사람들이 있다. 굉장히 꼼꼼하고, 강박적이고 완벽주의적인 사람들이 그렇다. 이런 사람들은 아이가 어설프게 하면 못 견뎌 한다. 특히 아들이 어설픈 것은 더욱 못 참는다.

아이가 초등학교 1학년인데 젓가락질을 잘 못한다. 그러면 어떻게 잡아야 하는지, 어느 부위에 힘을 주어야 하는지 잘 따라 하도록 차근차근 가르쳐 주면 된다. 그런데 "야, 너는 왜 젓가락질도 못하니? 난 어렸을 때 젓가락질 진짜 잘했는데"라며 자신은 젓가락을 잡자마자 제대로 했다는 식으로 말한다. 아빠는 아빠의 말이 아이에게 자극이 되어서 잘하라는 의미겠지만, 이렇게 말하는 것은 아이에게 도움이 안 된다. 오히려 자신의 실수나 실패담을 이야기해 주는 것이 더 도움이 된다. 아빠도 이런 어려움이 있었고, 이런 느낌이었고, 이런 것을 이런 식으로 극복했고, 지금 생각해 보면 그 일을 잘 처리했다고 생각한다는 식으로 얘기해 줘야 아이가 그 안에서 뭔가 배운다.

아이가 똑 부러지게 못할 때, 가장 필요한 것은 방법을 가르쳐 주는 것이다. 똑 부러지게 하도록 가르치는 것이 아니라 아이가 잘할 수 있도록 똑 부러지게 가르쳐 주는 것이 필요하다. "엄마가 가르쳐 줄 테니까 잘 봐. 이것은 잘 배워서 네가 해내야 하는 것들이야." 포크나 젓가락질이 서투르다면 아이 손을 잡고 잘 가르쳐 주고, 옷을 입는 것도 "자, 봐봐. 여기 옷에 구멍이 있지? 이 구멍에 팔이 들어가는 거야. 여길 잘 봐야 돼. 안 보면 구멍에 팔이 안 들어가서 자꾸 쑤셔 넣게 되고 그러면 시간이 더 길어져. 한번 넣어 봐. 잘했어!" 이렇게 가르치면 된다.

아이가 똑 부러지게 못한다고 느낄 때 말을 조심해야 한다. 우리가 아이에게 무심코 던지는 말에 비난, 무시가 너무 많다. 아이들은 수시로 자존감에 타격을 받고, 자신감을 잃는다.

아이의 자존감을 높이려면 두 가지가 필요하다. 첫째, 부모가 자녀의 능력이나 노력의 결과에 관계없이, 조건에 관계없이 늘 사랑한다는 느낌이 있어야 한다. 둘째, 부모가 자녀 수준에 잘 맞추어 양육하고 있다고 스스로 느껴야 한다. 두 가지의 합이 자존감이 된다. 따라서 조건 없이 아이를 사랑해 주는 것은 물론이고, 아이가 평균 나이에 비해서 뒤떨어지면 따라잡게 도와주어야 한다. 또래보다 수행 능력이 부족한 아이에게 아무리 "너는 예뻐!" "너는 최고야!"라고 말해 준들 아이의 자존감이 높아지지 않는다.

아이의 자존감을 생각한다면, 기본적으로 아이가 해낸 것에 대해서는 충분히 인정해 줘야 한다. 아이가 색칠을 했다. "엄마, 잘했지?" 하고 물었다. 그러면 "진짜 멋지다!"라고 해 줘야 한다. 그런데 엄마가 "어" 하고 건성으로 대답하면서 "여기 좀 덜 칠했네. 이것도 마저 칠해"라고 하면 아이는 김이 샌다. 자존감도 내려간다. 더 나쁜 엄마도 있다. "잘했긴 뭘 잘했어? 제대로 다 안 했잖아? 봐, 여기여기 다 비었네. 제대로 해야지" 한다. 있던 자존감도 한순간에 무너뜨리는 말이다. 아이가 잘했다고 자랑하는데, 좀 더 칠해야 하는 부분이 보여도 일단 칭찬부터 해 주라. "잘했어! 색깔을 섞으니까 더 멋진데?" 그런 다음 "더 칠할 거야? 치마는 이렇게 칠한 것으로 끝난 거야?" 하고 물으면 아이는 "마저 칠할 거예요" 할 것이다. 그러면 "그래, 더 채우면 좋긴 하겠다" 정도로 부족한 부분을 말해 준다. 아이가 "다 한 거예요"라고 하면 더 권하지 않는다. 아이에게 그 그림은 그것으로 완성인 것이다.

네가 알아서 해야지, 언제까지 내가 해 주니?

엄마가 어제 아이에게 옷을 입혀 주면서 말했다. "엄마가 언제까지 단추를 채워 주니? 형아도 됐는데 네가 해야지." 그래서 아이는 오늘 자신이 하려고 한다. 어제보다는 단추가 많아 보여 엄마가 해 주려 했지만 아이는 자기가 한다고 우긴다. 아이가 단추를 채우는 모습을 보니 엄마는 속이 터진다. 느려도 너무 늦다. 게다가 잘못 채우기까지 했다. 두 번째 단추 구멍에 첫 번째 단추가 들어 있다. 보다 못해 엄마는 "야, 너 이게 뭐야? 그러니까 엄마가 해 준다고 했잖아"라고 소리를 빽 질러 버렸다.

아빠들 중에서도 이런 비슷한 경우가 있다. 아이를 엄하게 대하고, 부모 앞에서는 찍소리도 못 하게 한다. 그러면서 끊임없이 "네가 할 일은 네가 해. 네 인생은 네 거야"라고 말한다. 그런데 아이가 뭔가를 알아서 하려고 하면 "야야, 그게 뭐야? 물어보고 했어야지" 한다. 의견을 내면 "어디서 버르장머리 없이! 아빠 말대로 해"라고 호통을 친다.

얼마나 이율배반적인가? 아이에게 알아서 하라고 했으면 알아서 하게 놔둬야 한다. 부모가 대신해 주면 안 된다. 끊임없이 부모가 도와주면서 아이에게 네가 알아서 하라고 말만 하고, 언제까지 부모가 해 줘야 하냐며 짜증을 내면 안 된다. 아이에게 알아서 하라고 했으면, 아이의 의견이 최우선이 되어야 한다.

부모가 기준이 없을 때 아이는 힘들고 혼란스럽다. 기질적으로 매우 순한 아이들은 그럼에도 부모가 하라는 대로 따라갈 것이다. 그러다 무기력해질 것이다. 보통의 아이들은 뭔가 좀 이상하다고 본능적으로 느낄 것이다. 갈수록 부모의 지시와 반하는 쪽으로 고집을 피울 것이다. 부모가 주는 지시에 일관성이 없으면, 아이는 그것이 자신을 괴롭히고 누르려는 것처럼 느끼기 때문이다.

CHAPTER 4

가르치려면
맴매가 보약?

'잘못한 행동을 훈육할 때'

CASE • • • • • • • • • • •

세종이(만 4세)가 열심히 블록을 쌓고 있다. 두 조각만 더 하면 작품이 완성되는 상황. 어디선가 동생 세준이(만 2세)가 나타났다.

"저리 가. 망가져."

"나도 나도."

세종이는 동생이 블록을 만지지 못하도록 몸으로 막았고, 세준이는 형의 어깨너머로 손을 뻗어 계속 블록에 손을 댔다. 그러다 블록 작품이 무너지고 말았다. 세종이는 너무 화가 나서 동생을 주먹으로 때렸다. 동생은 울음을 터뜨렸다. 세준이의 울음소리에 엄마가 나타났다.

"세종이 너! 또 동생 때렸지? 말로 하라고 했잖아. 한 번만 더 하면 너도 맞는다고 했지? 맴매 가지고 와."

세종이는 억울했다.

"아니라고! 세준이가 먼저 그랬다고!"

세종이는 무너진 블록을 안고 울기 시작했다. 아이가 매를 가지고 오지 않자, 엄마는 소리를 질렀다.

"빨리 안 가져와? 이게 어디서!"

"싫어. 싫다고!"

세종이는 블록 조각을 집어 던지며 크게 울었다.

"매 안 가져오면 안 맞을 것 같아? 얼마나 아픈지 너도 한번 맞아 봐!"

엄마는 씩씩거리며 회초리를 가져왔다. 엄마는 일어서지 않으려는 아이를 억지로 세우고 종아리를 때리기 시작했다.

욱해서 훈육하나, 훈육하다 욱하나 모두 폭력!

세종이 엄마는 왜 그랬을까? 분명 이전에도 세종이가 세준이를 때리는 일이 자주 있어 이번 기회에 '무슨 일이 있어도 동생을 때리면 안 된다'는 것을 가르쳐 주려 했을 것이다. 훈육하려 한 것이다. 문제 행동을 하는 것을 부모로서 가만히 두고 볼 수 없으니까 말이다.

그런데 세종이 엄마의 행동은 훈육이 아니다. 제대로 된 훈육은 소리를 지르지 않는다. 화가 나지 않는다. 아이를 때리지 않는다. 세종이 엄마가 한 것은 훈육이 아니라 사실 '욱'한 것이다. '욱'은 아이에게 폭력이다. 욱해서 훈육하나, 훈육하다 욱하나 모두 폭력이다. 그런데 우리 부모들은 욱해서 나온 행동의 결과로 훈육을 하는 경우가 많다.

한 어린이집 보육교사가 네 살짜리 아이가 김치를 먹지 않는다는 이유로 뺨을 때린 사건이 있었다. 교사는 체중을 실어 아이를 때렸고 아이는 바닥에 내동댕이쳐졌다. 그러나 아이는 이내 다시 일어났고 교사는 아이에게 토한 음식까지 먹게 했다. 그 보육교사는 훈육 차원에서 그랬다고 했다. 이 사건뿐 아니다. 산만하다고, 낮잠을 안 잔다고, 친구와 싸웠다고, 친구를 때렸다고, 물건을 훔쳤다고 아이를 때린다. 모두 훈육이라고 한다. 욱해서 소리지르고, 욱해서 손이 날아가 놓고 훈육이라고 한다. 아니다. 모두 폭행이다. 아동 학대다.

매를 들고 협박하는 것은 어떨까? "너, 한번 맞아 볼래?" "한 번만 더 그래 봐. 맞을 줄 알아." 때리지 않았으니 괜찮다고 생각하는지 모른다. 하지만 실제 때리는 것과 협박하는 것의 본질은 같다. 아이에게 소리를 지르고 무섭게 할 때, 아이는 겁에 질리고 잔뜩 움츠러든다. 때리지 않았어도 이미 맞은 것이다.

엄마가 세종이에게 가르쳐 주고 싶은 가치는 '무슨 이유에서라도 사람이 사람을 때려서는 안 된다'일 것이다. 그런데 때리는 것으로 때리지 말아야 한다는 것을 가르칠 수 있을까? '동생을 때렸으니 너도 맞아 봐'라는 말은 잘못되었다. 또한 안 아프게 때리거나, 한 대만 때리거나, 겁만 주거나 하는 것도 의미가 없다. 매로 아이를 다스리면, 아이는 '필요에 따라서는 다른 사람을 겁 주거나 때려도 된다'라고 배울 수 있다. 그렇게 돼서는 절대 안 된다. 사회 안에서 가정은 개인적이고 비밀스러운 공간이다. 누가 볼 수도 없는 가정 내에서조차도, 설사 내가 낳은 자식이라도 강압이나 힘으로 때리거나 억압하거나 공포감을 조성하거나 협박할 수 없다는 인식을 가져야 한다. 그래야 학교에서도 군대에서도 회사에서도 폭력으로 인한 안타까운 일이 생기지 않는다.

훈육은 아이가 사회의 기본 질서를 지키지 않거나 사회적으로 허용되지 않는 행동을 하거나 이 행동을 계속 하게 되면 나중에 다른 사람과 평화롭게 살아가는 데 문제가 될 것 같을 때 하는 것이다. 아이에게 "그런 행동을 하면 안 돼"를 가르쳐야 한다. 이때 가르쳐 주는 가치에는 절대 타협이나 협상이 있을 수 없다. "너, 엄마가 세 번까지는 참아 준다고 했어." 이런 말은 맞지 않다. 동생을 세 번 때릴 때까지 봐 주는 것은 말도 안 된다.

그런데 절대 타협해서는 안 된다는 것은 아이를 무섭게 대하거나 억압하라는 말이 아니다. 욱해도 된다는 말이 아니다. 많은 부모들이 욱해서 아이의 문제 행동에 공격적으로 잘못 대처해 놓고 "얘가 좋은 말로 해서는 말을 안 들어서" "내가 좀 욱하잖아"라는 이런 식으로 아이를 탓하거나 자기 행동을 합리화한다. 훈육을 제대로 이해하는 사람은 욱하지 않는다. 화가 났다면, 아이를 때리고 있다면, '훈육'이라는 명칭만 붙였을 뿐이지 훈육이 아니다. '너 이리 와. 너 오늘 맛 좀 봐' 하는 심정일 가능성이 높다. 피상적으로 훈육의 흉내만 내고 있을 뿐이지, 그냥 욱하고 있는 것이다. 이렇게 되면 훈육은 실패하고 만다. 욱했다는 것은 본인의 감정 조절에 문제가 많다는 것이고, 자신의 문제를 축소하는 것이다. 자기 문제를 축소하는 것은, 결국 자기 행동을 반성하지 않겠다는 의미다.

훈육하는데 아이가 말대꾸를 하면 부모는 욱한다. 부모가 "그만해"라고 했는데도 금방 멈추지 않으면, 아이가 나를 무시하는 것 같은 느낌을 받기도 한다. 내가 낳은 내 자식한테 자존심이 상하는 것이다. 그래서 욱한다. 그 순간만큼은 부모 자녀 관계가 아니라 인간 대 인간으로 화가 나는 것이다.

통제적인 부모일수록 화가 많이 난다. 그런데 통제는 상대를 인정하지 않는 것이다. '넌 어리고 네가 할 수 있는 것은 없고, 어른인 내가 더 잘 아니까 내 말을 들어'라는 식이다. 이것이 어떻게 교육인가? 지나치게 독재적이다. 군사정권 시대에 대부분의 위정자들이 이렇게 생각했을 것이다. 체벌을 훈육이라고 생각하는 부모와 아주 비슷한 심리다. 그 시대 위정자들은 국민을 잘살게 하려면 힘으로 누르는 수밖에 없다고 말했다. 국가를 발전시키려면 어쩔 수 없었다고 말했다. 자기 혼자 잘 먹고 잘사는 것이 아니라 국가와 국민을 생각한 선한 의도였다는 것이다. 하지만 그렇다고 자기 뜻을 거스르는 사람을 잡아다가 고문하는 것이 용납될 수는 없다.

마찬가지로 어떤 이유에서든 아이 몸에 손을 대거나 폭언하는 것은 용납될 수 없는 것이다.

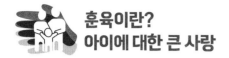

훈육이란?
아이에 대한 큰 사랑

　태어나서 3년 동안, 부모의 사랑을 충분히 받은 아이는 세상을 살아나갈 연료가 충분히 채워진다. 하지만 연료만으로는 세상을 안전하게 살아갈 수 없다. 사회질서와 규칙을 알아야 한다. 규칙을 모르거나 지키지 않으면 당연히 크고 작은 사고가 계속 발생한다. 만약 아이에게 부모의 사랑이라는 연료가 충분하지 않다면, 운전이 불가능한 상태이므로 연료부터 충분히 채워 줘야 한다. 이런 아이들은 사회질서와 규칙이 급한 것이 아니다.

　반면 연료는 충분하나 사회질서나 규칙을 모르는 아이는, 자동차를 운전할 줄은 알지만 교통신호와 법규는 전혀 모르는 상태로 도로 한가운데 있는 것과 같다. 얼마나 위험한가? 훈육은 아이가 이 사회에서 안전하게 살도록 사회질서와 규칙을 가르쳐 도와주는 것이다. 훈육을 하다 보면 욕구가 좌절된 아이가 울어 젖히거나 불쌍한 눈으로 사정하는 아이를 보면서 가슴이 아프고 안쓰러울 수 있다. 하지만 지금 제대로 가르치지 않으면 아이는 사회화될 수 없다. 그러므로 훈육은 부모의 권리가 아니라 의무이며, 아이에 대한 큰 사랑의 표현이다.

　훈육은 가정교육의 첫 단계다. 훈육은 아이가 성질이 나빠져서 하는 것이 아니라 무엇이 옳고 그른지, 무엇이 허용되고 허용되지 않는지를 가르쳐 주는 것이다. 따라서 너무 강압적이어도 안 되지만 지나치게 허용적이어도 안된다.

일부 부모들은 아이가 원하는 것을 다 들어주면 아이가 행복할 거라고 생각한다. "크면 다 할 텐데, 어린데 좀 들어주지"라는 말도 많이 한다. 그런데 어릴 때 못 배운 것을 스무 살이 된다고 갑자기 배울 수 있는 것이 아니다. 자기 조절이 나이가 들어서 저절로 좋아지는 것이라면, 어른들 중에 감정 조절이 안 되는 사람이 왜 있겠는가. 특히 자기 조절은 굉장히 오랜 시간 동안 자기 몸에 배여야 하는 것이다. 언제 어디서든 어떤 상황에서든 규칙을 배우지 않고 자기 조절 능력을 키우지 않으면, 아이는 스스로 불행하다고 느낄 일이 많을 것이다.

예를 들어 수업 시간에 아이들이 모두 목이 마른 상태다. 그런데 선생님이 "잠깐만, 마지막으로 이것 하나만 마저 가르쳐 줄게. 조금 있다가 물 먹으러 가자"라고 했다. 기다려야 하는 시간은 길지 않다. 이럴 때 보통 아이들은 "네" 하고 기다린다. 그런데 늘 자기 마음대로, 자기 원하는 대로 한 아이는 그 상황을 못 견딘다. 너무 괴롭다. "목말라 죽겠다고요. 나는 지금 갈 거예요" 하고 나가 버린다. 또한 이렇게 행동하지 못하더라도, 그 상황에 굉장히 스트레스를 받을 것이다. 다른 아이들은 참을 만한 일이 이 아이에게만 자지러질 만큼 큰 스트레스가 되는 것이다. 이렇게 살면 절대로 행복하지 않다.

상황 상황마다 어떻게 대처하고 어떻게 행동해야 되는지 배우는 것을 '자기 조절 능력'이라고 한다. 자기 조절 능력을 배우지 않으면, 기본적으로 별것 아닌 일에 스트레스를 굉장히 많이 받고, 결국 그것 때문에 눈 떠서 잘 때까지 행복하지 않다. 따라서 아이가 정말 행복하기를 원하면 '안 되는 일은 안 된다'고 가르쳐야 한다. 그것이 훈육이다.

훈육할 때 아이와의 갈등을 유난히 못 견디는 부모가 있다. 아이가 괴로워하는 모습을 보면서 본인도 괴로워한다. 그럴 때 내가 자주 해 주는 이야기가 있다.

"어머님, 아이가 한 달에 백만 원을 벌면서, 엄청나게 비싼 억대 수입차를 못 산다고 매일 밤 괴로워한다고 해 보세요. 그러면 사 줄 거예요? 집 다 팔고, 대출받아서?"

"못 하죠."

"지금 아이를 가르치지 못하면, 그런 것을 못 이겨 냅니다. 자기 욕구가 채워지지 않으면 작은 일에도 지나치게 괴로워하는 사람이 될 수 있어요. 남들은 괴롭지 않은 일을 혼자 괴로워하는 사람이 될 수 있어요."

아이가 행복하게 살게 하려면 안 되는 것은 안 된다고 하고, 견뎌야 하는 것은 견디게 해야 한다. 이것은 다른 누구도 아닌 오직 부모만이 할 수 있는 일이다.

훈육의 방법은 연령별로 다르다. 0세부터 만 2세는 웬만하면 아이의 요구를 들어주는 게 좋다. 아주 위험하거나 건강에 해가 되지 않는다면, 대체로 원하는 것을 들어주어야 한다. 이 시기에는 부모에게 사랑받고 있고, 수용받고 있다고 충분히 느끼는 것이 가장 중요하기 때문이다. 이 욕구가 충분히 채워지지 않으면 오히려 심한 고집쟁이가 될 수도 있다. 규제와 통제는 먼저 신뢰와 사랑이 단단히 형성되어야 잘 배울 수 있다.

만 2~3세는 되고 안 되는 것을 간단히 설명해 주면 된다. 훈육보다는 그 상황 상황마다 안 되는 것을 단호하고 간결하게 말해 주면 된다.

만 3세 이후는 적극적이고 확실한 훈육이 필요하다. 만 3세는 사회적 질서와 규제를 받아들이고 기본적인 자기 조절을 배우기 시작하는 중요한 시기다. 잘못된 행동을 했을 때, 적극적으로 훈육해서 행동을 바로잡아 주어야 한다. 이때는 내가 방송 "우리 아이가 달라졌어요"에서 했던 것처럼 훈육의 자세를 잡고 아이의 몸을 가볍게 통제해 주는 것이 좋다.

훈육의 자세를 잡는 이유는 첫째, 아이의 안전을 위해서다. 떼를 쓰는 아이는 온몸으로 발버둥을 친다. 고개를 뒤로 쾅쾅 찧고, 두 팔과 다리를 정신없이 버둥거린다. 잘못하면 다칠 수 있다. 이때 아이를 엄마 다리에 앉히고 두 손을 잡아 주면 아이가 버둥대도 다치지 않는다. 또한 엄마를 할퀴거나 때릴 수 없다. 허용되지 않는 행동을 금지시키면서 아이를 다치지 않게 할 수 있다.

둘째, 행동 조절을 가르치기 위해서다. 한참 훈육해야 하는 만 3~5세 아이는 아직 언어 개념이 충분하지 않다. 말로만 하면 제대로 못 알아듣는다. 말만으로 행동 조절이 안 될 때는 힘으로 행동을 조절시켜 가르치는 것이다. 아이가 발버둥을 칠 때 딱 잡아 주는 것으로, 네 몸이지만 어떤 행동이든 네 멋대로 할 수 없다는 것을 가르쳐 주는 것이다.

유아기를 지나 초등기가 되면 앉혀 놓고 차분하게 얘기해야 한다. 이때는 아이의 몸을 통제하는 것으로 아이를 훈육하기 힘들다. 대화로 해결해야 한다.

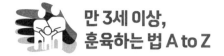

만 3세 이상, 훈육하는 법 A to Z

만 3세가 지난 아이가 동생을 때려서 훈육한다고 해 보자.

먼저 아이에게 "아무리 화가 나도 동생을 때리면 안 돼"라고 지침을 주고 조금 기다린다. 부모의 말이 아이에게 전달되는 데에는 시간이 걸린다. 그것이 아이에게 습득될 때까지, 응축이 돼서 기억 창고로 들어갈 때까지 기다려야 한다. 부모들은 그 시간을 기다려 주지 못하고 같은 말을 자꾸 반복한다. 그러면 그 말은 잔소리가 되고, 아이는 귀를 막아 버린다. 지침을 주고 기다려 주면 어떤 아이들은 태도가 좀 변한다. 뭔가 수긍하는 얼굴이 보인다. 이런 아이들에게는 굳이 훈육의 자세에 들어갈 필요가 없다.

반면 부모가 지침을 줬는데도 아이가 "싫어!" 하면, 다시 한 번 "엄마 말 들어. 엄마가 너한테 중요한 얘기를 할 거야"라고 얘기해 준다. 아이가 발길질을 하면서 소리를 지른다면 바로 훈육의 자세를 시작해야 한다.

보통 아이가 공격적인 행동을 하면 훈육해야 한다. 물건을 던진다든지, 사람을 깨문다든지, 사람을 민다든지, 사람을 할퀸다든지, 별것 아닌 것에 악을 쓴다든지, 안 된다고 하면 발버둥을 친다든지, 자기 몸을 자해한다든지 하면 훈육을 시작해야 한다. 공격적인 행동은 아이 자신은 물론 타인에게 피해가 갈 수 있기 때문이다.

1단계에서는 아이를 번쩍 들어 올려야 한다. 문제 행동을 한 아이가 엄마가 다가오면 엄마를 피해 요리조리 도망 다니면서 놀이하듯 깔깔댈 수 있다.

훈육은 절대 놀이가 되면 안 된다. 단호한 표정으로 아이를 번쩍 들어 올려야 한다. 그래야 아이는 상황이 심상치 않음을 인지한다. 이때 엄마가 아이에게 질질 끌려가서는 안 된다. 못 잡겠다는 듯, 못 들어 올리는 듯한 약한 모습을 보여서는 안 된다. 어설프게 하면 부모의 권위가 떨어진다. 엄마는 어른이다. 아이는 고작 4~6세. 마음을 강하게 가지라. 잡을 수 있고 들어 올릴 수 있다.

2단계에서는 본격적으로 훈육 자세를 잡아야 한다. 들어 올린 아이를 안전한 장소로 데리고 온다. 집이라면 거실 한가운데가 좋다. 엄마는 다리를 살짝 세우고 두 발목을 교차하고 앉는다. 무릎을 벌려 두 다리를 마름모 모양으로 만든다. 아이를 그 사이에 엄마와 마주보게 앉힌다. 아이의 다리를 펴서 엄마의 다리 사이에 넣는데, 아이의 옆구리가 엄마의 허벅지 안쪽으로 들어오면 자세를 잘 잡은 것이다. 그리고 엄마의 오른손으로 아이의 왼쪽 손목을, 왼손으로 오른쪽 손목을 잡는다. 아프지 않게 가볍게 잡고, 아이가 팔을 움직이면 그 움직임에 따라 엄마도 같이 움직여 준다. 훈육 자세가 완성되면 단호하게 "화난다고 동생을 때리면 안 돼"라고 말한다.

3단계에서는 평정심을 유지하며 아이가 그치기를 기다려야 한다. 훈육 자세를 잡으면 아이가 가만히 있을까? 물론 아니다. 빠져나가려고 안간힘을 쓸 것이다. 자세를 잘 잡았다면 아이는 절대 빠져나갈 수 없다. 아무리 난동 (?)을 피워도 다칠 염려도 없다. 엄마가 힘이 좀 들긴 할 것이다. 아이가 머리로 엄마의 가슴을 박을 수도 있고, 까불거리며 약을 올릴 수도 있고, 침을 뱉을 수도 있다. 손을 물 수도 있다. 엄마는 의연하게 그 자세를 유지해야 한다. 그리고 아이가 물면 아이의 눈을 쳐다보며 "물면 안 돼", 아이가 소리를 지르면 "소리 지르면 안 돼"라고 단호하게 말한다.

4단계에서는 돌발 상황에 침착하게 대응해야 한다. 아이는 어쩔 수 없이 자신을 놓아 줄 수밖에 없는 상황을 만들기도 한다. 토할 것 같다고도 하고, 쉬가 마렵다고도 하고, 목이 마르다고도 한다. 팔이 아프다고 울거나 기침을 심하게 할 수도 있다. 이런 상황이 되면 보통 아이를 풀어 주고 싶어진다. 그래도 안 된다. 그 자리에서 토를 하든 쉬를 하든 훈육을 중단하면 안 된다. 그냥 하게 둬야 한다. 그런 것을 두려워해서는 안 된다. 그런 것보다 지금 부모가 주려는 가르침이 더 중요하다. 물도 바로 마시지 않으면 큰일 날 상황이 아니면 "참아"라고 한다. "너 그칠 때까지 기다릴 거야"라고 말하고는 침착하게 기다린다.

5단계에서는 아이가 진정하고, "네"라는 대답을 하면 풀어 준다. 아이의 난동이 잦아들면 엄마 눈을 보라고 한다. 아이가 눈을 피하면, "얼굴을 보지 않으면 말할 수 없어"라고 말해 준다. 아이가 엄마의 얼굴을 쳐다보면 한결 부드러운 목소리로 "그렇지. 잘했어, 잘했어" 하고 머리나 얼굴을 한 번 쓸어 준다. "다 울었니?"라고 물어도 된다. 아이가 고분고분하게 "네"라고 대답하면 "잘했어, 그렇지" 하면서 머리를 쓰다듬어 준다. "그럼 이제 엄마랑 마주 앉아서 얘기를 좀 하자"라고 말한다. 아이가 "네"라고 대답하면 다시 "잘했어, 그렇지" 하고 칭찬해 준다.

6단계에서는 아빠 다리로 마주 앉아서 지침을 준다. 아이를 풀어 준 뒤 아빠 다리로 앉으라고 한다. 손은 무릎에 놓도록 한다. 아이가 지시대로 잘하면 "잘했어"라고 꼭 칭찬해 준다. 그러고 나서 비로소 잘못한 일과 안 되는 일을 정확하게 알려준다. "화날 때 동생을 때리면 안 돼." 아이가 "네" 하면 엄마는 고개를 끄덕끄덕하면서 "화날 때 사람을 때리는 것은 안 돼"라고 또 얘기해 준다. 아이가 "네" 하면, "잘했어. 약속!" 하면서 새끼손가락을 건다. 그리고 아이를 안아 주고 토닥여 주면서 "잘했어. 오늘 우리 ○○이 잘 배웠어"라고 말해 준다.

이렇게 훈육 자세를 잡고 있으면, 처음에는 난리를 치던 아이가 나중에는 더 이상 저항을 안 한다. 힘을 안 준다. '아, 이게 안 되는 거구나' 내지는 '이래 봐야 소용이 없네. 그런데 죽을 것 같이 무서운 일이 생길 줄 알았는데 아니네'라고 생각한다. 가만히 보니 별일이 없다. 부모가 때리지도 않고 화를 내지도 않는다. 아무런 일이 안 일어난다. 부모가 감정의 동요 없이 따뜻한 눈길로, 그러나 분명한 태도로 기다리고 있으면, 아이는 '아, 이것은 배워야 하는 건가 보네' 한다. 기다리는 중간중간에 "이것은 배워야 하는 거야. 오늘 너에게 꼭 가르쳐 줄 거야. 이런 행동은 절대 하면 안 돼" 정도를 말해 주는 것도 좋다.

자세를 잡고 훈육하는 과정에서 아이는 두 가지를 배운다. 하나는 '악을 쓰고 난리를 치는 것보다는 잘 배워서 안 하는 것이 훨씬 이득이구나(일이 훨씬 효과적으로 잘 해결되는구나)'이다. 다른 하나는 자신의 몸을 조절하는 법을 습득한다. 훈육의 과정에서 부모는 "그래, 그렇게 하는 거야" "음, 잘하는구나"

라고 칭찬해 준다. 그러면 아이는 안정감을 찾는다. 그러면서 자기 몸을 조절하는 기본적인 방법을 자연스럽게 체득하게 된다.

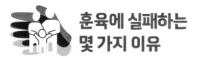

훈육에 실패하는 몇 가지 이유

어떤 부모는 훈육을 매우 자주 한다고 한다. 그런데 아이는 계속 똑같은 문제 행동을 한다. 이는 훈육에 실패한 것이다. 사실 제대로 된 훈육은 단 한 번만으로도 아이의 태도가 많이 달라진다. 만약 훈육을 자주 하는 편이라면, 훈육의 방법에 문제가 없었는지 생각해 봐야 한다. 부모들이 훈육에 실패하는 몇 가지 대표적인 이유들이 있다.

훈육은 부모의 마음이 불편하면 실패한다. 부모들에게 훈육하는 법을 가르칠 때, 훈육을 시작하면 마음의 상태가 어떤지 묻는다. "마음이 어떠세요?" 그러면 "좀 속상해요" "화가 나요"라고 대답하는 경우가 있다. 그러면 나는 훈육을 중지시킨다. 마음이 불편하다는 것은 훈육의 본질을 이해하지 못하는 것이다.

부모가 훈육을 잘해야 아이가 행복하게 살아갈 수 있다. 상황마다 어떻게 행동해야 하는지, 어떻게 참아야 하는지, 어떻게 조절해야 되는지를 배우지 못하면 아이는 아주 사소한 것에 화를 내는 사람이 되고, 남들이 별것 아니라고 생각하는 일에도 혼자 괴로워한다. 그렇게 된다면 아이가 얼마나 불행할까? 따라서 훈육은 부모가 반드시 해야 하는 일이다. 이렇게 훈육의 중요성을 다시 설명해 주면 불안정하던 부모의 눈빛이 편안하게 바뀐다. 아이를 대하는 태도가 달라진다. 신경질적으로 "안 돼! 하지 마!" 소리를 지르다가, 이유를 알면 훈육할 때 무섭지도 부드럽지도 않은 단호한 목소리로 "그러면 안 돼"라고 말하게 된다.

마음이 불편한 것에는 여러 가지 이유가 있다. 아이가 말을 안 듣는 모습이 보기 싫어서 그럴 수도 있다. 아이가 우는 소리를 일단 듣기 싫어서 그럴 수도 있다. 아이가 말을 안 듣고 울 때 주변에 눈치가 보여서 그럴 수도 있다. 아이의 모습이 왠지 측은하고 불쌍해 보여서 그럴 수도 있다. 이런 마음으로는 훈육을 시작하면 안 된다. 철저하게 아이를 중심으로 생각해야 한다. 훈육은 아이가 제대로 된 한 사람으로 자기를 조절하게 만드는 첫걸음이다. 회사에 아끼는 후배가 있다. 그런데 이 후배가 어떤 잘못을 했다. 이 후배를 잘 가르쳐서 유능한 사람으로 만들어야겠다고 생각하고 가르치는 것이 훈육이다. 아이에게도 그런 마음이어야 한다.

훈육은 화를 내고 강압적이면 실패한다. 내가 정말 아끼는 후배를 아주 잘 가르쳐서 쓸모 있는 사람을 만들겠다는 마음이면 화를 낼 일이 없다. 훈육하면서 화를 낸다는 것은 부적절한 통제를 하고 있다고 보아야 한다. '내 말에 꿇으라면 꿇어'의 마음일 때, 아이가 내 속도에 안 따라 줄 때 화가 난다. 내가 한두 번 얘기했는데, 아이가 바로 교정이 안 되면 기분이 나빠진다. 그러면 더 강압적인 방법을 쓰게 된다. 좀 더 빠른 효과를 얻기 위해서 강력한 수단을 찾게 된다. 그것이 매이다. 아이들은 어른이 욱하면 굉장히 무서워한다. 더구나 나를 가르치는 교사, 나를 돌보는 부모가 욱하면 너무 무섭다. 그래서 꼬리를 내리고 말을 듣는다. 그런데 이것은 꼬리를 내리는 것이지 배우는 것이 아니다.

부모들은 훈육하다가 종종 협박하기도 한다. 공포감을 조성하는 협박은 훈육이 아니다. 협박은 단호함과 분명히 다른 것이다. 아이가 빨리하기를 바라는 급한 마음에 수위를 높여 버리는 것이다. 이것은 아이를 위함이 아니라 부모 본인의 마음이 편하기 위해서다. 훈육은 부모가 통제권과 주도권을 가지고 해야 하는 것이지만, 실천 과정에서 아이를 지나치게 강압적으로 통제하려고 들어서는 안 된다.

빨리하려는 마음을 버리라. 훈육은 생각보다 오래 걸린다. 아이가 고집이 셀수록, 떼를 많이 부릴수록, 그동안 안 되는 것을 안 된다고 가르쳐 오지 않은 아이일수록 시간이 많이 걸린다는 것을 염두에 두어야 한다.

훈육은 아이에게 선택권을 주면 실패한다. 훈육은 어른이 주도권과 통제권을 가지고 있어야 한다. 놀이에서는 아이에게 주도권을 준다. 아이한테 "너 뭐 가지고 놀고 싶어?" "나, 이거!" "오케이! 그럼 엄마는 뭐할까?"가 될 수 있다. 하지만 훈육은 아니다. 사회적인 규칙을 가르치는 훈육의 과정에서는 아이에게 선택권을 주어서는 안 된다. 아이가 타협안을 내도 받아 주면 안 된다. "너 나쁜 사람 될 거야, 안 될 거야?" "너 앞으로 또 할래, 안 할래?" "지금 참으면 집에 가서 뭐 사 줄게" 등은 굉장히 잘못된 방법이다. 그냥 "안 돼"를 가르쳐야 한다. 아이가 "놓아 주면 말 잘 들을게요"라고 말해도 들어주면 안 된다. 아이가 먼저 의견을 제시해서 부모가 "알았어"라고 하면 주도권이 아이에게 넘어가는 것이다. 주도권이 넘어가면, 훈육은 실패한다. 아이가 문제 행동을 하는 상황에서만 해당되는 것이긴 하나, 훈육은 부모가 지시하는 것을 듣고 따르는 것을 가르치는 의미도 있다. 따라서 주도권은 반드시 부모에게 있어야 한다.

훈육할 때 우리가 쉽게 하는 실수는 아이에게 질문하는 것이다. 부모들의 상당수가 훈육할 때 "왜 그랬어?"를 묻는다. 이런 질문은 훈육 과정 중에 할 일이 아니다. 훈육은 사회 안에서 지켜 가야 하는 기본 질서나 원칙을 가르치는 것이다. 만약 아이가 말하는 이유가 이해된다고 해도 그냥 넘어가서는 안 되는 일이기 때문이다. 그래서 이유 불문이다. 훈육하는 상황에서는 어떤 질문이나 선택도 하게 해서는 안 된다.

그리고 너무 많은 말을 주고받으면 안 된다. 훈육은 대화의 과정이 아니다. 한번 생각해 보자. '사람이 사람을 때려서는 안 된다'를 가르치는데, 이유를 묻는다. "너 왜 때렸어?" "화나서." "그래, 아까 보니까 화날 만했겠다." 이렇게 진행되면 안 된다. 사거리에서는 신호등을 지켜야 한다. 안 지키면 큰일이 난다. 나도 다치지만 다른 사람을 다치게 할 수도 있다. 내가 급하다고 해서 그 원칙을 유동적으로 움직여서는 안 된다. 이유는 일단 훈육이 끝나고 편안할 때 물어야 한다.

훈육은 아이와 힘겨루기를 하면 실패한다. 간혹 훈육 자세를 잡는 것이 아이를 힘으로 제압하는 것인 줄 오해하는 부모들이 있다. 훈육 자세에서 아이를 잡아 주는 것은, 내 몸이지만 마음대로 할 수 없다는 것을 몸으로 가르쳐 주는 것이다. 어떤 부모는 아이를 눕혀 놓고 누르기도 하는데, 절대 그렇게 해서는 안 된다. '어디서 까불어. 내가 너보다 힘 세' 식으로 접근하면 실패한다. 아이를 훈육하는 것은 '네가 이기나 내가 이기나 보자' 식의 힘겨루기가 아니다. 어른이 아이에게 옳은 일, 옳지 않은 일을 가르쳐 주는 것이다. 아이가 뭔가를 배우려면 아이 스스로 이 상황이 안전하다고 느껴야 한다. 조금이라도 강압적이어서는 배우지 못한다.

그렇지만 힘의 균형은 유지해 줘야 한다. 아이가 팔다리를 휘저을 때 부모가 "아아아" 하고 비명을 지르거나, 아이가 힘을 쓰면 벌러덩 넘어가서는 안 된다. 팔을 휘저으면 "너 어디!"가 아니라 "화가 난다고 주먹질을 하면 안 돼" 하면서 딱 잡아 주면, 아이가 그 기세에 눌린다. 여기서 '기세'는 아이를 잘 지도하겠다는 마음이다. 그것이 느껴지면 아이가 부모 안으로 들어오게 되어 있다. 어떤 아이는 훈육 자세에 들어가면 부모 쪽으로 침을 뱉기도 한다. 피해서는 안 된다. 침은 닦으면 된다. 부모를 겁주기 위해서 자기 힘의 위세를 보여 주려고 침을 뱉는 것이다. 이를 피하는 것은 아이가 바라는 행동이다. 피하면 아이의 기세에 눌린 것이 된다. 훈육을 성공하게 하는 것은 물리적인 힘이 아니라 내면의 힘이다.

훈육은 빨리하려는 마음이 들수록 실패한다. 훈육하는 시간은 짧게는 40분, 길어지면 2시간 이상 걸린다. 그런데 많은 부모들이 훈육을 5분, 10분 만에 끝내려고 한다. 시간이 길어지면 아이가 안쓰럽든 본인이 화가 나든 마음이 불편해져서 못 견딘다. 훈육을 시작하면 악을 쓰며 발악하던 아이들도 부모가 한참을 끄떡없이 버티면 '불쌍 모드'가 된다. 기침을 하면서 목이 마르다고 한다. 이때 부모들은 움찔하게 된다. 왠지 물은 주어야 할 것 같기 때문이다. 그럴 때 생각해야 한다. '아이가 갈증이 나서 죽을 것 같은 상태인가?' 아니라면 기다리라고 해야 한다. 아이가 뭐라고 해도 "기다려"라고 두 번 정도 말하고 그다음부터는 대답하지 않는다. 두 번 정도면 아이도 충분히 알아듣는다. 그 이상 물을 달라고 요구하는 것은 마지막까지 자신의 힘을 행사하려는 아이의 속셈이다. 자기가 주도권을 갖겠다는 것이다. "기다려"라고 말한 후 요구를 들어주지 말고 버텨야 한다. 물론 아이가 물을 마시지 않으면 생명이 위독한 상황이라면 당연히 들어줘야 한다. 하지만 보통은 그런 상황은 아니다.

어떤 아이는 "오줌 마려. 오줌 마려" 하기도 한다. 이때도 아이가 화장실이 급한 상황인지 생각해 봐야 한다. 조금 전에 오줌을 누었다면 역시 "기다려"라고 한다. 정말 쌀 수 있는 상황일 수도 있다. 그래도 "싸도 돼. 걱정 마. 옷은 갈아입으면 돼. 지금은 이것을 배우는 것이 가장 중요해"라고 단호하게 말한다. 그런데 이렇게 말하면 정말 오줌을 싸는 아이도 있다. 그러면서 아이는 기세 좋게 "거봐. 싼다고 했잖아? 엄마 옷도 젖었잖아" 한다. "괜찮아. 옷은 빨면 돼"라고 평정심을 잃지 않고 말해 주어야 한다. 그래야 아이의 기세가 확 꺾인다.

훈육은 일단 시작하면 제대로 배울 때까지 끝까지 가야 한다. 아이를 짓누르지 말고, 화내지도 말고, 한숨을 쉬어서도 안 된다. 가만히 쳐다보면서 기다려야 한다. 만약 훈육하는 상황에 택배가 왔어도 받으러 가면 안 된다. 전화가 와도 받으면 안 된다. 아이에게 지금 부모가 너에게 굉장히 중요한 것을 가르치고 있다는 인상을 심어 주려면 오직 그 상황에만 몰두해야 한다.

훈육은 남발하면 실패한다. 부모는 아이에게 해서는 안 되는 행동을 말해 줄 수 있어야 한다. 이때 아이는 어른의 말을 들을 수 있어야 한다. 이것을 '가정교육'이라고 한다. 이 자세가 안 되어 있을 때 훈육해야 한다. 예를 들어 부모가 중요한 얘기를 했는데 머리를 들이박는다든가, 발길질을 한다든가, 악을 쓴다든가, 침을 뱉을 때는 훈육을 해야 한다.

그러나 아이가 듣기는 듣는다. 그런데 엄마가 봤을 때 그 표정이 약간 기분이 나쁘다. 그런다고 훈육하면 안 된다. 아이가 약간 삐져 있는 얼굴이긴 한데, 듣긴 듣고 있다. 그렇다면 그냥 얘기하면 된다. 태도가 마음에 안 든다고 그것까지 통제하려고 들어서는 안 된다.

부모는 아이가 사회에서 인간답고 평화롭게 살아가는 데 있어서 남의 생명과 권리를 침해하지 않게 하기 위해서 훈육을 하는 것이다. 내 마음에 딱 맞는 아이를 만들려고 훈육하는 것이 아니다. 아이의 기분이 좀 나쁜 것 같으면, "네가 기분 나쁠 수는 있어. 하지만 이것은 엄마가 꼭 얘기해 줘야 하는 거야. 잘 기억해" 하면 된다. 너무 사소한 것까지 훈육하려고 들면, 정작 중요한 것을 훈육할 때 아이가 받아들이지 않는다. 아이의 모든 것을 지나치게 통제하려는 것은 폭력이다. 그것까지 '훈육'이라고 미화시켜서는 안 된다.

예쁜 말, 고운 말이 꼭 중요할까?

부모가 아이에게 자주 주는 지침 중에 "고운 말을 써야지" "예쁘게 말해야지" 가 있다. 소리를 지르는 아이에게 이 지침을 주는 것은 바람직하지 않다. 아이가 소리를 지르면, '소리 지르지 마'라고 가르쳐야 한다. 예쁘게 말하라고 가르칠 필요는 없다.

아이가 뭔가 화가 나서 "저것 좀 해달라고!" 하고 소리를 질렀다. 여기에 대고 "예쁘게 말해야 엄마가 준다고 했지?" 하면 안 된다. 아이는 그럴 수가 없다. 화가 나는데 어떻게 말이 예쁘게 나가겠는가. 그럴 때는 "소리 지르지 말고 말해. 엄마 들었거든"이라고 가르쳐 주면 된다. 아이가 친구에게 약간 화가 나서 "너! 저리가!"라고 소리를 질렀다. 이럴 때도 "친구에게 예쁘게 말해야지"가 아니다. "친구한테 소리 지르지 말고 말해"라고 해야 한다.

어떤 엄마들은 그 상황에서 아이의 감정은 무시한 채, 수도 없이 "예쁘게 말해. 다시 말해"라고 한다. 그다지 좋은 행동이 아니다. 말하는 목적은 상대에게 내 의견을 전달하기 위한 것이다. 예쁘게 말하는 것이 목적은 아니다. 지침을 줄 때는 내가 이 상황에서 아이에게 뭘 가르치려고 하는지 생각하고 그것에 대한 지침만 주어야 한다. 그것만으로도 아이는 벅차다.

CHAPTER 5

나도 지쳤단 말이다,
그만 좀 불러!

'쉬고 싶은데 뭘 자꾸 요구할 때'

CASE • • • • • • • • • • •

동철이 아빠는 지금 한창 축구를 보는 중이다. 동철이(만 4세)는 아빠 옆에서 한창 새로 산 블록을 맞추는 중이다. 그런데 좀 어려운지 아까부터 한 조각을 오른쪽으로 끼웠다 왼쪽으로 끼웠다 하며 낑낑대고 있다. 아무래도 안 되겠는지 아빠를 부른다.

"아빠, 이것 좀 껴 줘!"

아빠의 눈은 축구공을 잡은 스트라이커에게 꽂혀 있다.

"아빠~~ 아빠~~."

동철이는 목청껏 아빠를 부른다. 그제야 아빠가 대답한다. 하지만 눈은 여전히 TV에 잡혀 있다.

"이게 잘 안 돼. 좀 꺼 달라고!"

"잠깐! 잠깐! 좀 기다려."

동철이는 다시 자기가 끼우려고 한다. 역시 조각이 끼워지지 않는다.

"빨리! 빨리! '잠깐' 지났잖아!"

동철이는 소리를 지르다 TV를 가리고 서서 발을 구르기 시작한다.

"어휴, 아빠가 축구 잠깐 보는 것도 못 기다리냐? 으이그, 이리 줘 봐."

아빠는 아이 손에서 블록 조각을 거칠게 뺏었다. 하지만 아빠가 끼워도 잘 끼워지지 않았다. 설명서대로 맞게 하는 것 같은데, 어쩐 일인지 들어가지 않았다. 아빠는 씩씩거리며 블록 조각과 씨름을 했다. 그때 TV에서 환호성 소리가 나왔다. 스트라이커가 골을 넣은 것이다. 아빠는 거칠게 블록 조각을 바닥에 던졌다. 블록 조각은 데굴데굴 굴러 소파 밑으로 들어갔다. 동철이는 엄마를 부르며 울음을 터뜨렸다.

"이거 어려운 거니까 아빠가 사지 말라고 했지! 네 장난감이면 네가 만들어야지, 왜 아빠한테 만들어 달래? 다음에 이거 사 달라고만 해 봐!"

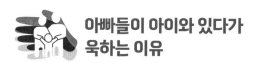

아빠들이 아이와 있다가 욱하는 이유

"아니, 잠깐을 평화롭게 못 있어요. 잠깐 봐 달라고 했는데 그새 화를 내거나 아이를 울린다니까요. 집에 있건 키즈카페를 가건 마찬가지예요." 엄마들이 자주 하는 하소연이다. 남자들은 왜 그럴까?

아빠들이 아이와 함께 있다가 버럭하는 이유는 크게 세 가지를 들 수 있다. 첫 번째는 원래 화를 잘 못 참고 성질을 잘 내는 사람이라 그럴 수 있다. 이런 사람은 딱히 아이와 있을 때만이 아니라 아내와 있을 때도, 심지어 혼자 있을 때도 버럭버럭한다.

두 번째는 자기가 그렇게 자랐기 때문이다. 어린 시절 아버지가 자기에게 항상 그런 식으로 말했기 때문에 자기도 배운 대로 하는 것이다.

세 번째는 앞서 "공공장소에서 말을 안 들을 때"에서도 말했지만, 공공장소에서 남한테 피해 주는 것을 유난히 못 견뎌서 그렇다.

위의 두 번째가 앞에 나온 동철이 아빠의 경우다. 아이의 요구를 들어주는 것이 잘 안 되는 사람들이다. 그것이 귀찮다고 생각한다. 아이가 뭔가를 해 달라고 하면, 아빠는 늘 기다리라고 한다.

기다리는 것도 가르치기는 해야 한다. 그런데 그것은 조절과 통제를 가르치기 위해서다. 이때는 아이가 어떤 욕구를 조절할 때까지 옆에서 딱 지켜봐 줘야 한다. 아이에게는 "너, 기다려"라고 하고, 부모는 왔다 갔다 하면서 자기 할 일을 하면 안 된다. 자리를 뜨지 말고 그 자리에 앉아서 가만히 아이를 지켜봐 줘야 한다.

하지만 축구를 보면서 아빠가 "잠깐 기다려"라고 하는 것은 엄밀히 따지면 아빠 자신의 욕구를 먼저 채우겠다는 말이다. 어떤 경우는 아이가 요구하는 것을 빨리 들어줘야 하는 것도 있다. 어린아이들은 조립 장난감을 끼워 줘야 하는 상황에서 잘 못 참는다. 그것을 끼워야 그다음 놀이로 넘어 가기 때문이다. 그런데 아빠는 계속 기다리라고만 했다. 그러면 대부분 반복해서 요구하다가 찡찡대고 결국은 문제 행동을 한다. 아빠가 보는 TV를 꺼 버리기도 하고 아빠를 때리기도 한다. 그러면 많은 아빠들이 일상을 시끄럽게 만들어 버린다.

일이 바쁜 아빠들은 집에 오면 쉬고 싶다. 그런데 아이가 와서 자꾸 놀아 달라고 하고, 뭘 해 달라고도 한다. 계속 옆에 와서 종알대고, 잡아끌기도 하고, 올라타기도 한다. 이럴 때 아빠들은 귀찮다. 아이가 어릴 때는 더욱 그렇다. 자신이 어릴 때 자기 아버지로부터 보살핌을 받아 본 적이 없을수록 잘 못한다. 어릴 때 아버지와 많은 교감을 나누지 못하고 자라면 아빠의 역할은 밖에 나가서 돈 버는 것이 전부라고 생각하게 된다. 육아는 집안일이므로 퇴근해서 들어온 아빠는 자기 할 일은 다 했다고 생각한다. 그래서 집에 들어오는 순간, 다 내려놓고 쉬고 싶다. 그럴 때 아이가 건드리면 "아빠가 하지 말랬지?"라는 반응이 나온다.

아이는 아빠를 괴롭히는 것이 아니다. 아이가 부모에게 그렇게 하는 것은 당연한 것이다. 아빠 옆에 가까이 있으려고 하고, 다가가고 싶고, 조력자인 부모에게 도와달라고 해야 한다. 아이는 그렇게 의존 욕구를 충족시키며 자란다. 그런데 아빠들은 그것을 하지 말라고 소리를 지르는 것이다.

남편이 이러면 아내는 섭섭하다. 거의 매일 늦게 들어오면서, 주말의 그 짧은 시간도 제대로 못 놀아 주다니 섭섭하고 서운하다.

내 욕구가 아이의 욕구보다 우선인 아빠. 남자들은 원래 이기적일까? 오해하지는 말자. 모든 남자들이 그렇지는 않다. 요새는 펭귄 아빠처럼 아이를 잘 품고 희생하는 남자들도 꽤 많다. 여하튼 이기적으로 느껴지는 아빠는 왜 그런 걸까? 다시 의존 욕구를 생각해 보자. 어린 시절 의존 욕구가 해결되지 않은 사람은 아이에게 나눠 주기가 어렵다. 생각보다 의존 욕구가 해결되지 않은 아빠들이 많다. 물론 의존 욕구가 해결되지 않았다고 모두 아이에게 이기적으로 구는 것은 아니다. 그런 이유로 아이에게 더 잘하는 사람도 적지 않다.

일반적으로 의존 욕구가 해결되지 않은 아빠들은 세 가지 모습을 보인다.

첫째, 부모에게 지나치게 효자다. 효자가 나쁜 것이 아니다. 하지만 지나친 것은 문제다. 부모로부터 크고 충분한 사랑을 받은 사람들은 일정한 나이가 되면 오히려 정서적으로나 심리적으로 분리가 잘 된다. 분리되는 것이 아주 편안하다. 그런데 의존 욕구가 해결되지 않은 사람은 떨어지지 못한다. 부모에게 받은 것이 없어도 지나치게 잘하려고 한다.

그리고 정작 부모를 의지하고 도와달라고 해야 할 때는 그런 말을 잘 못한다. 이런 남편을 둔 아내들은 나를 만나면 하소연한다. 자랄 때 예뻐한 것은 둘째 아들인데, 지금 오라 가라 하고 무슨 일만 있으면 돈 내놓으라고 하는 것은 큰아들이라고 말이다. 돈 가져다 드리면 시부모님은 모아 놓았다가 둘째 아들에게 준단다. 남편한테 이런 부분을 말하면 "당신은 참견하지 마. 내가 다 알아서 해. 내가 큰아들인데 당연히 내가 부모님 봉양해야지"라고 한단다. 굉장히 독립적인 사람처럼 보이지만 이런 남편들 중에는 부모에 대한 의존 욕구가 해결되지 않은 사람이 많다. 그래서 부모 옆에 계속 붙어 있는 것이다.

어떻게 보면 자식이나 아내보다 그 해결되지 않은 끈을 끊지 못하는 부모한테 훨씬 더 많은 시간과 에너지, 재정을 쏟고 있는 것이다. 이런 사람은 일

가친척들 관계에서 자기 존재를 인정받고 싶은 처절한 마음이 있다. 보통 이런 사람이 사회적으로 성공하면 집에서는 마초처럼 행동한다. 하지만 그렇다고 이 사람에게 부모와 연을 끊으라고 할 수는 없다. 그 행동이 나쁜 것은 아니기 때문이다. 하지만 자신의 심리적인 중요한 요소 중에 해결되지 않은 부분이 있다는 사실은 알아야 한다.

둘째, 아주 이기적인 사람이다. 자신이 부모에게 받은 적이 없어 내어 줄 줄 모른다. 부모에게는 물론이고 아내나 자식에게도 돈을 안 준다. 생활비도 잘 주지 않고, 자식한테 드는 돈도 굉장히 아까워한다. 이런 남편은 항상 돈을 아끼고 모아야 한다고 말한다. 하지만 이상하게도 자기 취미 활동에는 큰돈을 척척 쓴다. 자신한테 몰두하고 있는 것이다. 시간이나 돈, 모든 것에서 그렇다. 이런 아빠들은 심리적인 에너지도 아내나 자식에게 쓰지 않는다. 아주 이기적인 사람이라고 보아야 한다.

셋째, 감정적인 것을 유난히 받아 주지 못하는 사람이다. 책임감이 강하고 일도 열심히 하고 자식 뒷바라지도 잘하는데 감정적인 부분을 받아 주지 못한다. 금전적인 것만 채워 주면 할 일을 다 했다고 생각한다. 그 이외의 것은 개념이 없다.

의존 욕구는 사랑받고 싶은 대상에게서 사랑받고 있다는 것을 믿으며, 힘들 때 가까이 있고 싶은 대상과 가까이 있고 싶고, 위로나 보호가 필요할 때 그 대상에게 보호받고 싶다고 느끼는 것이다. 의존 욕구에는 감정적인 부분이 많다. 금전적인 지원 외에 부모에게 사랑받는 느낌이 있어야 감정적인 욕구도 해결되어 채워진다. 그런데 이런 아빠는 그것이 채워지지 않았고, 아이의 정서적인 욕구를 받아 주지도 못한다. 동철이 아빠도 세 번째에 해당한다. 이런 아빠들을 그저 성질이 나쁘다고만 볼 수는 없다. 원부모와의 해결되지 않은 정서적인 문제 때문에 어쩔 수 없이 그런 모습이 나타나기 때문이다.

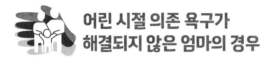

어린 시절 의존 욕구가 해결되지 않은 엄마의 경우

의존 욕구는 엄마들에게도 빈번히 육아의 벽을 만드는 원인이 된다.

은정 씨도 여느 엄마들처럼 아이 문제를 상담하러 왔다. 생후 32개월 된 아들이 말이 느려서 걱정이라 했다. 아이를 살펴보니 또래보다 언어 발달이 느리고, 키도 평균보다 많이 작은 편이었다. 다행인 것은 언어 발달이 느리기는 해도 비언어적 소통 능력은 다 가지고 있었다. 상태는 생각보다 심각하지 않았다.

문제는 은정 씨였다. 아이를 돌봐 주고 있는 친정 엄마와의 육아 갈등이 심했고, 또한 아이를 잘 챙기지 못했다. 워킹맘이긴 했지만 집에 오면 몸이 힘들다는 이유로 아이가 엄마를 찾는 것을 유독 귀찮아했고, 자신도 친구들과 어울리며 휴식 시간을 갖고 싶어 했다. 가만히 살펴보니 은정 씨는 아이를 정말 사랑하지만 아이에게 자신의 몸과 마음을 내주는 것을 어려워했다. 은정 씨 또한 어린 시절 의존 욕구에 문제가 있는 듯 보였다.

은정 씨는 결혼하기 전 다른 남자를 좋아했다고 한다. 그런데 어쩌다가 지금의 아이 아빠와의 관계로 임신을 하게 돼서 급하게 결혼하게 되었다.

아이 아빠와의 결혼 생활은 행복하지 못했다. 남편은 매일 술에 취해서 새벽에 들어왔고, 그때마다 은정 씨를 때렸다고 한다. 결국 두 사람은 헤어졌고, 그 이후로는 친정 엄마와 살게 되었다.

그런데 은정 씨는 친정 엄마에 대한 상처가 있었다. 은정 씨가 일곱 살 때 아버지가 암으로 돌아가셨다. 엄마는 장사를 하면서 은정 씨를 혼자 키웠는데, 은정 씨 마음속에는 '엄마가 조금만 더 뒷바라지를 해 줬더라면, 내가 지금 같은 인생은 안 살 텐데'라는 생각이 늘 있었다. 엄마에게 그런 말을 하면, "그 정도 뒷바라지해 줬으면 됐지, 피아노 학원도 보내 줬잖아"라고 한단다.

생각해 보면 혼자 아이를 키우느라 엄마가 고생한 것을 몰라준다는 생각도 든다. 하지만 은정 씨가 바라는 뒷바라지는 비단 금전적인 것이 아니었다. 정서적인 면이 더 많았다. 은정 씨 기억 속에 엄마는 저녁만 되면 외출 준비를 했다. 화장을 곱게 하고 예쁜 옷을 차려 입었다. 엄마가 옷장을 열고 이 옷 저 옷을 입어 보고 있으면, 은정 씨는 묻곤 했다. "엄마, 나 꼭 데려갈 거지?" 깜깜한 밤 아무도 없는 집에 혼자 남겨지는 것은 정말 무서웠다. 그러면 엄마는 무표정한 얼굴로 짧게 "어"라고 대답하고는 어느 틈에 혼자 나가 버렸다.

엄마가 하는 장사가 잘되는 편이라 그리 가난하게 살지는 않았다. 학원도 좀 다녔던 것 같다. 하지만 은정 씨는 엄마가 자신의 교육적 뒷바라지를 안 해 줬다고 느꼈다. 은정 씨는 고등학교를 나와 바로 취업했다. 지금도 직장을 다니지만, 야간 전문대라도 가고 싶은 열망이 컸다. 은정 씨는 엄마한테 못 받은 것이 많다고 생각했다. 실질적인 돌봄, 정서적인 돌봄, 교육적인 돌봄 등이 그것이다.

그런데 은정 씨는 그런 엄마한테 아이를 맡기고 있다. 은정 씨 마음은 엄마한테 맡기느니 24시간 보육센터에 맡기고 싶다. 하지만 아이가 너무 까다롭고 예민하고 발달도 느려서 그럴 수 없다고 했다. 그렇다고 은정 씨가 아이를 전적으로 볼 입장도 아니었다. 아이를 혼자 키우려면 돈을 벌어야 했고, 집에는 사흘에 한 번밖에 들어오지 못했다. 그러니 어쩔 수 없었다.

두 사람이 아이를 양육하는 상황에서 정말 치열하게 싸운다고 은정 씨는 이르듯 말했다. 아이가 어릴 때 목욕통에서 나오면 추워서 그러는지 심하게 울었다고 했다. 감각이 예민한 아이는 배 부분이 노출되면 굉장히 놀라했다. 그러면 엄마는 "빨리빨리 옷 입혀야겠다" 하면서 얇은 이불만 깔려 있는 바닥에 아이를 쿵 소리가 나게 내려놓았다. 자기가 "엄마 살살, 제발 살살" 해도 그랬단다. 엄마는 매사 그런 식이라는 것이다. 엄마는 기억도 못했다. 엄마의 모습에서 은정 씨는 자신이 어린 시절 받지 못한 돌봄이 생각났을 것이다.

의존 욕구가 채워지지 않은 사람은, 아이를 보면 어릴 때 자신이 엄마한테 받지 못한 사랑이 되살아난다. 그래서 괴롭다. 그 마음으로 아이를 더 잘 키울 수 있으면 좋을 텐데 많은 사람들이 그러지 못한다. 은정 씨도 그랬다. 아이를 위해서 열심히 일하고 잘 키워 보려고 노력하지만 잘 안 됐다. 사흘 만에 집에 와서 아이가 놀아 달라고 안기면 몸이 힘들었다. 그래도 힘겹게 아이와 놀아 주면, 엄마는 집 안이 어질러졌다며 화를 냈다.

은정 씨 엄마와도 대화를 해 보았는데 이해가 되는 부분이 있었다. 은정 씨는 아이와 장난감을 늘어놓고 놀고는 치우지 않는단다. 허리도 아픈데 치우는 것은 항상 자기 몫이라고 했다. 그리고 며칠 만에 집에 오는 날이면 "엄마, 제가 아이 볼 테니 좀 쉬세요" 하는 것이 아니라, 친구를 만나고 늦게 들어올 때가 많다고 했다. 엄마는 엄마대로 딸의 행동이 마음에 들지 않았다. 사실 딸의 행동은 표면적인 것만 봐서는 이해할 수 없다. 엄마 자신과 해결되지 않는 갈등의 요소가 있다는 것을 생각하면 좋을 텐데, 엄마는 그런 것을 이해하기 어려운 분이었다. 감정이 굉장히 메마른 분이었다.

육아는 아이에게 끊임없이 나를 내주어야 가능하다. 의존 욕구가 해결되지 않은 사람은 그것이 어렵다. 내주는 것이 힘들다. 성인이 되어서도, 부모가 되어서도 자신이 받지 못한 돌봄에 대한 결핍을 계속 느끼기 때문이다.

의존 욕구가 채워지지 않은 엄마 중에는, 아이들에게 지나치게 경제적으로 잘해 주려는 경우도 있다. 요즘 엄마들은 덜한 편이지만, 10~20년 전만하더라도 아이가 여럿이면 누나나 여동생은 오빠나 남동생에게 우선순위가 밀렸다. 여자들은 거기에서 오는 억울함이 많았다. 그런 것에 맺힌 것이 많은 엄마들은, 책을 사도 전집으로 산다. 아이가 갖고 싶은 것은 뭐든지 사주려고 한다. 옷도 비싼 것으로만 사 준다. 유모차도 분유도 제일 비싼 것을 산다. 아이가 커 갈수록 엄마의 이런 행동은 집안에 타격을 준다. 어느 집 아이가 뭘 배운다고 하면 우리 아이도 얼른 시킨다. 제일 좋은 학원만 찾아다닌다. 겉으로는 교육열처럼 보이지만, 파헤쳐 보면 실상은 그렇지 않은 것일 수도 있다.

이런 엄마들은 자신에 대한 허영심은 없다. 사치스럽지도 않고 자기 것은 여간해서 사지 않는다. 은정 씨가 그리 가난한 환경에서 자라지 않았음에도 여러 가지 돌봄에 대한 의존 욕구를 채우지 못한 것처럼, 물질적 풍요에 맺힌 것이 많은 엄마들은 꼭 가난한 어린 시절을 보내서 그러는 것이 아니다. 여유 있는 집안에서도 뭔가 공평하지 않다고 느끼는 억울함이 있었으면 의존 욕구가 남을 수 있다. 어린 시절의 의존 욕구 문제는 뒷바라지를 충분히 못 받았든, 정서적인 돌봄을 충분히 못 받았든, 아니면 뭔가 공평하지 않아서 억울했든 생길 수 있다.

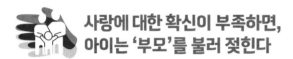

사랑에 대한 확신이 부족하면, 아이는 '부모'를 불러 젖힌다

아이들은 아직 미숙하다. 기능 발달이 충분하게 이뤄지지 않아 기술이 떨어지고, 자기가 해낼 수 있다는 충분한 자신감도 없다. 그래서 보호받고 싶은 마음에 부모를 부른다. 부모와 가까이 있으면 안정적이고 좋기 때문에 부모를 끊임없이 불러 젖힌다. 뭔가 스스로 자율적이고 자주적이고 독립적이고 주도적으로 할 수 있는 능력이 생기기 전까지 대부분의 아이들은 끊임없이 요구한다. 부모가 안 보이면 자주 찾고, 뭔가를 하기 전에 부모의 신호를 기다린다. 뭘 하더라도 부모 무릎에서, 부모 옆에서 하려고 한다. 한마디로 좋아서 그러는 것이고, 그래야 안정감을 느끼기 때문에 그러는 것이다. 가장 믿을 만한 사람이라서 그러는 것이다. 만약 그런 아이의 요구조차 소화해 내기가 어렵다면, 앞서서 말한 것처럼 어린 시절 부모 자신이 해결하지 못한 문제가 있을 가능성이 높다.

그런데 부모에게서 떨어지지 않으려는 정도가 유난히 심한 아이들이 있다. 이런 아이들은 가장 먼저, 부모가 아이에게 주는 사랑에 대한 만족감이 충분치 않은 것은 아닌지 의심해야 한다. 아이가 느끼기에 충분치 않은 정도가 아니라 아주 모자란, 부모가 나를 싫어하는 것 같을 때 마음이 조급해진다. 그러면 더 자주 "엄마!"를 부른다. 어른들의 관계로 생각하면 쉽게 이해할 수 있다. 나는 상대방을 너무 사랑한다. 나는 상대방이 없으면 못 살 것 같다. 그런데 상대방은 아닌 것 같다. 나를 충분히 사랑하지 않는 것 같다. 그러면 어떻게 할까? 처음에는 옆에 딱 붙어서 사랑을 확인받으려고 한다. 그래도 안 되면 좀 집요해진다. "아까 왜 전화 안 받았어? 한 시간 동안 뭐했어?"가 된다. 아이들도 그렇다. 쉴 새 없이 요구하고, 빨리 들어주지 않으면 징징대고 짜증낸다. 자신을 사랑하지 않는다고 생각하기 때문이다.

그런데 이렇게 불러 대도 대답해 주지 않는다면 어떻게 될까? 아이는 마음의 문을 닫아 버린다. 부모의 말을 듣기도, 부모에게 말하기도 싫어하게 된다. 아이가 부모를 부르는 것은 어떻게든 만족감을 충족해 보려고 하는 몸부림이라고도 볼 수 있다.

아이는 어떤 부모에게 만족감을 충분히 느끼지 못할까? 첫째, 반응이 무덤덤한 부모다. 부모가 내성적이거나 감정 표현을 잘 못하면 그럴 수 있다. 부모의 얼굴 표정이 다양하지 않고 늘 비슷한 표정이다. 표현 자체도 제한적이다. 만약 부모에게 우울증이 있다면 더 그럴 수 있다. 아이에게 어떤 반응을 할 때는 부모가 그 반응에 맞게 대응해 주어야 한다. 예를 들어 아이가 신 나서 춤을 추고 있다면 엄마도 웃으면서 어깨를 들썩거리며 춤을 추거나 신이 나는 듯한 반응을 해 줘야 한다. 그런데 엄마가 무표정한 얼굴로 "음,

잘하네" 하면 반응의 양이 너무 적은 경우다.

반대로 별것 아닌 일에도 과도하게 흥분하는 엄마도 있다. 그것은 반응의 양이 너무 크다. 둘 다 아이의 만족감은 떨어진다. 반응이 색깔이 안 맞는 경우도 있다. "엄마 있잖아. 나 오늘 학교에서 대답을 잘해서 선생님이 상 줬어"라고 자랑하는데, 엄마는 심각한 표정으로 "아 그래, 근데 너 자만하면 안 돼"라고 하면 아이는 김이 샌다. 타이밍이 안 맞는 것도 있다. 아이가 필요로 할 때는 딴 생각에 빠져 있다가 나중에 "어? 뭐라 그랬지?"라고 하면 아이는 "아니, 됐어요" 하게 된다. 모두 만족스럽지 않은 반응을 보이는 부모들이다.

둘째, 반응이 나쁜 부모들이다. 부모가 불필요하게 소리를 지르거나, 화를 내거나, 독설을 하거나, 폭언을 하거나, 욕을 할 때 아이는 당연히 만족감이 떨어진다.

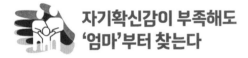

자기확신감이 부족해도 '엄마'부터 찾는다

아이는 이 일을 해도 되나 안 되나, 이렇게 해도 되나 안 되나 궁금할 때 부모를 부른다. 아이가 자기 수준에서 잘 모르는 일에 대해 부모에게 묻는 것은 정상이다. 그럴 경우에는 적극적으로 도와줘야 한다. 그런데 스스로 할 만한 나이인데도 시도해 보지도 않고 엄마부터 찾는 아이들이 있다. 이런 아이들은 '자기확신감'이 떨어지는 것은 아닌지 생각해 봐야 한다.

우리 주변에는 우수한 아이들이 있다. 그 아이들은 다른 아이들이 그 나이에 해내지 못하는 것을 해낸다. 그런 아이들 때문에 부모들은 내 아이의 발달단계를 종종 잊는다. 그래서 "네가 혼자 해"라고 시키는 것들이 많아진다. 그런데 여기에 아이가 혼자 해 볼 만한 과제와 아이가 혼자 할 수 없는 과제가 혼재하게 된다. 그에 맞는 부모의 육아 태도 또한 뒤죽박죽이 된다.

아이가 혼자 할 수 없는 과제에는 "엄마가 도와줄게"라고 해야 한다. 그래야 아이가 좌절감을 맛보지 않고 잘 배울 수 있다. 그리고 아이가 해 볼 만한 과제에는 "그래. 네가 한 번 해 봐"라고 해야 한다. 부모는 조금 어설프더라도 아이 혼자 해 볼 수 있도록 충분히 기다려 줘야 한다. 그래야 자기확신감이 생긴다. 그런데 혼자 할 수 없는 과제를 시켜 놓고 가르쳐 주지도 않고 "으이그, 이런 것도 못 해?"라고 한다. 해 볼 만한 과제 앞에서는 "엄마가 해줄게. 엄마가 하는 게 빨라!"라고 해 버린다. 이렇게 되면 아이는 도전하고 배우고 경험할 기회를 잃는다. 부모에게 인정받을 수가 없다. 그러니 아이의 자기확신감이 얼마나 떨어지겠는가?

아이에게 무언가를 가르칠 때는 절대 급하면 안 된다. 이 또한 자기확신감을 떨어뜨린다. 아이는 자신이 할 수 있는 선에서 여러 번 해 봐야 한다. 그 과정에서 실패하면 부모는 "다시 해 봐. 이렇게 저렇게 하면 좀 더 쉬울 것 같은데" 하면서 격려해 주면 된다. 그렇게 하나씩 과정을 밟아 나가야 그 과정이 자기 것이 되고 자기가 뭔가를 해낼 수 있다는 자기확신감이 생긴다.

느릿한 과정을 지켜보지 못하는 부모가 있다. 성격이 급한 부모다. 급한 사람은 빨리 진행이 돼서 빨리 좋은 결과를 봐야 한다. 중간에 과정이 꼬이거나 진행이 더딘 것을 못 견딘다. 아이한테도 쉴 새 없이 소리치고 다그친다. "빨리해" "제대로 하랬잖아" "지난번에 가르쳐 줬잖아" 등등 이렇게 말하면 아이는 당황해서 더 잘 못한다. 내 것으로 만들지 못한다. 천천히 차근차근해서 자기 신뢰를 쌓을 수 있는 기회를 못 얻는다.

불안한 부모도 아이가 시행착오를 겪는 모습을 못 본다. 결과가 나쁠 것을 생각하면 불안해서 견딜 수 없기 때문이다. 그래서 부모가 해 준다. 그러면 결과가 좋기 때문이다. 과잉보호와는 좀 다르다. "엄마가 해 줄게. 빨리 하고 가자." 이런 식이다. 아이를 다그치지는 않았지만, 결과는 성격이 급한 부모와 마찬가지다. 실패나 시행착오의 과정을 겪지 않으면 아이는 자신을 단련시킬 기회가 없기 때문에 자기확신감이 떨어진다. 아이는 조금만 어려워져도 금방 포기하고 "해 주세요" "나 이거 못해요" 한다. 아니면 끊임없이 "엄마"를 부른다.

아이에게 뭔가를 제대로 가르쳐 주고 싶다면 차분해야 한다. 부모가 급하거나 불안이 높으면 아무것도 가르칠 수 없다. 부모부터 개선해야 한다. 횡단보도를 건너는 것 하나도 차분하게 배워야 자기 것이 된다. 부모가 다그치거나 불안해하면 아이도 당황한다. 당황하면 그 과정을 하긴 해도 습득하지 못한다. 엉겁결에 하다 보니 어떻게 해서 잘 되었는지를 모르기 때문이다. 다음에 해 보라고 하면 잘 못한다. 부모가 "지난번에 했잖아. 가르쳐 줬는데 또 못해?"라고 다그치면 아이는 또 당황한다. 이런 악순환은 육아에서는 아주 부정적으로 작용한다. 아이들은 원래 어설프고 무엇을 배우는 데 오랜 시간이 걸리므로, 아이에게 뭔가를 가르치려면 굉장히 잘 참고 기다려 줘야 한다.

어설프게 해도 칭찬해 주고, 늦어도 격려하고 기다려 줘야 한다. 그래야 다음에 또 시도하고 점점 나아진다. 남편이 설거지를 할 때와 마찬가지다.

내가 다시 하고 싶을 정도로 어설퍼도 잔소리를 하면 안 된다. 그러면 다음부터는 안 하려고 한다. "고마워"라고 하고 끝내야 한다. 그래야 다음에 다시 하고, 그러면서 점점 나아진다.

아이가 여럿일 때는 이런 일련의 일들이 힘들게 느껴질 수 있다. 엄마가 해 주는 것보다 아이가 혼자 하는 일은 많이 느리다. 시행착오를 겪어서 잘 해내기를 기다리고 또 기다리고 있으면, 어느새 가사나 육아일이 산더미처럼 쌓인다. 그래서 마음이 급해지고 집안일을 닥치는 대로 막 하게 된다. 그렇게 하지 않으면 일이 너무 많아지기 때문이다. 그런데 육아는 막 하면 안 된다. 엄마가 시간이 있을 때는 알아서 해 보라고 했다가, 급할 때는 엄마가 해 주는 식으로 일관성이 없으면 안 된다. 간혹 돌발 사태가 있고 의외의 변수가 있지만, 가능한 한 계획적으로 접근해야 한다. 그래야 부모도 아이를 차분하게 대할 수 있다.

아이가 여럿일 때는 일정 기간을 두고 계획을 세워야 한다. 7세, 5세, 2세 아이가 있다면, 앞으로 약 2주는 큰아이가 스스로 하도록 가르치겠다는 목표를 세운다. 5세 아이의 교육은 그 뒤로 미룬다. 그동안 5세 아이는 가르치기보다 도와줘서 빨리하게 해 준다. 큰아이는 2주 정도 옆에 딱 붙어서 차근차근 하는 방법을 가르쳐 주고, 아이가 스스로 하는 과정을 지켜봐 준다. 큰아이가 제대로 해냈을 때 그다음에 둘째 아이를 위한 목표를 세운다.

아이를 교육할 때는 부모인 내가 어디까지 감당할 수 있을지 측정해 봐야 한다. 두 아이를 동시에 감당하면서 급해지지 않을 수 있다면 그렇게 해도 된다. 하지만 해낼 자신이 없다면, 한 명씩 해야 한다. 아이에게 무언가를 가르칠 때는 시간을 넉넉히 잡고 기다려 주어야 하는 것이 원칙이다.

뭐든 아이에게 물어보는 부모

뭐든 아이에게 물어보는 부모는 좋은 부모일까? 이런 부모들 중에는 아이에게 쓴소리를 전혀 못하는 경우가 많다. 아이의 감정이 처져 있거나 기분 나빠 하는 것을 못 견뎌 한다. 언뜻 보면 착한 부모 같지만 그 행동 안에는 책임지는 것이 두려워서 물어보는 행태로 아이에게 책임을 전가하려는 마음도 있다.

아이가 열이 펄펄 난다. 그런데 아이가 약 먹는 것을 싫어한다. 이럴 때는 "아무리 써도 약을 먹어야 해. 안 그러면 더 아파"라고 단호하게 얘기하고 약을 먹여야 한다. 그런데 이런 순간에도 "약 먹을까? 못 먹겠어? 아빠한테 물어볼까? 우리 정근이, 약 먹어야 돼요, 안 먹어도 돼요?"라고 묻는다. 식당에서 아이가 심하게 돌아다니고 있다. 이럴 때는 "네가 계속 다른 사람의 식사를 방해하면, 우리는 여기서 밥을 먹을 수 없어. 오늘은 그냥 집으로 가야겠다. 다음에 네가 조용히 있을 수 있다면 그때 다시 올게" 하고 데리고 나와야 한다. 그런데 "너 이렇게 뛰어도 되는지 사람들한테 물어볼까? 너 여기 계속 있어도 되는지 물어볼까?"라고 아이에게 묻는다. "그러면 안 돼"라고 단호하게 말해야 할 순간에 "너 계속할 거야?"를 아이에게 묻는 것이다. 이렇게 묻는 것은 아이를 책임지고 잘 키워야 하는 부모가, '난 어떻게 해야 할지 잘 몰라. 네가 알아서 하고 네가 책임져'라고 어린아이에게 책임을 떠넘기는 것이나 다름없다.

이렇게 아이를 키우면, 아이는 사사건건 불만이 많은 사람으로 자랄 수 있다. 사회의 규칙을 정하다 보면 개개인의 요구를 다 들어줄 수 없을 때도 많다. 그럴 때 "왜 초록불에만 길을 건너야 하는 거야? 나한테 물어보지도 않고 정해 놓고 왜 따르라는 거야?"라고 할 수도 있다. "빨간 바지 입을래? 파란 바지 입을래?" 혹은 "블록 놀이 할까? 소꿉놀이 할까?"는 얼마든지 물어볼 수 있다. 하지만 부모로서 꼭 가르쳐야 하는 것은 아이에게 묻지 말고 단호하게 말할 수 있어야 한다. 듣기 좋은 소리만 해서는 아이를 잘 키울 수 없다.

CHAPTER 6

우리 애는
도대체 왜 저러지?

'시도도 안 하고, 너무 느리고,
쉬운 것도 못할 때'

CASE • • • • • • • • • •

"엄마, 나 이거 못해. 해 줘."

"얘는 해 보지도 않고. 한번 해 봐. 네가 해 보고 못하면 엄마가 도와줄게."

"아니야, 나 이런 거 못한다니까. 해 줘."

문화센터에서 종이접기 프로그램에 참가한 소윤이(만 4세)와 소윤 엄마의 대화다. 또래 아이들은 자기가 만들어 보려고 하는데, 소윤이는 조금만 어려워진다 싶으면 엄마한테 해 달라고 한다. 강사 선생님이 가까이 오자 엄마는 마음이 조급해진다.

"자, 봐. 엄마가 하는 거 잘 봐. 이렇게 끝을 딱 맞춰서 반을 접어서…."

엄마는 옆에서 열심히 가르쳐 주려고 하지만, 소윤이는 색종이를 잡으려고 하지도 않는다. '소윤이 연령에 안 맞는 거 아니야? 왜 이렇게 안 하려고 하지?' 엄마는 주위를 둘러보았다. 만 4~5세가 대상이라고 했는데, 잘 보니 다른 아이들은 모두 5세인 것도 같다. 엄마는 강사 선생님께 물었다.

"오늘 저희 애가 제일 어린가 봐요."

"아니에요. 희한하게 오늘 아이들은 다 소윤이랑 동갑이네요."

강사 선생님은 씽긋 웃으며 소윤이 책상을 지나갔다. 엄마는 갑자기 화가 났다. 다른 아이들은 다 하는데, 왜 저만 못한다는 거야?

"해 봐. 다른 애들은 다 하잖아. 너 바보야?"

엄마의 말에 소윤이는 울음을 터트렸다. 엄마는 난감해졌다. 사람들이 다 소윤이네를 쳐다보는 것만 같았다. 엄마는 얼른 빠른 속도로 종이를 접기 시작했다.

"으이그. 이게 무슨 엄마 수업이니? 못 살아. 너, 이번만 해 주는 줄 알아."

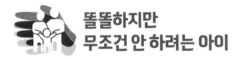

똑똑하지만 무조건 안 하려는 아이

내년에 초등학교에 가는 아들과 만 3세가 조금 안 된 딸이 있는 엄마를 상담하게 되었다. 두 아이를 만나 상담해 보고 검사해 보니 모두 착하고 똑똑했다. 하지만 굉장히 소심하고 겁이 많고 예민했다. 예민하다고 해서 날카롭거나 신경질을 내는 유형은 아니었다. 딸은 집에서 말을 잘하고, 밖에서도 말을 잘했다. 하지만 유치원에 가서는 말을 전혀 안 한다고 했다. 아들은 이제 이런저런 학습을 시작해야 하는 시기인데, 인지능력이 떨어지지 않음에도 새로운 것은 뭐든 선뜻 안 하려고 했다. 이 아이들은 왜 그럴까?

엄마 아빠는 무척 좋은 사람들이었다. 말이 잘 통하고, 기본적으로 선했다. 둘 다 지적 수준이 높았고, 경제적으로도 넉넉했다. 육아나 가사를 도와주는 도우미가 이 집에는 세 명이나 있었다. 그야말로 아무런 부족함이 없는 환경이었다. 그런데 이 집의 문제는 부족함이 너무 없다는 것이었다.

이 엄마가 아이를 키울 때 가장 중요한 모토로 삼는 것은 '여력이 허락하는 한 다 들어주자'였다. 여기서 여력에는 시간, 경제, 체력적인 것이 모두 들어간다. 엄마는 그렇게 하면 아이들이 더 잘 자랄 것이라고 생각했다. 그런데 결과는 바람과 달랐다.

둘째 아이가 태어나면, 큰아이한테 신경을 조금 덜 쓰게 되는 것이 당연하다. 아이들은 그것을 감당해 내는 과정을 통해 오히려 더 단단해지고 견뎌 내는 힘과 사회성이 발달한다. 그런데 이 엄마는 그렇게 생각하지 않았다. 이 집에는 원래 가사 일을 도와주는 도우미가 한 명이었다. 그런데 둘째 아이가 태어나면서 도우미를 두 명 더 쓰게 되었다. 그래야 엄마가 큰아이에게도 작은아이에게도 더 신경 쓸 수 있을 거라고 생각했기 때문이다.

이 엄마는 아이들이 성장하면서 겪게 되는 부족함, 겪을 수밖에 없는 약간의 좌절, 이런 것들을 전혀 만들어 주지 않으려고 했다. 그래서 아이들은 착하고 똑똑한데, 참고 견디는 능력이 너무 떨어지는 것이다. 조금만 불편해도 못 견디고, 조금만 어려워도 쉽게 포기하는 것이다. 사례에서의 소윤이도 그럴 가능성이 크다.

두 아이들은 아주 비싸고 좋은 유치원에 다녔다. 유치원을 다녀와서 아이들이 좀 징징대면 보통의 부모들은 "좀 쉬어. 네가 오늘 재밌게 놀다 와서 힘든 거야"라고 말해 준다. 아무리 재밌게 잘 놀아도, 유치원이나 어린이집을 다녀오면 피곤할 수 있다. 그러면 좀 쉬고 회복시키면 된다. 그런데 이 엄마는 '뭐가 힘든가? 다른 유치원으로 바꿔야 되나? 유치원에서 무슨 일이 있었나? 도우미 아줌마를 딸려 보내야 되나?' 이런 식으로 생각했다. 아이가 조금만 불편하다고 하거나 조금만 힘이 든다고 하면, 견뎌 나가도록 다독이고 지켜보는 것이 아니라 자신의 경제적 여력이나 시간이 허락하는 한은 그것을 제거해 주려고 했다. 이것은 지나친 허용이다.

어제도 엄마는 동생을 씻기고 있었단다. 그런데 큰아이가 "엄마, 가위!" 하고 불렀다. 지금 당장 가위를 쓰지 않으면 큰일이 나는 것이 아니라면, 보통 엄마들은 "잠깐 기다려. 엄마가 동생 씻기고 찾아 줄게"라고 한다. 그런데 이 엄마는 도우미라는 여력이 있으니까 "엄마, 가위!" 하면 도우미를 부른다. 그러면 도우미가 막 뛰어가서 아이에게 가위를 갖다 준다. 아이를 이런 식으로 키우는 것이다.

큰애는 요즘 들어 엄마가 무슨 말만 하면 "아, 시끄러워" 한단다. 엄마는 자신은 정말 최선을 다했는데 왜 이러는지 모르겠다며 펑펑 울었다. 안다. 하지만 "엄마가 최선을 다하고 있으니까 지금처럼 최선을 다하세요. 됐어요. 애들이 다 그렇죠"라고 해 줄 수 없었다. 냉정하게 말하면 아이에게 독이 되는 엄마다. 아이들이 언제나 즐겁고 행복하고 웃을 수만은 없다. 아이들도 겪어야 할 것은 겪어야 한다.

지나치게 허용적인 엄마들은 아이가 불편하고 괴로워하는 것을 못 견딘다. 직접 나서서 다 해결해 준다. 그러면서 내가 평소에 아이를 많이 봐 주고, 받아 주고, 사랑해 주고 있다고 생각한다. 그러다 어느 순간에는 '내가 이때까지 너를 얼마나 참아 줬는데?' 하면서 욱한다. 이 엄마도 이따금씩 소리 지르고 화를 낸다고 고백했다. 아이는 엄마가 자기를 사랑한다고 느끼기는 한다. 하지만 엄마의 느닷없는 행동에 불안하다. 그러면서 아이는 스트레스나 불안에 잘 대처하지 못하는 사람이 된다.

두 아이는 기질적으로 소심하고 겁이 많기는 했다. 하지만 이런 기질은 성장하면서 얼마든지 극복할 수 있는 기회가 주어진다. 그런데 엄마가 그 기회와 경험을 뺏고 있는 것이다. 아이들의 상태는 갈수록 안 좋아지고 심해지고 있는데, 이 엄마는 그것을 사랑이라고 착각하고 있었다.

"그럼, 어떻게 해야 되나요?" 펑펑 울던 엄마가 물었다. 기다릴 일은 기다리게 하고, 견뎌 볼 일은 견디게 해야 한다. 딸이 유치원에서 말을 안 한다고 했다. 엄마는 아이에게 "선생님이 싫어?"라고 물었더니 아니라고 했다. "유치원 가고 싶어?"라고 물었더니 가고 싶다고 했다. 그러면서 아이가 "선생님이 내 말을 잘 안 들어줘"라고 했다. 엄마는 유치원을 바꿔야 되는 것 아닌가 하는 고민에 빠져 있었다. 생각해 보자. 원생이 스무 명 가까이 되는데, 선생님이 아이 말을 어떻게 다 들어주겠는가. 그럴 때는 아이한테 "거기는 친구들이 많으니까 네 말을 바로 다 못 들어줘. 그게 당연한 거야." 이렇게 얘기해 줘야 한다. 그제서야 엄마는 고개를 끄덕끄덕했다.

나는 이 엄마에게 심리 상담을 받아 볼 것을 권했다. 엄마는 자기는 별문제 없이 컸다고, 그럴 필요가 없을 것 같다고 했다. 문제가 있다는 것이 아니다. 어른인 개인으로서는 문제가 없으나, 육아에 직면하면서 남들은 고민하지 않고 상식적으로 하는 행동들이 매번 고민이고 편안하게 되지 않는다면, 엄마의 성장 과정이나 내면에 뭔가 해결되지 않는 요소가 있다는 이야기이기 때문이다.

그 해결되지 않은 요소를 찾아보고 자신을 다독이는 것은 아이들을 위해서 무엇보다 필요한 일이다. 아이들은 지금 이 상태로 멈춰 있지 않는다. 아이의 성장 단계마다 어려움은 늘 있기 마련이다. 지금이 문제가 아니다. 앞으로도 아이에게 독이 되는 엄마가 되지 않으려면, 지금 엄마의 내면에 해결되지 않은 것의 정체를 밝혀 보아야 한다. 그 편이 엄마 본인의 인간으로서의 성장에도 도움이 된다.

엄마가 일을 해도 좋고, 아이만 키워도 좋다. 일해서 아이와 함께하는 시간이 적다고, 또는 아이만 키우는데도 완벽하지 않다고 아이에게 어떤 치명적인 영향을 끼치는 것은 아니다. 일을 하는데 아이를 잘 돌보지 못하는 것이 너무 괴롭다거나, 아이와 온종일 함께 있지만 일하고 싶어서 너무 괴롭다면, 두 마음 모두 육아에는 좋지 않은 영향을 끼친다. 그 마음은 온전히 엄마의 것이다. 엄마 내면에 해결되지 않은 문제다. 이 엄마도 자기는 일하고 싶다고 했다. 하지만 아이를 잘 키워야 하니까 아이에게 올인한다고 했다. 그것이 이 엄마가 해결해야 할 문제인 것이다.

어떤 엄마들은 본인이 워킹맘이기 때문에 아이를 어린이집에 긴 시간 맡겨야 하고, 저녁에 잠깐밖에 볼 수 없는 상황을 잘 받아들인다. 그리고 주어진 시간 동안 아이에게 더 잘해 주어야겠다고 생각한다. 아이와 있는 시간이 적다 보니 아이에게 미숙한 점이 발생하는 것은 미안할 수 있다. 하지만 그것으로 큰 스트레스를 받을 만큼 괴롭지는 않다. 반대로 좋은 대학을 나오고, 전문적인 일을 할 수 있는 능력이 있음에도 엄마 스스로가 "나는 일하는 것보다 아이 키우는 것이 더 좋아요. 남편이 돈을 버니 저는 집에 있을래요"라고 생각해도 아무 문제없다. 어쩌다 한 번씩 '나도 일하면 어떨까?'라는 생각이 들 수 있지만, 일하고 싶어 괴로울 지경이 아니라면 괜찮다.

문제는 본인이 일하고 싶은데 육아에 전념해야 해서 일하지 못한다고 생각하는 것 자체다. 자신이 선택한 문제에 대해 계속해서 미련을 두고, 이루지 못한 부분 때문에 힘들어한다면 자신 안에 해결되지 못한 어떤 문제가 있는 것이다.

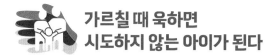

가르칠 때 욱하면 시도하지 않는 아이가 된다

시도하지 않는 아이 중에는 결과에 대한 자신이 없어서 시도조차 안 하는 경우도 있다. 불안하고 소심한 아이들이다. 아이들에게는 '해냈다!' 하는 성공 경험도 꼭 필요하지만 '잘 안 되네' 하는 실패 경험도 반드시 필요하다. 아이가 살아가면서 모든 일에 성공할 수는 없다. 어쩌면 실패하는 경우가 더 많을 수도 있다. 그런 면에서 성공 경험보다 실패를 편안하게 받아들이는 경험이 더 중요하다.

그런데 아이가 무엇인가 잘못했을 때 부모가 항상 욱으로 대응하면 아이는 시도 자체가 두려울 수 있다. 결과를 받아들이는 것이 괴로워서가 아니라 어떤 일을 시도했을 때부터 끝날 때까지의 전 과정이 아이의 머릿속에는 혼나고 기분 나빴던 것으로 남기 때문이다. 부모가 옆에서 계속 뭐라고 뭐라고 소리를 질렀고, 내가 울면서 어떻게 하기는 했는데 그 과정이 너무 힘들었다면, 결국은 성공하기는 했지만 정말 웬만하면 다시는 하고 싶지 않은 경험이 된다. 나중에 그때를 떠올려 보면 아이는 그날 결과적으로 잘했는지 못했는지는 기억하지 못한다. 그저 그때의 30~40분의 과정이 기분이 나쁘고 싫었던 것만 기억한다. 그러면 하기 싫어진다. 더는 하고 싶지 않다. 그래서 아이를 가르칠 때는 욱하면 안 된다.

잘할 것 같지 않아서 시도를 안 하는 아이들은 늘 긴장해 있다. 경계심이 높다. 이런 아이들이 시도하게 하려면, 뭐든 성취의 결과에 관계없이 시작부터 끝까지의 과정을 편안하게 경험하도록 해 주는 것이 필요하다. 되도록 편안하게, 되도록 여러 번 이런 경험을 시켜야 한다. 성공하려면 아마 아이보다 부모의 각오가 더 필요할 것이다. '결과에 상관없이 기분 좋게 경험시키리라.' 이렇게 다짐하고 또 다짐해야 한다.

부모가 아이를 대할 때 싫은 소리 한 번 안 하고, 늘 아이의 비위에 맞춰 주면 아이는 견뎌내는 힘이 약해진다. 세상은 부모가 만들어 주는 온실과 같은 곳이 아니기 때문에, 아이의 불안도 높아진다. 그렇다면 어떻게 해야 할까? 하나씩이라도 겪어 보고 견뎌 내게 해야 한다. 예를 들어 주사를 맞아야 하는 상황을 생각해 보자. 지나치게 허용적인 엄마는 아이에게 주사를 맞힐 때 무척 괴로워한다. "다음에 와서 맞히면 안 될까요?"라고 묻기도 한다. 아이가 울면 아이한테도 "그래, 그래, 미안해. 엄마가 미안해" 하면서 아이 옆에서 울기도 한다. 그래서는 안 된다.

해야 하는 일은 하게 해야 한다. "열이 많이 나면 많은 문제가 생겨. 그리고 주사는 따끔해. 그런데 참을 수 있어. 맞아야 해"라고 단호하게 말해 준다. 이렇게 말해 줘도 아이들은 막 운다. 그러면 그냥 보고 있어야 한다. "쓰~읍! 어허!"라고 공격적으로 하면 안 된다. 어쨌든 아이가 좀 진정될 때까지는 기다린다. 조금 진정되면 "이것은 네가 그냥 받아들여야 해. 어쩔 수 없어. 네가 운다고 해서 주사를 안 맞고 넘어갈 수는 없어." 그렇게 하고 주사를 맞혀야 한다. 그래야 아이에게 그런 상황을 감당해 내는 능력이 생긴다. 울다가 아이가 좀 진정되면 "왕주사 맞아요?"라고 묻기도 한다. "왕주사 아니야. 아주 조그만 해. 바늘도 가늘어. '하나 둘 셋' 하면 끝나. 이렇게 우는 것이 너를 더 힘들게 할 거야." 이렇게 말하고 좀 기다려 주면 된다. 기다리는 순서를 정할 수 있다면, 언제 맞을지 정도는 아이에게 선택하게 해도 된다. "맨 마지막에 맞아도 돼. 어떻게 할래?"라고 물어봐 주면 한결 낫다.

한 엄마는 아이에게 예방접종을 한번 맞히려면 소아과를 서너 번은 가야 한다고 하소연하기도 한다. 아이가 너무 울어서 "내일 와서 다시 맞을까?" 하고 돌아온단다. 잘 생각해 보라. 두 번째 가면 아이가 안 무서울까? 왜 한 번만 견디면 될 고통을 여러 번 당하게 하는가? 우유부단하고 쩔쩔매는 식으로 아이를 다루면, 아이는 그 과정을 감당해 내지 못한다. 향후 인생을 살아가면서 조금만 힘든 일이 생기면 "나 이거 안 할래"라고 한다. 그래 놓고 아이가 초등학생이 되고, 중학생이 되어서 다른 아이들은 별 어려움 없이 참고 하는 것을 우리 아이만 못한다고 하면, 그때는 엄마가 욱해 버린다. "어서 해 봐" "안 하면 혼나!" 하면서 강압적으로 다룬다. 아이를 제대로 통제해야 할 때는 안 하고, 아이가 다 큰 다음에 결과적으로 너무나 많은 문제가 생기니까 그때부터는 과다하게 통제하기 시작하는 것이다.

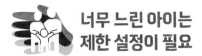

너무 느린 아이는 제한 설정이 필요

아이가 무엇을 하든 너무 느려서, 속이 터져 욱한다는 부모들이 있다. 아이가 느린 이유로 가장 먼저 생각해 볼 것은 주의력이다. 딱히 게으른 것도 아니고, 의도적으로 상대방을 화나게 하려는 목적이 아닌 것 같다면 아이 대뇌의 정보 처리 속도가 늦기 때문일 수 있다.

주의력 혹은 주의집중력은 굉장히 넓은 개념으로, 단순히 공부할 때 집중을 못하는 것만 말하지 않는다. '주의력'은 고차원적 인지기능 중 하나로, 성인기가 되어서야 비로소 완성된다. 따라서 아이는 아직 발달 중이라고 보아야 한다. 하지만 또래들에 비해 너무 느리다면 전문가에게 진단을 받아 보는 것이 필요하다. 아이의 주의력이 나이에 비해 얼마나 미숙한지 검사하여 그냥 기다려 볼 것인지, 교육할 것인지, 치료할 것인지, 부모가 어떤 노력을 해야 하는지 방향을 정할 수 있기 때문이다.

주의력이 떨어지면 마치 속도가 느린 컴퓨터와 같다. 난이도가 높지 않은데도 사고 처리 속도뿐만 아니라 정보 처리 속도까지 느리기 때문에 반응도 느리고 행동도 느리다. 어떤 과제를 할 때 시작도 느리고, 완수하는 것도 느리다. 어떤 아이들은 말도 눈에 띄게 느리다.

긴장감이 지나치게 높아서 늦을 수도 있다. 지나치게 긴장하면 우리가 동영상을 볼 때 버퍼링 상태가 되어 더 이상 재생이 안 되는 것과 같은 상태가 된다. 작업이 진행되려면 먼저 긴장감을 낮춰야 하기 때문에 속도가 느려지는 것이다. 한참 버퍼링 상태인 아이에게 만약 부모가 "왜 이렇게 느리니? 빨리빨리 안 해?"라고 윽박지르면, 버퍼링 중이던 아이의 머릿속은 아예 다운되어 버린다. 따라서 아이가 늦는 이유가 주의력 때문일 때, 느리다고 자꾸 화를 내면 주의력의 문제는 더 확장되고 증폭된다.

너무 느린 아이를 보다 보면, '혹시 일부러 이러는 것 아니야?'라는 의심이 들기도 한다. 그럴 수도 있다. 평소에 부모와의 관계에서 불만이 많으면, 결정적인 상황에서 부모를 곤란하게 만들겠다는 마음이 들 수도 있다.

관심을 끌기 위해 느릴 수도 있다. 예를 들어 얼마 전 동생이 태어난 상황이라고 해 보자. 엄마가 항상 갓난아기를 돌보느라 바쁘다. 가만히 보니 자신이 빠릿빠릿하게 잘할 때는 엄마가 자신에게 별로 관심을 안 준다. 그런데 자신이 미적거리면 엄마가 달려와서 빨리하라고 말도 하고 도와도 준다. 어쨌든 자신에게 관심을 가져 주는 것이다. 그래서 꾸물거리는 아이들도 있다.

관심을 갖고 싶어서 행동하는 아이에게는 무시하는 것이 별로 도움이 안 된다. 과잉 반응을 해서도 안 된다. 객관적으로 지도해 줘야 한다. 외출해야 하는데 아이가 너무 늦다면 시계를 가리키며 "은혜야, 긴 바늘이 여기에 오면 어쨌든 나가야 돼. 우리 멋진 딸, 혼자 할 수 있을 것 같은데, 혹시 하다가 도움이 필요하면 얘기해"라고 말해 주면 된다. 이렇게 말하는 자체가 관심이기 때문에, 관심을 받으려는 아이의 욕구가 충족된다. 아주 조금 도와주는 것도 괜찮다. 양말을 신어야 하면, 양말을 접어서 발가락 앞에 끼워 준 후, 나머지 당기는 것은 아이에게 하게 한다.

의도를 가지고 늦는 게 아니라면 어느 정도 시간 제한을 두어 조금이라도 빨리하는 연습을 시켜 주는 것이 필요하다. 다른 아이들이 20분 안에 해내는 일이라면, 우리 아이에게는 2배 정도의 시간을 준다. 그리고 "이 정도까지는 마치도록 해 봐"라고 해서 시간을 몸에 익히게 도와주어야 한다. 마냥 지켜만 보는 것은 바람직하지 않다. 일상은 제한된 시간 안에 움직여야 하는 일이 많다. 그것을 배우지 않으면 아이가 힘들어진다.

긴장감이 높은 아이는 미리 어떤 결과든 괜찮다고 안심시켜 준 후, 연습을 시켜야 한다. "잘할 필요 없어. 언젠가는 잘하게 될 거야. 지금은 시도해 보는 것이 중요해"라고 말해 주면 아이의 긴장을 낮추는 데 한결 도움이 된다.

부모들은 '조금만 정신을 바짝 차리고 열심히 하면 저렇게까지 늦지 않을텐데' 하며 처음에는 안타까워했다가 결국 욱한다. 아이의 행동이 늦는 것에 어떤 이유가 있는 것이 아니라 의지의 문제라고 생각하게 되면, '저래서 이 험난한 세상을 어떻게 살까?' 하는 생각까지 든다. 그런데 아이가 매번 너무 심하게 늦는 것이 아니라면 그렇게 심각하게 받아들일 필요는 없다. 어쩌다 가끔은 괜찮다. 아이도 나름 집이니까 편하고, 누구보다도 가까운 부모 앞이라 무장해제가 되어 그런 것일 수도 있기 때문이다.

며칠 전에 만난 초등학교 3학년 남자아이가 양쪽 눈썹을 밀어 버리고 왔다. 내가 놀라서 왜 그랬냐고 물었더니, 화가 나서 그랬다고 했다. 아이는 엄마가 자기 방에 들어와서 혼내거나 주방에서 자기를 몰아붙일 때 정말 싫다고 했다. "자식을 가르치다 보면 혼내야 할 때도 있잖아?"라고 내가 되물었다. 아이가 다시 말했다. "그런 게 아니고요. 예를 들면 화장실에서 물 안 내리고 나올 때 있잖아요. 제가 설마 밖에 나가서도 그러겠어요? 남의 집에 가면 안 그래요. 집은 편하니까 깜박 잊기도 하는데, 엄마는 '너 엄마가 몇 번을 말했니? 조금만 신경 쓰면 되잖아? 너 친구 집에 가서도 물 안 내리고 밖에 나가서도 이럴 거니?' 꼭 이렇게 말해요. 아주 기분이 나빠져요"라고 했다. 아이 말이 맞다. 이럴 때는 간단하게 "물 내리는 걸 깜박했구나. 다음엔 잘 내리고 나오자" 정도만 말해 주면 된다.

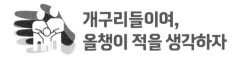

개구리들이여, 올챙이 적을 생각하자

아이가 쉬운 것도 잘하지 못해서 욱한다면, 내가 해 줄 조언은 '아이들은 언제나 부모, 교사, 어른들이 끊임없이 가르쳐 주어야 하는 존재'임을 기억하라는 것이다. 이것은 잘하는 아이든 못하는 아이든 마찬가지다.

개구리 올챙이 적 생각 못한다는 속담이 있듯이, 어른들이 착각하는 것이 있다. 어른들은 지금 자기의 시각으로 아이의 현재를 바라본다. 당사자인 아이에게 어려운 일이라고는 생각하지 못하고 답답해하며 "이렇게 쉬운 것을 왜 못해?" 한다. 부모는 어른이고 아는 것도 많다. 훨씬 종합적으로 판단

할 수 있다. 판단력도 아이들보다 뛰어나다. 그 시각으로 아이들을 바라보면 큰 문제가 생긴다.

두 번째로 부모들이 하는 가장 큰 착각은 대부분의 부모는 내가 선량한 의도 즉, 아이를 위한 것이라면 어떠한 방법을 써도 된다고 생각하는 것이다. 의도가 선하다고 해서 아이에게 상처가 되는 말을 해도 되는 것은 절대 아니다. 아이가 쉬운 것을 잘 못할 때 부모들은 쉽게 "넌 누굴 닮아서 그러니?" "어휴, 이런 바보" "도대체 몇 번을 가르쳐 줘야 하는 거야?" "야, 이게 어려워?"라는 심한 말을 한다. 그런 말이 아이의 가슴에 새겨지는 깊은 상처가 될 수 있다고 하면, 부모는 "뭐, 그 정도 가지고"라고 말한다. 어른들 사이에서는 부모가 한 그 정도의 말이 별것 아닐 수 있다. 잠깐 기분 나쁘고 말수 있다. 그러나 아이는 아니다. 상처가 되는 말을 소화해 내는 능력도 어른과 다르다. 어른은 며칠이 지나면 소화해 낼 말을 아이는 수십 년을 가슴에 품기도 한다.

쉬운 것을 잘 못하는 아이를 대할 때 부모는 나는 지금 어른이라는 것을 잊지 말아야 한다. 철저히 아이의 발달 정도에 맞춰서 바라보고, 만약 문제가 있다면 그 발달 수준에 맞춰서 어떻게 도움을 줄지 고민해야 한다.

모든 가르침은 새로운 것을 배우는 것이다. 새로운 것을 배우려면 뇌에 입력이 돼서 그 정보가 단단하게 응축되어야 한다. 그다음에야 기억의 창고에 저장된다. 그 과정은 여러 번 반복되어야 한다.

이것은 정보만으로 이루어지는 것이 아니다. 정보가 전해질 때의 분위기, 감정, 기분이 어땠는가가 굉장히 많은 것을 좌우한다. 그때 눈이 왔는지, 비가 왔는지, 천둥이 쳤는지부터 시작해서, 우리 집 조명이 밝았는지, 엄마가 무슨 색깔 옷을 입고 있었는지, 뿐만 아니라 내가 느낀 감정은 어땠는지도 들어간다. 결국 그 모든 정보와 분위기는 내 감정의 그릇에 담긴다. 만약 정보를 전달받을 때 느낀 감정이 아주 나빴다면, 아무 것도 담길 수가 없다. 그릇이 너무 약하거나 깨져 있기 때문이다. 따라서 아이가 뭔가를 배우려면 여러 번 반복해야 하고, 가르침이 진행되는 과정에서 감정적으로 굉장히 편안해야 한다. 즐겁고 행복하다면 더 말할 나위가 없을 것이다.

아이가 한글을 배우고 있다고 치자. 쉬운 것도 계속 틀리면 부모가 혼을 내게 된다. 그런데 혼을 내면 아이의 기분이 나빠지기 때문에 아이는 제대로 배우지 못한다. 정보는 늘 감정의 그릇에 담겨 온다는 것을 제대로 이해했다면 혼을 낼 것이 아니라 "한 번 더 해 볼까? 재밌게 하자"라는 말이 나와야 한다. 아이를 가르치다가 욱하는 것은 '얼마나 잘하느냐'에만 초점을 맞추기 때문이다. 그렇게 되면 아이가 좀 지지부진하거나 여러 번 가르쳤는데도 이해하지 못하거나 자꾸 틀리거나 딴짓을 하면 부모는 못 견딘다.

부모는 끊임없이 가르쳐야 한다. 교사도 마찬가지다. 누군가에게 무언가를 가르친다는 것은, 정보와 상호작용, 상호작용 안에서의 감정적 교류가 합쳐져야 가능한 것이다. 즉, 가르치는 사람이 배우는 사람을 어떤 마음가짐을 가지고 대하느냐가 결합된 총체적인 과정이다. 그것을 이해하지 못하면, 아무리 쉬운 것도 제대로 가르칠 수 없다.

예민한 아이는 그저 까다로운 아이?

　못 참는 아이, 공격적인 아이, 달래지지 않는 아이, 안 먹고 안 자는 아이 등 부모가 욱하게 만드는 아이들을 분석해 보면 감각이 예민하기 때문인 경우가 많다. 하지만 잘만 도와주면 아이의 예민함은 커 가면서 장점으로 바뀌기도 한다.

　우리 아이도 감각이 예민했다. 어릴 때 돌잔치를 못할 정도로 낯가림이 심했다. 조금만 낯선 사람을 봐도 울었다. 낯가림이 심한 아이들은 시각적 정보에 예민하다. 지금 우리 아이는 시각적으로 정보를 파악하는 능력이 놀라울 정도다. 자동차가 옆을 휙 지나가도 몇 년식인지, 몇 기통짜리인지 안다. 시력이 좋지 않은데도 어떤 결정체의 흠집 같은 것을 기가 막히게 찾아낸다. 관찰도 굉장히 잘한다. 동물의 행동이나 걷는 모습 등도 잘 관찰한다. 아이의 이런 능력은 어릴 때 낯을 많이 가린 것과 관련이 있다. 눈으로 들어오는 정보에 굉장히 예민했던 것이다. 우리 아이는 소리 자극에도 예민했다. 자동차 시동을 거는 소리만 듣고 차종을 구별한다.

　나 또한 예민하다고 하면 둘째가라면 서럽다. 편식도 심했다. 그런데 이런 나의 예민함은 좋은 쪽으로 발달해서, 다른 사람의 마음을 잘 관찰하는 사람이 되었다.

　아이가 예민하면 어릴 때는 키우기 힘든 것이 사실이다. 하지만 아이를 잘 관찰하고 파악해서 선을 넘지 않도록 지도해 주면, 예민한 감각이 오히려 특별한 능력이 될 수 있다.

아빠가 욱해도 엄마가 욱해도
아이는 안전하게

✎ 욱하는 배우자로부터 우리 아이 보호하기

아빠가 욱할 때, 엄마가 욱할 때 아이는 괜찮을까? 당장 고칠 수 없는 욱, 아이의 피해를 최소화할 수 있는 방법은 없는지 알아보자. 아빠가 욱할 때는 엄마가, 엄마가 욱할 때는 아빠가 잘 읽어 보고 활용하자.

⬢ 욱해 놓고 아이에게 하지 말아야 할 행동

욱한 배우자의 감정을 미화하지 말라

"아빠가 힘들어서 그래. 피곤해서 그러니, 우리가 이해해야지"라고 말하며 아이를 달래는 경우가 많다. 아이가 욱한 아빠한테 상처받았을까 봐 아빠의 감정을 미화하는 것이다. 아이가 상황을 이해해서 아빠를 덜 미워하기를 바라는 마음일 것이다.

언뜻 보기에 잘 행동한 것 같지만, 아이가 초등생이 되기까지는 받아들이기 어려운 일이다. 아이는 그냥 놀자고 한 것뿐인데, 갑자기 소리지르고 화내는 사람을 어떻게 이해하는가. 어린아이에게 다 큰 어른의 감정을 미리 알아차려서 이해해 달라고 하는 것은 너무 일방적인 말이다. 이런 상황에서 지금 누구보다도 가장 당혹스럽고 무서운 것은 아이다. 이럴 때 아빠를 이해하라고 하는 것은 옳지 않다.

욱한 것을 아이 탓으로 돌리지 말라

아이가 놀다가 뭔가 잘 안 돼서 화가 났는지 장난감을 던졌다. 아이가 장난감을 던지는 것을 보고, 엄마가 화가 나서 소리를 질렀다. "장난감 던지지 말랬지. 네가 장난감 던져서 엄마가 화난 거잖아" 혹은 "너 지난번에도 친구한테 물건 던지더라? 유치원에서도 장난감 던지지?"라고 하면 안 된다. 그 상황을 마무리하기 위해 아이 탓을 해 버리는 것이다.

지금 아이는 자신이 장난감을 던지기는 했지만, 엄마가 소리를 꽥 지른 것에 더 많이 놀라 있다. 이럴 때 "장난감을 던지지 마"라는 가르침은 먹히지 않는다. 부모가 욱해서 아이가 놀란 감정에 대해 먼저 위로해야 한다. 그러지 않으면 마음에 상처만 받을 뿐 잘못했다는 생각은 들지 않는다.

🔷 배우자가 욱했을 때 아이를 대하는 법

아이의 감정 위로가 첫째, 잘못한 것은 부모임을 밝히는 것이 둘째

"많이 놀랐니? 아빠한테 놀아 달라고 했는데, 아빠가 소리를 질러서 무서웠겠네. 엄마가 아빠한테 왜 소리 질렀는지 물어볼게. 어떤 상황이든 소리를 지르는 건 잘못된 거야." 이렇게 얘기해 줘야 한다. 그래야 아이는 '어떤 불편한 상황에서도 소리는 지르지 말아야 되겠네'라고 배운다.

아이가 보는 앞에서, 배우자의 잘못을 지적하는 방법

배우자가 너무 심하게 욱한다면, 아이를 데리고 자리를 피하는 것이 낫다. 이때 자리를 피한다는 것은, 장소를 전환해 주는 것이다. 좀 걷게 되면 불편한 마음이 가라앉기도 한다. 이때 배우자에게 화나서 쌩 하고 나가 버린다는 인상을 주면 안 된다. "잠깐 아이하고 나가 있을게. 한숨 돌리고 나와"라고 배우자에게 말해 줘야 한다.

배우자의 화가 좀 누그러진 것 같으면, "당신이 이렇게 하는 것은 교육적이지 않아. 아이도 잘못했지만, 당신도 불같이 화를 내는 것은 다시 생각해 줬으면 좋겠어"라고 얘기해야 한다. 이때 배우자를 비난하거나 탓하면 안 된다. 이렇게 대화하면 다른 사람의 불편한 감정을 안전하게 다뤄 주는 법을 아이가 옆에서 배운다.

상황의 마지막이 항상 안전하게 끝나야 한다

부부가 대화를 나눈 후, 배우자에게 아이에게 직접 사과하도록 유도한다. "아까 당신이 그래서 나 좀 놀랐어. 아이도 놀랐을 것 같아. 놀랐니?"라고 물어봐 준다. 아이가 막 울고 있으면, 욱한 배우자에게 "놀랐구나. 아빠가 소리 질러서 미안해"라고 말하게 한다. 부모가 욱한 후, 아이에게 가는 나쁜 영향을 줄이는 가장 좋은 방법은 마지막을 안전하게 끝내는 것이다. 부모가 서로 화가 나서 욕을 하거나 누군가 나가 버리거나 냉전 상태가 되는 것이 아니라 중간이 어떠했든 마지막은 서로 감정적으로 상처 주지 않고 안전하게 끝나야 한다. 그래야 아이의 정서적 안정감이 지켜진다.

배우자가 자주 욱한다면, 부부 상담을 받아볼 것

항상 한 사람은 흥분하고 다른 한 사람이 그에 맞춰 주느라 정신없는 상황이라면, 부부 상담을 받아보는 것이 좋다. 부부 상담은 부부의 문제를 놓고 갑론을박하는 것이 아니다. 상담을 받으면 나의 심리적인 반응의 특징 등을 알 수 있다. 나 자신을 제대로 이해할 수 있다. 자꾸 상대를 먼저 이해하려고 들면 안 된다. 나를 이해하는 것이 먼저다. 그러면 소통이 훨씬 좋아진다. 아이 앞에서 싸우면 안 된다는 것은 누구나 알고 있다. 아이 앞에서 싸우는 것이 몇 년에 한 번이라면 괜찮다. 하지만 싸움이 빈번하다면 반드시 개선하려고 노력해야 한다.

아이가 모른 척하더라도, 상황은 반드시 수습해 준다

어제 욱하면서 싸웠던 부모가 오늘은 아무렇지도 않다. 아이한테 물어보면 어제 엄마, 아빠가 욱한 일이 기억이 안 난다고 한다. 혹은 괜찮다고 한다. 이럴 때도 반드시 그 문제를 다뤄 주고 수습해 줘야 한다. 사실 아이는 굉장히 혼란스럽다. 부부끼리는 어제 욱한 상황을 수습하지 않고 그냥 얼굴 보는 것이 아무렇지 않을 수 있지만, 아이는 아니다.

어른이 느끼는 감정적 감내력과 아이가 느끼는 감정적 감내력은 크게 다르다.

　아이가 정말 어제 일을 기억하지 못할 수도 있다. 아이의 뇌가 어제 일이 너무 불편해서 잊어버려 준 것이다. 하지만 완전히 없어진 것은 아니다. 아이가 보고 듣고 느끼는 모든 정보는 어떤 식으로든 반드시 저장된다. 아이가 기억을 못 하더라도 "어제 우리 마트 갔잖아. 그때 엄마랑 아빠가 막 소리 질렀잖아. 엄마랑 아빠 생각이 좀 달라서 목소리가 커졌어. 그래도 엄마, 아빠는 서로 사랑해. 네 앞에서 소리 질러서 미안해. 다음에는 좋게 말할게. 미안해"라고 말해 줘야 한다. 배우자도 아이한테 "미안해" 하고 사과해야 한다. 그래야 아이가 '아, 상황이 이렇게 정리되었구나. 다시 엄마 아빠가 잘 지내는구나' 하면서 편안해한다.

못 참는 아이 욱하는 부모

내 아이,
욱하는
어른으로
키우지
않으려면

PART
04

CHAPTER 1

욱하는 우리가
알아야 할 사실

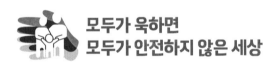

**모두가 욱하면
모두가 안전하지 않은 세상**

📷 사건 1

　도로에는 길이 엄청 막히는 상황, 옆 차선의 차 한 대가 끊임없이 깜빡이를 켜며 끼어들겠다는 신호를 보냈다. 하지만 끼워 줄 수 있는 상황이 아니었다. 차는 따라붙으며 욕설을 해댔다. 그러기를 몇 분, 갑자기 운전자가 내리더니 주행 중인 차를 막고 삼단봉으로 전면 유리창과 운전석 측면 유리창을 사정없이 내리쳤다.

📷 사건 2

한 재래시장, 모자를 눌러 쓴 젊은 남자가 들어섰다. 남자는 주머니에서 라이터를 꺼내 포목점 앞에 쌓아 놓은 이불더미에 댔다. 순식간에 불이 붙었다. 이 남자는 해당구청의 공익근무요원. 그는 여자 친구가 돈을 벌지 못한다고 자신을 무시하고, 선배가 돈을 빌려 주지 않아 화가 나서 '묻지 마 방화'를 저지른 것이었다.

📷 사건 3

한 남자가 자동차에서 내리자 맞은편 차가 갑자기 속도를 내서 돌진했다. 차 앞유리가 산산조각이 났고, 차에 치인 남자는 바닥에 쓰러졌다. 운전 중에 시비가 붙은 차를 들이박은 것이다. 가해자는 살인미수로 구속됐다. 그는 상사로부터 질책을 듣고 기분이 안 좋은 상태에서 운전을 하다가 시비가 붙자 욱해서 차를 들이받았다고 했다.

📷 사건 4

집안에 경사가 있어 오랜만에 모인 가족들. 음식과 술, 노래로 분위기가 거나해졌다. 모임을 마무리하려고 할 때, 갑자기 언성이 높아졌다. 매형과 처남이 말다툼을 한 것이다. 처남은 "왜 누나에게 짜증을 내냐"며 매형의 얼굴을 두 차례 가격했다. 매형은 처남이 욱해서 휘두른 주먹에 뇌출혈이 생겨 의식을 잃었고 곧 사망했다.

📷 사건 5

새벽 유흥가, 20대 젊은 남자 8명이 서로 발길질을 하고 주먹을 휘둘렀다. 마치 영화 속 폭력 조직의 싸움 장면 같았다. 이들은 경찰이 출동해서야 싸움을 멈췄는데, 상대가 기분 나쁘게 쳐다봤다는 것이 싸움의 이유였다.

📷 사건 6

아이가 김치를 뱉어 내자 어린이집 교사가 주먹으로 네 살배기 아이를 내리쳤다. 아이는 바닥에 고꾸라졌다. 교사는 일어난 아이에게 뱉어 낸 음식을 다시 먹도록 했다. 이외에도 교사는 버섯을 먹고 토한 아이의 뺨을 때리고, 흘리면서 먹는다는 이유로 아이의 등을 손으로 때렸다. 이 교사는 "순간 감정을 억제하지 못해 폭력을 휘둘렀다"고 진술했다.

📷 사건 7

여섯 살 난 아들이 있는 부부는 하루가 멀다 하고 부부 싸움을 했다. 부부 싸움을 한 아내가 홧김에 자신의 여섯 살 난 아들을 살해했다.

📷 사건 8

20대 남자가 지나가는 20대 여자에게 다가가 주먹으로 수차례 폭행했다. 경찰 조사 결과 남자는 대학교를 졸업한 뒤 취업 면접에서 계속 떨어지자 화가 나서 '묻지 마 폭행'을 저지른 것으로 드러났다.

📷 사건 9

30대 남자가 길에서 전화 통화를 하고 있는 40대 여성에게 다가가 난데 없이 주먹질을 했다. 남자는 쓰러진 여자를 그냥 두고 사라졌다. 남자의 폭행으로 여자는 얼굴뼈가 부러지는 중상을 입었다. 남자와 여자는 전혀 모르는 사이였다. 탐문 수사 끝에 잡힌 남자는 자기가 지나가는데 길을 막고 있어서 여자를 때렸다고 진술했다.

여기 열거한 사례들은 모두 우리 사회에서 실제로 일어난 일들이다. 인터넷 검색창에 '욱해서' '화나서'라는 단어를 치면 수많은 사건이 검색된다. '요즘 세상 무섭다'는 말이 저절로 나온다. 그런데 진짜 무서운 것은 우리가 피해자가 될 수 있어서만이 아니다. 이런 범죄를 저지른 사람들은 우리와 별로 다를 것 없는 아주 평범한 사람들이라는 사실이다.

'내 욱을 조절해야겠다'라는 마음을 일부러 먹지 않으면, 욱하는 사람은 계속 욱하게 되어 있다. 그냥 욱하는 것이 아니라 점점 더 강도가 세진다. 욱이라는 것의 특성이 그렇다. 만날 욱하다가 좋은 말로 하면 뭔가 뜨뜻미지근하다. 상대가 내 말을 잘 알아듣지 못하는 것 같다. "야!"라고 목에 핏대를 세워 강력하게 감정을 표현해야, 상대가 좀 기가 죽는 것 같고 내 말을 알아듣는 것 같다고 느낀다.

인간에게는 누군가를 힘으로 눌렀을 때 느끼는 묘한 쾌감이 있다. 한번 아이를 체벌하기 시작하면 멈출 수 없는 것도 이런 쾌감에 자신도 모르게 익숙해지기 때문이다. 욱도 마찬가지다. 우리가 욱할 때 우리 몸에서 나오는 호르몬은 대부분 누군가와 싸울 때 분비되는 것들이다. 맹수를 만났을 때, 누군가가 나를 공격할 때, 나의 온몸이 싸울 태세를 한다. 욱할 때도 같은 상태가 된다. 그래서 상대방이 내 욱하는 모습에 움츠러드는 것을 보면 '이겼다'라는 묘한 쾌감을 느끼게 되는 것이다. 이런 쾌감에 익숙해지면, 별 것 아닌 일에도 감정을 강하게 표현해야 할 것만 같다. 바로 욱에 중독되는 것이다.

만취 상태일 때 사고를 치는 이유는 뇌의 기능이 순간 마비되기 때문이다. 만취한 사람과는 이성적인 대화가 불가능하다. 고집도 세지고, 하지 말아야 하는 행동도 쉽게 한다. 술을 많이 마시면 우리 뇌에서 이성적인 판단을 하고 행동을 조절하는 역할을 하는 전두엽이 작동하지 않기 때문이다.

욱할 때 우리 뇌는 이런 상태가 된다. 자신이 자신을 제어하지 못하는 상태가 되는 것이다. 욱하지 않았다면 절대 하지 않을 행동들을 욱했을 때 저지르는 이유가 이것이다. 평상시라면 절대 하지 않았을 행동이 욱할 때 서슴지 않고 나온다. 만약 쉽게 욱하는 사람이 술까지 많이 마신다면, 그야말로 폭탄이 된다. 따라서 욱에 중독되면 우리는 모두 잠재적 피해자, 잠재적 범죄자가 될 수 있다.

나를 포함한 세상이 온통 지뢰밭이라면 세상은 얼마나 위험한가. 그 안에서 자라는 우리 아이들은 어떻겠는가.

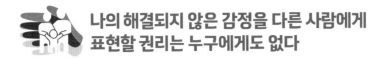

나의 해결되지 않은 감정을 다른 사람에게 표현할 권리는 누구에게도 없다

누군가 욱하면서 난리를 치면, 상대방은 일단 "예, 예" 한다. 무서워서가 아니라 더러워서 피한다. 부모가 욱해서 소리 지를 때 아이가 가만히 있는 것은, 부모를 존경해서나 부모의 생각이 옳아서가 아니다. 어릴 때는 그런 부모가 무서워서 몸도 마음도 그 순간 꽁꽁 얼어서 꼼짝 못 하는 것이고, 좀 자라면 '아, 또 난리네' 하고 부모를 피하는 것이다. 내가 어떤 감정을 느꼈든, 그 감정을 남에게 표현할 때는 그것이 과하게 부정적이라면 순화할 수 있어야 한다. 세상 누구도 자신의 해결되지 않은 감정을, 다른 사람에게 표현할 권리는 없다.

'욱'은 도덕성 발달과도 매우 관련이 깊다. 나의 행동이나 언사가 다른 사람에게 어떤 영향을 미칠지 고려하고 타인의 권리를 존중하는 것이 바로 도덕성이다. 따라서 욱하는 사람은 도덕성이 아주 낮은 단계에서 발달을 멈춘 것으로 볼 수 있다.

우리 마음 안에 항상 간직하고 있어야 할 도덕적 가치에 대해서 다시 한 번 생각해 보았으면 좋겠다. 우리 모두가 안전한 세상에 살기 위해서는 다음의 세 가지 가치가 반드시 지켜져야 한다.

첫째, 어느 누구도 다른 사람을 때릴 권리는 없다. 설사 부모라고 하더라도 그렇다. 둘째, 어느 누구도 자신의 해결되지 않은 격한 감정을 다른 사람에게 표현할 권리는 없다. 셋째, 타인의 권리도 소중하다. 그것이 나의 이익에 위배된다고 해도 받아들여야 한다. 다른 사람의 권리를 침해했다면, 내가 손해를 보더라도 물어줘야 한다.

어느 사회나 지켜야 할 규칙도 있다. 그 규칙들이 백 퍼센트 이상적이지는 않다. 내가 생각하기에 잘못된 규칙이 있을 수도 있고 나에게 손해가 되거나 내 마음에 안 드는 규칙이 있을 수도 있다. 그러나 어쨌든 정해진 타인의 권리나 정해진 내 책임은 지켜야 한다. 그것이 상위 레벨이다. 나의 이익이 다른 사람의 권리나 사회적인 질서보다 우위에 있어서는 안 된다. 정치를 보면 표를 얻기 위해 사람들의 이기적인 심리를 자극하여 이용하는 경우가 많다. 다수를 위한 권리보다 소수 또는 개인에게 이득을 주겠다는 공약을 내거는 것이다. 이때 나의 손해와 이익에 따라서 더 상위의 기준들을 잊어버리거나 무너뜨리지 말아야 한다.

언뜻 거창한 이야기 같지만, 집에서도 이런 경우는 많다. 오늘 회사에서 무척 시달렸다. 퇴근 후 지친 몸을 이끌고 현관문을 들어서는데 아이들이 "아빠!" 하고 달려든다. 갑자기 피로감이 확 몰려온다. 그렇다고 "어우, 저리가. 아빠 피곤해"라고 해서는 안 된다는 것이다. 내가 지금 피곤하고, 아이들의 요구를 받아 주면 내가 더 피곤해지므로 나의 손해다. 그렇다고 해도 기본적으로 아이가 아빠와 함께할 권리도 존중해 주어야 한다. 직장 생활이 힘든 것은 내 숙제다. 내 숙제로 아이의 권리나 다른 사람의 안전에 영향을 주면 안 된다.

가정에서부터 시작하여 학교나 직장, 사회 전체에 이 세 가지 도덕적 가치가 꼭 지켜졌으면 좋겠다.

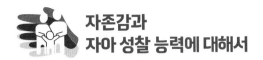

자존감과 자아 성찰 능력에 대해서

누구나 어떤 상황에서는 화가 날 수 있다. '어떻게 나한테 저런 말을 해?' 라고 생각할 수 있다. 기분이 나쁘고 일시적으로 화가 날 수는 있지만, 자존감이 높은 사람들은 그것으로 자신의 근간이 되는 자존감 자체가 흔들리지는 않는다. 이에 반해 자존감이 낮은 사람들은 화가 나거나 기분이 나빠지면, 그것으로 끝나는 것이 아니라 매번 자존감까지 흔들린다. 그래서 쉽게 욱하게 되고 수많은 사건이 발생한다.

한번 생각해 보자. 상식에 어긋나게 행동하는 사람은 어디에나 있다. 누군가 나를 상식에 어긋나게 대할 때도 있다. 그 사람은 분명 잘못했다. 그러나 자존감이 건강하고 단단한 사람이라면 그러한 상대를 보고 '저렇게 생각하고 행동하는 사람도 있네'라고 생각하고 넘길 수 있다. 기분이 나쁘고 화가 나지만 '욱'까지 가지 않는다. 욱하지 않았다고 기분이 나쁘지 않거나 화가 나지 않는 것은 아니다. 인간이기 때문에 일반적으로 화가 날 만한 상황에서는 화가 난다. 하지만 그것이 자존감까지 흔들지는 않기 때문에, 기분나빠하는 선에서 끝낼 수 있는 것이다.

옛말에 '지는 것이 이기는 것이다'라는 말이 있다. 맞는 말이다. 져 주는 것이 이기는 것이다. 자존감이 낮은 사람은 져 줄 수가 없다. 지는 것은 자신의 존재의 근간을 흔들기 때문이다. 그래서 자신이 틀렸다는 것을 아는 상황조차 인정을 안 한다. 계속 맞다고 우긴다. 자신이 잘못했다거나 졌다는 생각이 들었을 때 나 자신에 대해 부인하는 것처럼 느껴지기 때문이다.

자존감이 높은 사람은 상처를 받아도 소화시키지만, 자존감이 낮은 사람은 작은 상처로 인해 계속 아프다. 아프니까 나의 모든 관심과 에너지가 거기에 몰두되어 있을 수밖에 없다. 그래서 늘 나를 다치지 않게 방어하려고만 한다.

자존감이 낮은 사람들은 자신의 감정을 솔직하게 표현하지 못하고, 매 상황에 적절히 대응하지 못한다. 자신의 의사를 표현하지 못해 받게 되는 불이익으로 늘 자신이 피해를 당했다고 생각한다. 그래서 자기가 가장 안전하고 만만한 대상에게 그것을 폭발시킨다. 그 대상은 보통 가족, 특히 배우자나 자녀가 된다. 이렇게 해서 폭발한 '욱'은 아이에게는 폭력이 된다. 또한 자존감이 낮은 사람들이 가족 외에 곧잘 폭발하게 되는 곳이 바로 인터넷 공간이다. 인터넷에서 가혹한 막말을 하는 사람들 대부분이 오프라인에서는 대체로 굉장히 약하고 자기주장을 제대로 못하는 사람들이다.

내가 자주 욱한다면, '나는 왜 자존감이 낮을까?'에 대해서 반드시 생각해 봐야 한다. 이 말에 '내가 무슨 자존감이 낮아? 내가 얼마나 잘났는데?'라는 생각이 들면서 화가 난다면 자존감이 낮을 가능성이 높다. '내가 그런 면이 좀 있나?' 내지는 '아, 내가 그럴 수도 있겠구나'라는 생각이 든다면 그래도 좀 나은 것이다. 여하튼 이렇게 나의 자존감에 대해서 생각해 보는 시간이 반드시 필요하다. 그 자체가 나를 감정적으로 돌보는 과정이며, 나의 자존감을 다시 회복하는 가장 기본적인 방법이다.

나의 자아 성찰 능력도 생각해 보아야 한다. 아무리 우리 민족에게 한 맺힌 역사적 배경이 있었다고 해도, 아무리 부모에게 상처를 받으면서 자랐어도 언제든 내가 감당해야 할 몫은 있다. 아무리 오랜 상처가 있어도 조그만 일마다 억울해하는 것은, '자아 성찰'이 부족해서이기도 하다. 예를 들어 A라는 여자는 시어머니에게 시집살이를 혹독하게 당해서 한이 쌓여 있다. 내 잘못이 아니더라도 그 사람이 나에게 미치는 영향에 대해서 자신을 다독이고 문제를 잘 극복해 나가기 위해 노력해야 하는 것은 나의 몫이다. 그 안에서 '내가 고칠 것은 과연 없었을까?' '내가 개선하고 반성해야 하는 것은 없었을까?' 돌아봐야 한다. 이런 것 없이 무조건 내뱉는 욱은, 그저 일상생활에서 반성하지 않으려고 사용되는 흔한 자기합리화이자 자기방어일 뿐이다.

나는 개인적으로 공격성이 많은 사람이다. 공격적이진 않지만 공격성은 많다. 나는 이것이 내 에너지, 동력원이 된다고 생각한다. 나도 한때 이 공격성이 지금보다 훨씬 높은 시기가 있었다. 비가 오는 날이었다. 사람들이 택시를 잡으려고 택시 정류장에 길게 줄을 서 있었다. 그런데 어떤 사람이 새치기를 해서 맨 앞에 섰다. 내가 그 사람에게 가서 "뒤로 가서 서야 하지 않겠습니까? 여기 사람들이 줄 서 있는 것 안 보이세요?"라고 얘기했다. 이런 것이 공격성이다. 욱은 앞서서 얘기했지만 이런 공격성이 공격적이고 감정적이고 충동적으로 나오는 것이다.

그런데 지금은 같은 상황이라고 해도 똑같이 행동하지는 못할 것 같다. 두려워서가 아니다. 지금 내 마음에는 예전에 없던 한 가지가 생겨났다. 바로 인간에 대한 측은지심이다. 그때도 인간에 대한 측은지심이 있었겠지만 지금은 훨씬 더 깊어졌다. 측은지심은 두 가지다. 하나는 '저 사람도 먹고 살기 힘든가 보네'이고, 다음은 '뒤에 저렇게 사람이 많이 서 있는데도 새치기를 하고 싶나. 참 격 떨어지는 인생이구나'이다. 이런 마음 때문에 공격성을 훨씬 덜 표현하게 되는 것 같다.

인간은 인생의 단계에 따라서 자기 자신과 세상을 바라보는 눈이 조금씩 바뀌게 되고, 삶을 대하는 방식도 점점 통합적으로 바뀌어 간다. 그것이 인간이 나아가는 방향이다. 하지만 생각하고 반성하고 노력하지 않으면, 세상을 보는 눈은 바뀌지 않는다. 세상을 보는 시각이 바뀌지 않으면 '욱'도 줄어들지 않는다. 공자가 말한 불혹(不惑: 주변의 것에 판단이 흔들리지 않는다), 지천명(知天命: 하늘의 뜻을 안다), 이순(耳順: 귀에 들리는 어떤 소리도 거슬리지 않는다)은 세월이 간다고 저절로 얻어지는 것이 아니다.

CHAPTER 2

욱하는 나,
달라져야 한다

가장 먼저 나의 불안함,
감정 조절의 어려움을 인정하라

　욱하는 사람은 감정의 그릇에 금이 잘 가는 사람들이다. 유리 그릇에 뜨거운 물을 부으면 쉽게 깨지기 때문에 약간 식혀서 담아야 한다. 욱하는 사람들은 물이 식기까지 기다리는 것이 어려운 사람들이다. 세상에는 늘 사건 사고가 끊이지 않고 자극적인 요소도 많다. 이때 욱하는 사람들은 생각을 정리하기보다 감정에 먼저 휩싸여 버린다. 그러다 보니 나중에 후회할 말이나 행동을 자주 저지르게 된다.

　그런데 욱하는 습관(?)은 나이가 든다고 저절로 나아지지 않는다. 세월이 해결해 주는 일이라면, 60~70대 어르신들이 욱해서 저지르는 사건들이 있을 수 있겠는가. 요즘 심심치 않게 보도되는 어르신들의 분노 범죄를 보면, 욱하는 습관은 노력하지 않으면 세월이 갈수록 오히려 더 심해질 수 있다는 것을 보여 준다. 나의 예민함과 불안감은 적극적으로 노력하지 않는 한, 앞으로 10년이 흘러도 해결되지 않을 가능성이 높다. 그렇기 때문에 그냥 두어서는 안 된다.

욱을 다스리려면 무엇부터 해야 할까? 가장 먼저 나의 예민함과 불안함, 감정 조절의 어려움을 인정해야 한다. 또한 이것이 화살이 되어서 내 자신에게도 상처를 입히고, 내 가까이에 있는 사랑하는 가족들한테도 상처를 입힐 수 있다는 것을 알아야 한다. 이것은 오롯이 나에게서 나온 것이다. 원인을 다른 사람한테 돌려서는 안 된다. 타인에게 자극을 받아 더 예민해질 수는 있다. 그래도 그 출발은 내 안에서 비롯된 것이라고 인정해야 한다. 이 문제는 결국 나의 것이고, 해결해야 하는 주체도 '나'다.

'불안해서 못 견디겠어'라는 생각이 자주 든다면, 자신이 예민하고 불안하다는 것을 쉽게 알 수 있다. 인정하기도 쉬울 것이다. 문제는 자신이 쉽게 인지하지 못하는 불안함이다. 어떤 불안은 상대방도 눈치채기가 어렵다. 대표적인 것이 바로 욱이다. 보통 지나치게 불편한 감정을 부정하다 보면 버럭 화를 내게 된다.

어떤 불편한 감정이 들면, '그래, 이런 점은 좀 걱정이 되지'라고 인정할 수 있어야 한다. 또 어떤 점은 '아, 뭐 이런 것 가지고 그래. 괜찮아'라고 할 수도 있어야 한다. 이것이 감정을 다루는 것이다. 지나친 부정은 그 감정을 다루는 것 자체를 두려워하는 것의 표현이다. 그 감정 안에 발을 들여놓는 것만으로 두려운 것이다. 그래서 부정해 버린다.

자신의 미숙함이나 약함을 지나치게 숨기고 싶어 하는 사람들도 예민하고 불안할 가능성이 높다. 내면이 단단한 사람일수록 "나는 이런 것은 못해" "나는 이럴 때 늘 좀 약해져" "난 이럴 때 걱정을 좀 많이 하지" 등등 자신의 미숙함이나 약함도 자신 있게 내보인다. 그러나 불안정하거나 불안한 사람일수록 그렇게 못한다. 자신이 굉장히 세고 강한 것처럼 행동한다.

시간이나 돈에 과하게 철두철미한 사람들도 불안정한 성격 때문일 수 있다. 자신이 불안해지지 않기 위해서 주변 사람들을 숫자로 통제한다. 대표적인 것이 아이의 귀가 시간이다. 몇 시까지 들어오라고 했는데, 5분이라도 늦으면 불안해서 못 견딘다. 그래서 아이를 쥐 잡듯이 한다. 자신이 아무리 옳아도 상대방을 과도하게 통제하는 것은, 그 밑바닥에 '불안'이 있을 가능성이 크다. 자신이 예측한 대로 모든 것이 딱딱 돌아가지 않을 때 불편해지는 것은 불안 때문이다. 알뜰한 것과는 좀 다르게 10원 하나에도 깐깐한 사람들도 있다. 그 안에도 불안이 숨어 있을 수 있다.

자신은 잘 모르지만 다양한 신체 증상이 불안과 예민함을 말해 주기도 한다. 병원에 가 보면 별 이상이 없다는데, 자주 소화가 안 되거나 머리가 아프거나 설사를 자주 하거나 배가 아프다면 내가 좀 불안하고 예민한 성격인지 생각해 봐야 한다. 이런 것들이 한꺼번에 섞여서 일어날 때도 있다. 불안해지면 여기저기 아프고, 이럴 때 누가 건드리면 짜증을 낸다. 별것 아닌 일에 과도하게 화를 내거나 가벼운 일에도 신경질이나 짜증을 많이 내는 사람은 혹시 자신이 예민하거나 불안해하는 기질은 아닌지 잘 생각해 봐야 한다.

내 감정의 주인은 나다. '나는 왜 이렇게 급할까?' '내가 좀 과민한 면이 있나?' 내 마음을 파악해서 내가 처리해야 한다. 늘 '저것들이 나를 건드리니까' '저것들이 나를 화나게 만들었으니까' '저것들이 말을 저따위로 하니까' 내가 욱하는 것이라고 변명하면 문제가 해결되지 않는다.

아이가 참지 못하는 모습을 보고 내가 욱한다면, 나 또한 아이와 똑같은 것이다. 아이가 그렇게 된 원인을 파악하는 것과 내가 그렇게 된 원인을 파악하는 것은 그리 다르지 않다. 내 원인을 찾는 것이 아이를 도와주는 방법을 찾는 일이다. 만약 나에게 기질적인 문제가 있다면 나의 문제를 먼저 개선하려고 해야 한다.

욱하는 상황의 공통점을 적어 본다

욱은 여러 가지 감정이 응축된 것이지만, 보통 긍정적인 것보다는 부정적인 것이 많다. 이 감정들이 가득 충전되어 있다가 도화선이 되는 일이 발생하면 터져 나온다.

도화선이 되는 일은 굉장히 다양하다. 어떤 사람은 아이가 계속 꽥꽥 소리를 지르면, 그것이 도화선이 돼서 "야!" 하고 소리를 지른다. 어떤 사람은 아이가 우는 소리에 굉장히 예민해지고, 또 어떤 사람은 배가 고픈 것을 못 참는다. 자신이 허기져 있는 상황에서 아이가 뭔가 계속 요구하면, 평소에 배가 부를 때 잘 들어주던 것에도 욱하게 된다. 피곤하다거나 졸리거나 기분이 나쁘거나 걱정이 많이 될 때에 유독 욱하는 사람도 있다.

아이를 키우면서 누구나 욱한다고는 하지만, 그 원인과 상황을 자세히 살펴보면 사람마다 다르다. 그것이 무엇인지 찾아봐야 한다. 내가 일상을 살면서 어떨 때 공통적으로 욱하는지를 적어 본다. 어떤 일이 나를 유독 욱하게 하는지 파악했다면, 그때부터는 나의 삶과 연결을 시켜 봐야 한다. 그래서 그 상황이 되도록 일어나지 않게 미리 조치해야 한다.

예를 들어 아까처럼 허기가 졌을 때 아이한테 더 욱하게 된다고 하면, 주변에 빵이나 과자를 놓아 둔다. 특히 육아 초기에는 제대로 밥을 차려 먹을 짬이 안 될 수 있는데, 과자 같은 것을 몇 개 집어먹어서라도 허기진 상황은 만들지 않는다. 아이 공부를 가르칠 때 주로 화가 난다면, 아이의 공부를 직접 가르치는 일은 피하는 것이 낫다. 공부방에 보내든 배우자나 다른 가족에게 부탁하는 것이 낫다.

화가 나는 이유는 시간을 두고 곰곰이 생각해 봐야 한다. 다양한 이유가 서로 엮여서 나에게 영향을 주고 있을 가능성이 크기 때문이다. 아이가 공격적인 행동을 해서 내가 평정심을 잃을 때도 마찬가지다. 잠깐 화가 났다가 다시 평정심을 찾는 것은 괜찮다. 한동안 평정심을 찾지 못하고 아이만큼이나 공격적인 행동을 하게 된다면 곰곰이 생각해 봐야 한다. 그리고 일단 내 행동부터 고쳐야 한다.

내 욱의 원인을 찾고 이를 근본적으로 고치려면 시간이 많이 걸린다. 이때는 내가 화를 내서 아이의 태도나 감정을 조절하겠다는 생각을 버리는 것이 최우선이다. 아이는 부모를 보고 감정을 어떻게 표현해야 되는지를 끊임없이 배운다. 정말 끊임없이 배운다. 공격적으로 아이를 통제하면, 아이는 그런 부모를 따라 점점 못 참고 공격적인 사람이 될 뿐이다. 내가 뭔가 걱정이 있거나 시간이 촉박해질 때 특히 욱하는 것 같다면, 어떤 걱정이 있는 날은 하루 종일 수시로 '내가 지금 그 걱정 때문에 초조한 상태야. 침착해야지' 하고 자신을 다스려야 한다. 나의 약점을 내가 가장 잘 알고 있어야 한다. 그래야 그로 인한 피해를 줄일 수 있다.

아이뿐 아니라 밖에서 타인을 대할 때 언제 욱하는지도 적어 본다. '나는 비교적 잘 참는 사람인데, 이런 상황에서는 잘 안 되더라' 하는 것이 있을 것이다. 예를 들어 누군가 억지로 우기는 꼴을 못 볼 수 있다. 상대가 뭔가 우기면 대수롭지 않은 일임에도 꼭 싸우고 오는 사람이 있다. 새치기하는 것을 유독 못 참는 사람도 있다. 그냥 "어머, 뭐 저런 사람이 다 있어?" 하고 넘어 가도 되는 것을 욱하는 데까지 가게 되는 것은 뭔가 내 안에 해결되지 않은 숙제가 있는 것이다. 어떤 사람은 누군가 약속을 지키지 않는 것을 참지 못하는 사람도 있다.

내가 일상에서 유독 욱하는 상황들을 적어 보았다면, 이제는 그 상황에 내가 보이는 공통된 반응들, 같은 패턴의 반응들을 써 봐야 한다. 이런 것들을 일상에 습관화하면 나를 이해하는 데 굉장히 도움이 된다. 이 자체만으로도 욱하는 감정이 많이 줄어든다.

나에게 상담받는 A라는 젊은 여자가 있다. 그녀가 어느 날 목욕탕에 갔다가 싸우고 왔다고 했다. 사연인즉 옆에 있는 여자가 물을 자꾸 튀기더라는 것이다. A가 약간 싫은 내색을 했더니, 그 여자가 쳐다봤다. 그래서 다음번에는 조심할 줄 알았는데 또 그러더란다. 그래서 A가 "물 튀기잖아요. 조심 좀 하세요"라고 말했다. 그 여자가 "죄송해요"라고 할 줄 알았는데 "자리도 많은데 딴 데 가면 되잖아요. 왜 거기 앉아서 그래요?" 이렇게 나왔다는 것이다. 그래서 욱해서 발가벗고 싸웠다고 한다.

A는 내가 오랫동안 만나 온 사람으로, 화를 잘 내는 사람이 아니다. 성품도 좋은 사람이다. 그런데 가끔 사람들하고 부딪힌다. 나는 A에게 잘 부딪히는 사람들에게 공통점이 있느냐고 물었다. 한참 대화를 나눈 끝에, A가 유독 화가 나는 상황은 상대가 상식적인 반응을 보이지 않을 때라는 것을 알아냈다. A는 상식적으로 살려고 노력한다. 되도록 다른 사람한테 피해를 주지 않으려고 한다. 상식적으로 이해가 되면 자신에게 손해가 되더라도 받아들이는 사람이다.

내가 A에게 이렇게 조언했다. "당신의 기준은 이론적으로 정답에 가까워요. 당신이 사는 방식이 맞습니다. 그런데 그 기준을 사이코패스나 소시오패스, 아니면 조폭 같은 사람들한테 적용하면 통하겠습니까? 사람의 감을 봐야지요." A는 내 말을 금방 알아들었다. 내 기준이 옳아도 세상에는 안 통하는 사람들이 있다. A는 고개를 천천히 끄덕이다가, 그러면 자기가 좀 억울하지 않느냐고 되물었다. 물론 억울할 수 있다. 그런데 생면부지의 사람한테 뭐 그렇게까지 억울할 것이 있는가. 나는 A에게 "그 사람 오늘 처음 본 것 아니에요? 그 사람한테 억울한 것이 중요한 것이 아닙니다. 당신 인생에 중요한 사람과의 관계에서 억울한 것이 문제예요."

살면서 자신도 모르게 반복하게 되는 반응에 일정한 패턴이 있거나 늘 어떤 상황에서 비슷한 느낌을 받는다면, 그것은 자신에게 굉장히 중요한 '어떤 것'이다. 제 3자가 보기에는 "뭐 그런 일 가지고 그래?"라고 할 수 있지만, 그 사람에게는 너무 중요한 것이다. 그렇기 때문에 같은 문제가 계속 반복된다면, 자신을 찬찬히 들여다봐야 한다. 그래야 문제의 원인이 보이고 답도 찾을 수 있다.

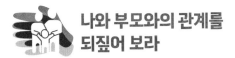

나와 부모와의 관계를 되짚어 보라

나를 이해하려면 나와 중요한 사람과의 관계도 되짚어 봐야 한다. 나를 중심으로 내가 기여하는 바가 많다고 전제하고, 나와 부모와의 관계를 생각해 봐야 한다. 부모와의 관계를 되짚어 보는 것은, 부모의 잘못을 꼬집고 부모에게 사과를 받으려는 것이 아니다. 부모를 더 좋은 사람으로 바꾸려는 것도 아니다. 부모와의 관계는 '그랬구나. 내가 이런 영향을 받았구나'라고 그 자체로 이해해야 한다. 그러고 나서 그것을 가지고 나와 배우자와의 관계, 나와 자녀와의 관계를 돌아보고 어떤 영향을 미쳤는지 많이 생각해 봐야 한다. 참고로 나이드신 부모님은 절대로 안 바뀐다.

나와 부모와의 관계를 되짚어 보기 위해서는 전문가에게 심리 상담을 받거나, 책을 읽어 보는 것이 좋다. 또는 어린 시절 생각나는 중요한 기억 등을 종이에 써 본다. 무척 좋았던 기억, 속상했던 기억, 기분 나빴던 기억 등 중요한 사건들을 적어 본다. 욱하게 만든 사건과 관련된 감정적인 기억들을 자꾸 생각해 봐야 한다. 긍정적인 것이 많은 사람일수록 부모와 관계가 좋을 가능성이 크다. 그러나 부모와의 관계가 백 퍼센트 좋기만 할 수는 없다. 저 깊은 무의식에 침잠되어 있는 기억은 쉽게 꺼내지지 않는다. 굉장히 많은 생각을 해 봐야 한다.

많은 젊은 부모들이 원부모와의 관계를 되짚어 보라고 하면, 부모에게서 사과받고 싶어 한다. 부모에게 나의 감정을 한 번이라도 인정받고 싶은 것이다. "우리가 정말 잘못했다"가 아니라 "그랬구나. 우리는 그런 뜻이 아니었는데, 네가 그렇게 힘들었구나" 그 말이 듣고 싶은 것이다. 그런데 그 쉬운 말을 부모는 절대 안 해 준다. 안 해 주는 부모일수록 그만큼 그런 감정을 잘 이해하지 못하는 것이다. 감정적 정당함을 인정해 주지 않는 부모일수록 자식의 감정을 공감하거나 이해하지 못한다.

아이를 키우는 것은 물질적인 돌봄뿐 아니라 정서적인 돌봄도 필요한 일이다. 그런데 이런 부모는 보통 물질적인 뒷바라지만 중요하게 생각하는 부모일 수 있다. 그래서 어린 시절 서운한 것이 많았다고 하면, 오히려 "우리가 얼마나 안 먹고 안 자면서 너를 열심히 키웠는데, 어떻게 그렇게 말할 수 있어?"라고 나온다. 정서적인 돌봄이라는 것도 필요했다는 것을 모르는 것이다. 모르기 때문에 아무리 설명해도 잘 알아듣지 못한다. 그러면서 당신들이 하신 고생만 강조하며 오히려 서운해하신다. 어떤 부모는 화도 낸다. 그래서 백날 얘기해 봐야 소용없다.

이런 부모에게 자식이 갖는 감정은 애증이다. 물질적인 뒷바라지를 받았고, 어쨌거나 사랑도 받긴 받은 반면에 해결되지 않은 갈등도 있기 때문이다. 부모가 싫은 건 아닌데, 뭔가 맺혀 있는 것이 있다. 미혼일 때는 부모가 자신을 감정적으로 받아 주지 않지만, 부모가 자신을 사랑한다는 것을 어렴풋이 안다. 갈등이 있지만, 혼자서 그런대로 감당하고 살아간다. 그런데 자신이 부모가 되면 좀 달라진다. 원부모와의 갈등이 내 아이를 키우면서 스멀스멀 고개를 든다.

예를 들어 할머니, 할아버지가 집으로 놀러 오신 상황을 가정해 보자. 아이가 그날따라 컨디션이 좋지 않아 좀 징징댔다. 아빠가 아이를 토닥이면서 "많이 피곤해?"라고 했다. 그 모습을 보고 할아버지가 "야야, 애 그렇게 키우면 안 된다. 버르장머리 없어져"라고 하셨다. 아빠는 "아, 원래는 얘가 이러지 않는데, 오늘은 몸이 아파서 이러는 거예요"라고 했다. 그런데 할머니까지 나서서 "무슨. 내 보니깐 너희들이 애를 너무 오냐오냐하면서 키우더라" 하신다. 이러면 저 밑에서 확 올라온다. 부모님이 자신을 열심히 뒷바라지해 주신 것은 알겠으나, 자신은 어릴 적에 어리광 한번 부리질 못했다. 내 자식만은 그렇게 키우고 싶지 않다. 그렇게 묻어 놓았던 갈등이 확 터지는 것이다.

그런데 한 가지 얘기해 주고 싶은 것이 있다. 1970~80년대부터 사람들은 교육의 중요성을 절실히 깨닫고 유학도 가고, 대학원도 가는 등 공부를 많이 하기 시작했다. 그리고 2000년대에 들어와서는 부모들이 아이의 마음을 읽어 주고, 보이지 않는 정서적인 것을 공감해 주기 시작하면서 지적 수준이 올라가고, 심리학에 대한 관심도 커지면서 많은 사람이 '아, 이랬구나' 하면서 자기 어린 시절을 돌아보게 되었다. 또한 아이를 키우면서 육아에 대한 공부를 하다 보니 '어머, 우리 부모는 하나에서부터 열까지 아이한테 하지 말라는 행동을 나한테 다했구나' 하면서 나름대로 섭섭한 마음도 생기고, 그것이 해결되지 않는 갈등의 요소로 자리 잡기 시작한 면도 있다.

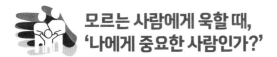
모르는 사람에게 욱할 때, '나에게 중요한 사람인가?'

평소 밖에서 모르는 사람에게 욱한다는 사람이 오면 항상 묻는 말이 있다. "평소에 알던 사람인가요?" 아니라고 하면 하나 더 묻는다. "아, 모르는 사람이구나. 그런데 앞으로 그 사람과 연관돼서 어떤 일을 할 가능성이 있어요? 중요한 사람이에요?" 그러면 아니라고 한다. 그러면 "중요한 사람이 아니네"라고 말해 준다. 이렇게 하면 대부분 스스로 깨닫는다.

인간에게는 다양한 감정이 있기 때문에, 어떤 상황에서는 화가 나고 기분 나쁠 수 있다. 그러나 내가 처리해야 하는 일에 중요한 것과 덜 중요한 것을 구별해야 한다. 우리의 감정적 에너지는 제한적이기 때문에 그 에너지를 잘 분배해야 한다. 덜 중요한 것에는 의미를 덜 부여하고 넘어갈 수 있어야 한다. 그렇지 않으면 정말 중요한 것에 써야 하는 감정적 에너지가 고갈되어 버린다.

사람들이 너무 제멋대로라며, 이러다 이 나라가 어떻게 될지 모르겠다며 세상 걱정에 욱하는 사람도 있다. 국가의 허리가 되는 사람들이 그러면 공분할 만도 하다. 예를 들어 대학의 교수라는 사람이 사람들 많은 곳에서 다른 사람이 자기 앞을 막는다고 뾰족한 꼬챙이로 사람들을 찔러서 길을 비키게 하면 안 되는 것이다. 하지만 재활용품을 잔뜩 실은 리어카가 실수로 나를 치고 지나갔다고 욱할 필요는 없다는 것이다. 사회 지도층에 있는 중요한 사람들이 질서도 안 지키고 도덕적으로도 문제가 있다면, 이것은 정말 공분을 느낄 문제다. 하지만 그런 경우가 아니라면 욱해서 펄펄 떨 필요는 없다. 다른 사람은 그래도 괜찮다는 것이 아니라 그것을 가지고 그렇게 분노할 것까지는 없다는 것이다.

사회에는 괜찮은 사람과 아주 좋은 사람과 그저 그런 사람과 형편없는 사람들이 모여 산다. 그 비율은 언제나 비슷하다. 개미를 연구해도 그렇다고 한다. 한 개미 집단에서 열심히 일하는 개미들을 제거하고 게으르고 놀기만 하는 개미만 추려서 다시 집단을 구성하면, 그 안에서 이전과 비슷한 비율로 열심히 일하는 개미와 게으르고 놀기만 하는 개미가 생긴다. 반대로 게으르고 놀기만 하는 개미를 제거하고 열심히 일하는 개미로만 집단을 구성해도 동일한 현상이 생긴다. 인간 사회도 마찬가지다. 아주 훌륭한 사람만 모아서 인구 집단을 구성해도, 그 안에서 비슷한 비율로 형편없는 사람, 그저 그런 사람, 괜찮은 사람, 아주 좋은 사람이 생긴다. 이러한 사실을 감안해야 한다.

내가 옳고 선량하게 살면 좋은 것이다. 다른 사람이 나와 같이 살지 않는다고 과도하게 영향력을 행사하여 그 사람이 "그렇군요. 제가 잘못 살았군요" 하고 굴복하게 만들 필요가 없다. 내 말을 빨리 따르지 않는다고 욱할 필요가 없다는 것이다. 더군다나 이 사람이 나하고 일면식도 없는데, 그렇게 화낼 필요가 뭐가 있겠는가? 만약 내가 중요하게 생각하고 계속 같이 살아가야 하는 사람이라면, 불편한 것이 있을 때 서로 맞춰 나가면 된다. 그런 사람이 아니라면 길에서 부딪혔다고, 접촉사고가 났다고, 나에게 조금 친절하지 않았다고 싸울 필요는 없다.

요즘은 막말과 독설이 많은 시대다. 누군가 나에게 막말을 했을 때, 그 사람이 나에게 얼마나 중요한 사람인가를 따져 봐서 아니라면 염두에 둘 것 없다. 그런데 나에게 중요한 사람이 그랬다면 그 사람의 말이 옳은가 그른가에 대해서 생각해 봐야 한다. 옳지 않은 것은 받아들이지 말아야 한다. 감정이 상했더라도 '무슨 그런 말을 해? 틀렸네'라고 넘겨야 한다. 그러나 그것이 아주 가까운 가족이라면 아마 그러기가 참 어려울 것이다. 그래서 가족일수록 뭐든 좋게 말해 주어야 한다. 만약 부모인 내가 아이에게 좋게 말해 주지 못했을 때는 "미안하다. 하지만 기본적으로 너를 사랑해. 사랑 자체를 의심하지는 마"라고 말해 주어야 한다. 아이가 "사랑한다고 그래도 되는 거야?"라고 물으면 "아니, 그러면 안 돼. 고칠게"라고 대답해 줘야 한다.

상대가 욱할 때 가장 좋은 대처는 사실 능청스러움, 유머와 위트다. "뭐 그렇게 화를 내실 것까지야" "고정하세요. 건강에 해로워요" 하는 것이다. 이렇게 하고 넘어가면 웬만해서는 자신이 당했다는 느낌이 안 든다. 이것은 매우 높은 자존감이 있어야 가능한 일이다. 유머와 위트는 리더십에도 굉장히 중요하다.

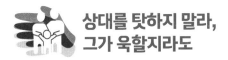 **상대를 탓하지 말라,
그가 욱할지라도**

남을 '탓하는 것'만큼 강력한 '욱'의 도화선도 없다. 탓을 하면 백발백중 상대방이 욱하게 되어 있다. 지금 이 매끄럽지 않은 상황을 잘 해결해 보려고 하지 않고, 이미 지나간 것까지 끄집어내 모든 잘못의 근본을 상대방 탓으로 돌려 버리면, 상대방은 대부분 욱한다. 그런데 탓을 하다 보면 정말 다 상대 탓인 것 같다. 그래서 마치 내가 손해를 많이 본 기분이 든다. 내 말에 욱하는 상대방이 꼭 적반하장처럼 느껴진다. 그래서 나는 더 욱하게 된다. 이런 과정으로 내가 누군가의 탓을 하면 내 욱도 커지게 되어 있다.

아이를 키우다 보면 어려운 일이 너무나 많다. 그때마다 이런 일들이 반복되면서 육아의 작은 사건이 큰 부부 싸움으로 연결되는 경우가 많다. 그럴 때마다 가장 많이 하는 변명이, "나한테도 문제가 좀 있는 것은 아는데, 당신이 육아에 좀 더 신경써 주면, 내가 좀 덜 그럴 거예요"이다. 또 아이한테나 배우자에게 늘 "이건 내가 정말 싫어하잖아. 이것만 안 해 주면 내가 욱하지 않을 거야" 한다. 내가 욱하는 것을 줄여야겠다는 생각보다는, 내가 욱하는 것에는 상대가 기여하는 것이 많다고만 한다. 이런 행동은 마치 길을 가면서 계속 가래침을 뱉으면서 누군가 뭐라고 하면 "이 공기 좀 봐. 내가 지금 가래침 안 뱉게 생겼어?"라고 하는 것과 별반 다르지 않다. 아무리 공기가 나빠도 대부분의 사람들은 남을 불쾌하게 하면서까지 가래침을 퉤퉤 뱉지 않는다. 좀 불편해도 "으흠" 하면서 삼킨다. '욱'의 원인이 무엇이든 나의 좋지 않은 감정이 쌓여 있다가 터져 나오는 것이다. 내가 처리하고 소화해야 하는 것이다. 이것을 '유발시키는 사람이 문제지'라고만 생각하면 욱하는 습관은 고쳐지지 않는다.

혹여 상대가 욱해서 나를 탓하더라도 말려들어서는 안 된다. '당신이 이렇게 힘들어하니까 내가 도와줄게'라는 메시지를 전달하려고 노력해야 한다. 그래야 상대의 욱에 김이 빠진다.

엄마들은 아이 공부를 가르치면서 욱할 때가 많다. 욱하는 이유는 여러 가지다. 똑같은 문제를 계속 틀리거나, 빨리 풀지 않거나, 빼먹고 풀거나, 집중을 안 하거나, 자세가 불량하거나, 한다고 하고 안 할 때 등등 엄마는 여러 이유로 뚜껑이 열린다. 그때 늦게 퇴근해서 들어오는 남편이 "뭘 그렇게 늦게까지 애를 잡고 그래? 그만해"라고 한다. 아내는 "뭘 하지 마? 이거 숙제라고!" 하면서 더 욱한다. 아내의 귀에는 "하지 마"가 "아, 시끄러워. 너희들 사정은 모르겠고, 애랑 싸우려면 하지 마"로 들리는 것이다. 이럴 때는 상황을 좀 파악해 보고 '내가 이 상황을 알겠고, 조금이라도 해결해 보기 위해서 나도 시간과 에너지와 다리품과 손품을 팔아 볼게. 당신을 조금이라도 도와줄게'라는 메시지가 들어가게 말해야 한다.

엄마들은 아이가 밥을 잘 안 먹거나 빨리 안 잘 때도 욱한다. 이때도 남편은 "엄마가 돼서 밥도 못 먹이냐?" 혹은 "그렇게 하니까 안 먹지"라는 식으로 말해서는 안 된다. 아이는 엄마 혼자 키우는 것이 아니라 같이 키우는 것이다. 아내가 아이를 먹이는 것이나 재우는 것에 스트레스가 심하다면, 한 끼 정도는 아빠가 먹여 주거나 주말에는 아빠가 업고 재우려는 등의 노력을 보여야 한다. 그래야 아내의 짜증이 준다. 아내가 "애가 안 먹어. 다 토해내" 했을 때, "먹이지 마. 하지 말라고"라고 하면 아내에게는 '네가 무능해서 못 하는 거야. 그러려면 아예 하지 마'라는 말로 들린다. 그럴 때는 "그래? 내가 한번 먹여 볼까? 나한테 줘 볼래?"라든가 "아이가 속이 안 좋은가?" 이렇게 반응해 줘야 한다.

아빠들은 왜 상황을 파악해 보지도 않고, 도와줄 생각도 하지 않고 욱할까? 욱하는 사람들은 감정을 차근차근 정리하는 것에 미숙하다. 쌓여 있던 감정이 울컥 나오기 때문에 굉장히 급하다. 급하게 표현되고 급하게 처리되는 특성이 있다. 그렇기 때문에 차분히 상황을 살펴보는 것이 안 된다. 그저 상황을 빨리 종결시키고만 싶다. 아이와 엄마가 티격태격 하고 있는 것을 빨리 조용히 시키고, 끝내고 싶은 마음에 "시끄러워! 하지 마!" 하는 것이다. 이것은 문제 상황을 제대로 처리한 것이 아니라 그냥 종결만 시킨 것이다.

아내가 아이에게 화를 내고 있는데, 남편이 보니까 뭐가 문제인지 알 것 같을 수도 있다. 이럴 때도 "당신이 그러니까 애가 저러잖아" 식의 탓하는 대화를 하면 안 된다. 배우자는 절대 전문가나 치료자처럼 얘기해서는 안 된다. 아무리 옳은 말이라도 전문가가 하는 말과 내 배우자가 하는 말은 다르게 들린다. 예를 들어 매번 아이를 가르칠 때마다 욱하고 싸우게 된다면 정말로 안 가르치는 것이 낫다. 학원에 보내거나 학습지를 시키는 것이 나을 수도 있다. 하지만 전문가가 "아이와 싸울 거면 안 가르치는 것이 낫습니다"라고 말하는 것과 배우자가 말하는 느낌은 다르다. 왜냐하면 부부는 이 어려움을 같이 손을 잡고 해결해 나가야 하는 사람이기 때문이다. 그런데 마치 전문가처럼 제3자의 입장에서 객관적으로 "그러려면 하지 마"라고 해 버리면 정말 얄밉다. 상황을 격분하지 않고 바라보려고 하는 것은 중요하다. 하지만 지나치게 중립적인 태도는 자칫 상대편 배우자에게 '나와는 상관없는 일이야'라고 받아들여질 수 있으니 조심해야 한다.

누가 봐도 부부 중 한 사람은 욱하는 편일 때, "다 당신이 욱해서 생긴 문제야. 당신만 고치면 우리 집은 아무 문제없어"라고 말하기도 한다. 이런 태도는 위험하다. 엄밀히 따져 보면 꼭 그렇지만은 않기 때문이다. 아이에게 욱하는 것은 절대 바람직하지 않지만, 분명 아이에게 문제가 있을 수 있다. 거기에 배우자가 욱하도록 자극하는 요소가 있을 수 있다. 모든 면을 살펴보아야 한다. 아이 혹은 상대편 배우자가 어떤 문제를 가지고 있다면, 그들이 가진 문제가 좋아지지 않는 한 앞으로 살아가면서 그 비슷한 유형의 사람들을 만났을 때 욱하는 반응이 나올 수 있기 때문이다. 따라서 나의 문제, 아이가 가지고 있는 문제의 특성을 정확하게 이해하려고 해야지, "너만 화 안 내면 우리 집은 아무 문제없어"라고 하는 것은 근본적인 문제 해결이 아니다.

우리는 의사소통을 할 때 문제의 원인을 객관적으로 찾기보다 무조건 상대방을 탓하기 쉽다. 하지만 이것이 서로의 감정을 자극해 상대방을 욱하게 만드는 출발점이 된다는 사실을 기억해야 한다.

CHAPTER 3

아이 앞에서
욱하지 않는 부모

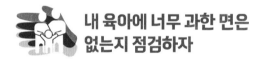

내 육아에 너무 과한 면은 없는지 점검하자

아이의 일과가 정해진 스케줄로 가득 차 있다면, 아이는 틈만 나면 놀려고 한다. 부모는 피곤한 몸을 이끌고 시간과 돈을 들여서 아이를 이리저리 데리고 다니건만, 아이는 열심히는커녕 대충 해치우고 놀 궁리만 한다. 그렇게 되면 엄마 안에는 여러 가지 복잡한 감정들이 엉키면서 마음이 영 불편해진다.

요즘 부모들이 하는 과잉 교육을 보면, 이런저런 문제로 감정 조절을 잘못하는 사람들에게 욱하기 참 좋은 조건이라는 생각이 든다. 욱에는 늘 성급함이 깔려 있다. 너무 급하게, 너무 빨리 아이들에게 뭔가를 보여 주고 가르치려고 하는 것은 감정을 처리하지 않고 폭발시키는 욱의 모습과 너무나 꼭 닮아 있다.

　나는 어렸을 때 그 시대 아이치고는 꽤 여러 가지 교육을 받은 편이다. 그런데 부모가 시킨 것이 아니라 대부분 내가 배우겠다고 해서 배운 것이었다. 피아노를 굉장히 오래 배웠고, 작곡도 곧잘 했는데 지금은 많이 잊어버렸고 잘하지 못한다. 서예도 좋아해서 문교부 장관상까지 받았다. 붓글씨를 예서체, 초서체, 추사체까지 다 배웠다. 그런데 지금 쓰라고 하면 그렇게 못 쓴다.
　지금 보면 어린 시절 피아노를 배울 때 체르니를 하나 더 떼고 덜 떼는 것이 별로 중요하지 않다는 생각이 든다. 과잉 교육을 조장하는 사람들은 몇 살에는 무엇을 가르쳐야 하고, 또 한번 가르치면 어디까지는 가르쳐야 한다고 말한다. 그런데 나는 그럴 필요가 없다고 본다. 뭐든 가르쳐도 되지만, 즐겁게 할 수 있을 정도면 된다. 마치 무슨 의무교육처럼 몇 살 때는 어떤 학원에 보내고, 어느 단계까지는 마스터하게 해야 한다는 목표를 가지고 하는 교육은 과잉이라고 본다.
　가르치지 말라는 이야기가 아니다. 피아노를 배우고 싶어 하면, 재밌게 하는 데까지 가르치면 된다. 간단한 곡 하나 정도 칠 수 있으면 된다. 아이가 싫어하는데 7~8년 붙잡고 가르칠 필요는 없다는 것이다. 수영도 마찬가지다. 물에 안 빠지려면 수영을 할 줄은 알아야 한다. 수영을 할 줄 알면 물놀이를 가서도 더 재밌다. 그 정도면 된다. 그런데 추운 날에도 싫다는 아이를 억지로 데리고 수영장에 다니는 것을 보면, 그것이 무슨 의미가 있을까 싶다. 엄마 욕심은 빼고 아이가 즐겁게 할 수 있는 만큼만 해 주었으면 한다.

학원에 보내든, 박물관에 찾아가든 요즘은 뭐든지 좀 지나친 면이 있다. 모든 정보는 쉴 때 뇌에 저장되기 때문에 반드시 쉬는 시간이 있어야 한다. 쉬는 시간 없이 아이를 돌리면 아이들은 짬만 나면 놀고 싶어 한다. 배우는 과정이 업무와 과제, 숙제가 되어 버린다. 이렇게 되면 정작 배워야 할 때 배우는 자체가 싫어진다. 장기적 측면에서 보면 지금의 과잉 교육이 전혀 도움이 안 된다. 또한 자기 주도성이 떨어지기 때문에 생각보다 오래 지속해야 하는 공부를 버티지 못한다.

나는 초등학교 시절, 주변 아이들에 비해 언제나 결핍이었다. 다른 아이들 부모가 학교에 와서 지원해 주는 것에 비하면, 우리 엄마는 1년에 한 번 학교에 오실까 말까였다. 어떤 아이들은 미술 레슨을 다니고 바이올린도 배웠다. 나는 그런 것을 보면서 '큰일 났네. 나는 아무것도 할 줄 모르는데' 하는 생각이 들었다. 그래서 엄마한테 바이올린까지는 못하더라도 피아노라도 배워야겠다고 했다. 엄마는 "피아노도 없는데 어떻게 하지?" 하고 별로 적극적인 반응을 보이지 않았다. 오히려 내가 학원에 가서 열심히 칠 테니 일단 보내 달라고 부탁했다. 그런데 주변에 피아노 학원이 없었다. 결국 집에서 30분을 걸어가야 하는 피아노 학원을 다니게 되었다. 그것이 내가 피아노를 배우게 된 배경이다.

요즘은 아이가 어떤 동기를 스스로 느끼기 전에, 부모가 미리 제공해 주는 경우가 많다. 물론 그런 부분이 필요하기도 하다. 하지만 너무 많다. 밥도 배가 고파야 먹고 싶은 생각이 든다. 배도 안 고픈데 자꾸 떠먹이면 먹기 싫다. 아예 '밥'이 싫어진다. 지금은 육아의 모든 것이 그렇게 과다하다는 생각이 든다. 그래서 부모들이 더 바빠지고 더 힘들어지고 더 욱하게 되는 것은 아닌지 걱정도 된다. 육아 상황에서 욱하지 않으려면, 나의 육아에 혹시 과한 면은 없는지 생각해 봐야 한다.

과잉 교육을 하는 엄마들은 이것저것 시켜 봐야 재능을 발견한다고 한다. 다른 아이들도 하는 것들은 조금씩 시켜 봐도 된다. 하지만 정도를 잘 지켜야 한다. 아이가 싫어하는데 억지로 시키면 안 된다.

무서움이 많은 아이에게 스케이트를 시키면, 빙판에서 미끄러질까 봐 겁이 나서 다음부터는 안 타려고 든다. 아이의 성향을 고려하지 않는 것이다. 김연아 선수가 스케이트를 타는 동안, 너무나 많은 아이들이 빙판으로 끌려나갔다. 엄마들이 실어 날랐다. 요즘은 오디션 프로그램에도 어린아이들이 너무 많이 나온다. 천재라고는 하지만, 내가 보기에는 '너무 빨리'에만 초점이 맞춰져 있는 것 같다. 뭘 가르치느냐가 중요한 것이 아니라 그것을 받아들일 수 있는 그릇을 만드는 것의 중요성을 간과하는 것은 아닌지 우려된다.

프랑스 파리에 일주일 정도 머물렀던 적이 있다. 그곳에서 나는 거의 매일 루브르박물관에 갔다. 그곳엔 한국 관광객도 많았다. 한국 관광객은 항상 〈모나리자 미소〉 작품 앞에 모여 있었다. 그러고는 모여서 사진을 찍고 이동했다. 어떤 엄마는 아이에게 "야, 이게 바로 레오나르도 다빈치의 '모나리자 미소'라는 거야. 눈썹 없지? 확인했지? 다음!" 이랬다.

그림을 보여 주고, 혼자 감상을 해 보라고도 하고, 아이가 "이건 왜 그랬을까요?"라고 물었을 때 부모가 시대적 배경도 얘기해 주어야 하는데, 그런 것이 없었다. 만일 그 엄마가 빨리, 많이 보여 주는 것보다 '이것이 아이에게 어떤 교육이 될까? 이것이 아이에게 어떤 기억으로 남을까?'를 생각했다면, 아이에게는 작품을 감상하면서 생각의 폭을 넓히는 기회가 되었을 것이다.

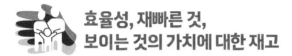 효율성, 재빠른 것, 보이는 것의 가치에 대한 재고

한 아빠가 있었다. 굉장히 열악한 가정에서 태어나 자수성가한 사람이다. 누구보다도 열심히 살았고, 가족을 사랑했다. 특히 하나뿐인 아들을 무척 사랑했다. 그런데 이 아빠의 흠은 모든 것을 '경제원칙'으로 본다는 것이다. 투자했는데 성과가 없으면 다 필요 없다는 식이다. 아이에게도 그랬다. 아이의 성적이 나쁘면 아이가 보는 앞에서 "쟤는 공부로는 안 될 것 같아"라고 했다. 비싼 영어 학원을 다니고 있는데 영어 성적이 오르지 않는다며 "돈 아까워. 영어 학원 다니지 마"라고 했다. 좀 부드럽게 말한다는 것도 "너 그렇게 힘들면 영어 학원 가지 마. 영어 학원 갈 돈 모아서 내가 나중에 다 물려 줄게"라는 식이다.

아이를 키우면서 '효율성' '성과'에 집중하면 욱할 일이 많다. 아이를 키우는 데 그것이 기준이 될 수는 없다. 부모는 부모의 최선을 다할 뿐이고, 결과는 아이의 몫이다. '내가 최선을 다했으니, 너도 최고의 결과를 가져와라' 식은 안 된다. 자식에 대한 부모의 사랑은 언제나 조건이 없어야 한다. 아이가 말 잘 들으면 사랑해 주고, 그렇지 않으면 거두는 것이 되어서는 안 된다.

이 아빠의 아이를 며칠 전에 만났다. 아이에게 "너 공부 잘하지?" 했더니, "아니요. 저 수학 빵점도 맞았는데요" 했다. 그래서 왜 빵점을 맞았는지 물었더니 공부를 안 해서 그랬다고 했다. 그러면서 하는 말이 "선생님, 우리 아빠는 무엇이든 완벽하게 해야 된대요"였다. 아이에게 너는 어떻게 생각하느냐고 물었다. "저는요. 조금씩 제 실력을 늘려 가면 된다고 생각해요" 했다. 내가 "빙고! 네 말이 맞았어. 다 알면 학교를 왜 다니니? 틀리면서 배우는 거야. 대신에 틀리면 또 하고 또 하고 그래야지. 그것에 좌절하면 안 돼." 그랬더니 아이가 씩 웃었다.

부모는 아이를 사랑하고 잘 키우려고 노력하지만, 서투른 표현 방식 때문에 아이에게 해가 될 때가 있다. 특히 아빠들은 더 그렇다. 일하는 방법은 잘 아는데 아이를 사랑하는 방법, 사랑을 표현하는 방법은 잘 모르는 것 같다. 어떻게 신제품을 만들어 내고, 어떻게 마케팅을 해야 하는지는 잘 안다. 그런데 아이와 어떻게 소통하고, 가족과 어떻게 사랑을 나누면서 행복하게 살아가야 하는지에 대해서는 모르는 것 같다. 가족을 위해 사회에서 온갖 치사한 꼴을 참아 가면서 열심히 사는데, 정작 가족에게 그만큼 인정받지 못해 안타깝다. 아이들도 부모에게서 물질적인 지원은 많이 받지만 행복해하지 않는다. 참 가슴 아프다.

지금의 부모들은 급격한 산업화와 빠른 경제 성장으로 인한 물질과 성장 중심주의적인 시대를 거쳐 자라온 세대다. 그러다 보니 당장 눈앞에 보이는 결과에는 과도하게 몰두하면서 보이지 않는 내면적 가치관의 중요성은 간과한 교육을 받으면서 자랐다. 자신들이 그렇게 교육받고 자라다 보니 자녀에게도 그것이 가장 중요한 것처럼 교육한다.

이제라도 다시 생각해 봐야 한다. 아이를 키우는 것에 있어서 '효율성'이 기준이 될 수는 없다. 효율성만 강조하면 과정을 놓치기 쉽다. 어떻게 처리했든, 과정이 어떠했든, 빨리빨리 끝내서 결과만 좋으면 그만이라는 착각에 빠진다.

하지만 아이를 키우는 것은 과정이 매우 중요한 일이다. 아이가 성장해 가는 하나하나의 과정마다 아이의 마음을 살피고 다독이면서 최선을 다해야 아이가 건강하게 자란다. 좋은 능력도 결국 좋은 그릇에서 나온다는 점을 잊어서는 안 된다.

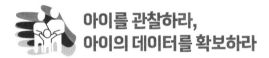

아이를 관찰하라, 아이의 데이터를 확보하라

"선생님은 어떻게 그렇게 아이를 금방 고치세요?" 사람들이 나한테 자주 묻는다. 나는 오랜 시간을 두고 아이를 세밀하게 관찰한다. 아이가 하는 말을 잘 듣고, 공통적인 부분을 찾아낸다. 아이 앞에서 욱하지 않으려면 관찰을 통해 아이에 대한 객관적인 데이터를 많이 모으고 아이를 현실적으로 파악해서 인정할 것은 인정해야 한다. 그리고 부모가 서로 의논해야 한다.

마트에만 가면 떼를 쓰는 아이라면 배우자와 대안을 논의해야 한다. "어떻게 할까? 장을 보긴 봐야 하니까, 당신이 볼래? 내가 가서 보고 올까? 아무래도 내가 가야겠지? 사야 할 것을 내가 다 알고 있으니까." "그러면 내가 애를 좀 보고 있을게. 애가 그냥 못 있을 테니까 얼른 가서 과자랑 음료수 하나 사 가지고 올게. 좀 기다려." 이렇게 의논한 후 장을 보고 와야 한다. 이렇게 하면 욱할 일이 준다. 사실 아이도 평생 지금 같지는 않다. 크면서 당연히 좋아진다.

우리 아이가 넓은 장소만 가면 유난히 날뛰는지, 장난감을 친구와 같이 가지고 놀아야 하는 상황을 못 견디는지, 배가 고프거나 잠이 오면 짜증이 느는지, 음식점만 가면 그러는지 등을 잘 관찰해야 한다. 그리고 어떻게 했을 때 비교적 잘 참는지도 파악해야 한다. 잘 관찰하고, 객관적으로 파악하고, 현실적으로 받아들일 것은 받아들이고, 인정할 것은 인정한다. 그러고 나서 대안을 찾아야 한다.

앞서서 여러 번 말했지만, 말로 하는 육아가 아니라 행동으로 옮기는 육아를 해야 한다. 아이가 밖에 나오면 통제가 안 될 정도로 심하게 돌아다니면, 아이의 손을 잡고 다녀야 한다. 부모가 아이한테 끌려 다니는 것은, 힘의 문제가 아니라 지도력의 문제다. 어쨌든 아이보다는 어른이 힘이 세다. 아이가 손을 빼고 마음대로 가려고 하면 아이와 눈을 마주치면서 "안 돼. 여기서는 그렇게 하면 안 돼. 멈춰" 하면서 다시 손을 잡아야 한다. 이것이 지도력이다. "왜 뛰어? 어디 가?" 하면서 아이가 뛰는 대로 끌려다니거나 아이를 잡으러 뛰어다니는 것은 지도력이 없는 것이다. 부모는 아이가 어릴수록 아이를 자신의 통제 범위 안에 두어야 한다. 이것이 우리 아이를 위해서도, 남들을 위해서도 매우 중요하다.

아이가 어릴수록 부모는 아이를 잘 관찰해야 한다. 예를 들어 아이가 갑자기 몸을 떠는 것을 보고 엄마가 "추워? 카디건을 입을까?"라고 말했다고 하자. 이 순간 아이는 '와, 우리 엄마는 내 마음을 정말 잘 아는구나'라고 느끼게 된다. 아이가 추워서 덜덜 떨고 있는데 엄마는 친구와 수다 떠느라 정신이 없다. 그러다 아이가 엄마에게 집에 가자고 한다. 그러면 "너 오늘은 징징거리지 않겠다고 약속하고 따라 나왔지. 징징거릴 거면 집에서 할머니랑 있으라고 했잖아"라고 한다. 사실 아이는 집에 가고 싶은 게 아니라 추웠던 것인데 말이다. 아이가 짜증을 내면서 "나 추워. 춥다고!" 하면 그제야 "야, 너 그러니까 엄마가 옷 두껍게 입으라고 했잖아. 말도 안 듣더니"라고 한다. 아이를 관찰하지 않는 엄마의 모습이다. 이럴 때 아이 마음은 어떨까?

관찰해 보니 우리 아이가 수시로 운다. 아이가 어쩌다 한 번은 울 수 있다. 그런데 그 횟수가 잦다. 그러면 문제다. 아이가 부모의 말에 말대꾸를 할 수 있지만, 관찰해 보니 수시로 그런다면 그것은 문제다. 어쩌다가 화를 낼 수는 있다. 그런데 아이가 늘 화를 낸다면 그것은 문제다. 여기서 문제란 질환을 의미하는 것이 아니다. 그렇지만 문제점은 꼭 파악해야 한다.

문제점을 파악했으면 어떻게 도와주어야 할지 고민해야 한다. 어떤 부모는 문제점을 파악해도 "애들은 다 그래" 하고 넘긴다. 애들이 다 그렇지는 않다. 지나친 낙관이다. 지나친 낙관은 그저 부모 마음 편하자는 것이지 결코 아이를 도와주는 것이 아니다. 그런 부모들은 "크면 다 좋아져"라고도 말한다. 물론 크면 좋아질 수 있다. 하지만 좋아지는 기간 동안 그 문제가 아이에게 좋지 않은 영향을 미칠 것이다. '우리 애는 왜 말대꾸를 할까? 아이한테 도와주어야 할 문제가 있나? 우리의 태도에 문제가 있나?' 어떤 것이든 관찰해서 문제점이 발견되면, 진지하고 솔직하게 생각해야 한다.

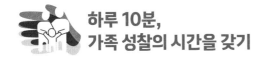

하루 10분, 가족 성찰의 시간을 갖기

욱은 자아 성찰과 깊은 관련이 있다. 자아 성찰을 할 줄 모르면 욱할 일이 많다. 언젠가 만났던 한 엄마는 상담 내내 담임교사 흉을 봤다. 아이에게 문제가 있긴 했지만 선생님 때문에 더 심해졌다는 것이다. 어떻게 선생님이 돼서 그럴 수 있냐며 흥분했다. '선생님이 조금만 더 도와줬더라면 이렇게까지 나빠지지는 않았을 텐데' 하는 부모의 마음은 충분히 이해가 된다. 교사가 미숙하게 대처한 것은 아쉽긴 하지만 아이의 문제가 심해진 것이 모두 교사 탓일 수는 없다. 분명 아이가 이런 어려움을 겪는 것에는 부모가 영향을 준 부분도 있을 것이다. 그런 것을 좀 되짚어 보라고 했더니, "전혀 없어요" "모르겠는데요"라고만 했다. 나의 질문은 '자아 성찰'을 좀 해 보라는 것이었는데, 전혀 자기를 돌아볼 줄 몰랐다. 자아 성찰을 할 줄 모르는 부모는 늘 아이나 남의 탓을 한다.

문제를 해결하려면, 내가 바뀌어야 한다. 상대를 바꾸는 것은 내가 할 수 있는 일이 아니다. '나'를 돌아봐야 한다. 아이들에게도 자아 성찰을 유도하는 질문을 던져 보면 마찬가지다. "네가 물론 이런저런 좋은 점도 있지만, 인간이 완벽하지는 않잖아. 너는 어떤 부분을 고쳐야 할까?"라고 물으면 10명 중 3명은 자신은 전혀 고칠 것이 없다고 대답한다. "아니, 네가 나쁘다거나 뭘 잘못했다는 얘기가 아니야. 인간이 완벽할 수는 없잖아. 돌아보면 늘 부정적인 면도 있고 미숙한 점도 있고 단점도 있지 않겠니? 원장님도 마찬가지야. 그것을 한발 물러서서 볼 줄 알아야 네가 성장할 수 있거든." 이렇게 설명해도 "글쎄요. 모르겠어요" 내지는 "저는 그런 것 없어요" 하는 아이들이 무척 많다.

자아 성찰을 할 줄 모르는 사람에게 세상은 욱할 일이 너무 가득한 곳이다. 나는 항상 옳고 상대방은 항상 틀리기 때문이다. 따라서 내가 욱하지 않으려면 의식적으로 '자아 성찰'을 해야 한다. 아이를 욱하지 않는 아이로 키우려면 어릴 때부터 자아 성찰 하는 법을 가르쳐야 한다. 매일 가족끼리 자신을 성찰하는 시간을 가지면, 두 가지를 모두 해결할 수 있다.

아이와 함께 하루를 돌아보고 감사하고 반성하는 시간을 가지려면 저녁 식사 시간이 가장 적당하다. 밥을 차려놓고 먹기 전, "맛있게 먹게 해 주셔서 감사합니다"라고 감사 기도를 드려 보자. 종교가 없더라도 이런 기도는 필요하다. 저녁식사를 한 후 후식을 먹으면서 잠깐 눈을 감고 엄마, 아빠부터 반성의 시간을 가져 본다. "오늘 좋게 말했어야 했는데, 소리 질러서 미안합니다. 앞으로 좋게 말하도록 노력하겠습니다." 부모가 이렇게 하루를 반성하면, 아이도 비슷하게 자신의 하루를 돌아보고 반성하게 된다. 이것이 바로 자아 성찰 교육이다. 잠들기 전에 오늘 하루 중에 잘못한 일이나 후회가 되는 일을 생각해 보라고 하는 것도 좋다. 이럴 때 부모도 함께한다. 생활 속의 자기반성 습관은, 욱을 줄일 뿐 아니라 자기 발전에도 굉장히 도움이 된다.

하루 10분, 가족 성찰의 시간을 갖는 것 이외에도 온 가족이 책을 읽는 습관을 들이거나 묵상 시간을 갖는 것도 나의 욱과 아이의 욱을 줄이는 데 도움이 된다. 요즘 아이들은 책을 잘 안 읽는다. 취학 전에 그림책은 많이 읽는데, 취학 후에는 책을 즐기지 못한다. 독서는 책을 통해 세상과 소통하고 조용히 자신의 내면을 들여다보는 과정이다. 책을 즐길 수 있어야 생각하는 습관이 생긴다.

음악 감상을 하거나 눈을 감고 5분 정도 생각하는 시간을 갖는 것도 좋다. 조용한 시간을 즐길 줄 알아야 참고 견디는 능력이 길러진다. 참고 견디는 능력이 커지면 정서적인 감내력도 강해진다. 정서적인 감내력이 강해지면 욱하는 것은 크게 줄어든다.

요즘 아이들은 강한 자극이 없으면 견디지 못한다. 창문 밖에 구름이 흘러가는 모습을 가만히 보고 있지 못한다. 멍하니 이 생각 저 생각을 하면서 시간을 보내지 못한다. 도저히 심심해서 못 견디는 것이다. 이것은 정서적인 감내력과 깊은 관련이 있다. 정서적 감내력이 떨어지면 조금이라도 감정적으로 불편해지는 것을 못 견딘다. 그러면 행동을 통해 불편한 감정을 해소하려고 한다. 막 화를 내거나 난장질을 하거나 남을 괴롭히는 것이다.

요즘은 부모들이나 아이들이나 정서적인 감내력이 많이 떨어지는 것 같다. 그래서 사회는 물론이고 가정 내에서도 욱하는 상황이 비일비재하게 일어난다.

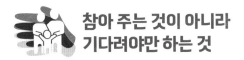

참아 주는 것이 아니라 기다려야만 하는 것

육아를 할 때 기다리는 것만 잘해도 욱할 일이 상당히 많이 줄어든다. 기다리는 능력이 극도로 부족해서 나오는 것이 바로 욱이기 때문이다. 육아

뿐 아니라 모든 상황에서 그렇다. 사람들이 지금보다 아주 조금만 더 기다릴 수 있게 된다면, 욱하지 않는 것뿐만 아니라 세상을 보는 눈도 많이 바뀔 것이다.

나 또한 병원에서, 강연에서, 방송에서 늘 아이를 좀 기다려 주라고 말한다. 그런데 이상하게도 부모들은 아이를 기다리는 것을 화를 누르고 참는 것으로 받아들인다. 아이를 기다려 주라는 표현이 마치 아이를 한번 봐주라는 것처럼 느껴져서 그런 것 같다. 육아에서 아이를 기다리는 것은 당연한 것이다. 그 당연한 것을 '참아 준다'고 생각하면, 순간 욱하게 된다. 참을수록 단단한 공이 되어 튀어나온다. 참아 준다고 생각하면 내가 아이에게 굉장한 희생을 하는 것 같다. 그래서 참고 참다가 '이젠 도저히 못 참겠어'가 되는 것이다.

육아에서 아이를 기다린다는 것은 '참아 주는' 것이 아니다. '기다려 주는' 것이 아니다. 당연히 '기다려야만' 하는 것이다. 그 과정에서 사랑이 싹 트고, 애착이 형성되고, 아이가 바르게 성장한다.

기다릴 때는 그냥 아무것도 안 하고 가만히 있으라는 것이 아니다. 부모가 꼭 해야 할 중요한 일이 있다. 바로 '관찰'이다. 아이를 지켜보면서 가만히 관찰하는 것이다. 여러 번 관찰했더니, 아이가 어떤 공통된 문제 행동을 한다. 그러면 이번에는 적절한 선에서 여러 번 '개입'해 줘야 한다. 매번 신경질을 내면서 말하는 아이라면 "좋게 말해. 화내지 말고" 이 정도로 여러 번 지도해 준다. 어떤 감정도 싣지 않고 여러 번 개입한다. 이때 단번에 빠른 결과를 기대하면 실패한다. 단번에 빠른 결과를 기대하면, 분명 아이에게 과한 감정적 자극을 주게 되고, 그렇게 되면 반드시 반대급부로 중요한 것

하나를 잃게 되어 있다. 육아는 그렇다. 그래서 기다려야만 하는 것이다.

여러 번 기다려 준 후에도 아이가 나아지지 않는다면 그때는 문제 행동을 다뤄 줘야 한다. 예를 들어 아이가 엄마에게 무슨 말을 할 때마다 계속 신경질을 낸다면 "지수야, 왜 엄마한테 말할 때마다 꼭 신경질을 내? 왜 그러는지 궁금해" 하고 물어봐 준다. 아이에게 자신의 문제 행동을 짚어 주는 것이다. 아이가 감정을 어떻게 처리할지 몰라 어떤 행동을 하게 되었을 때, 부모가 그것을 어떻게 처리해야 하는지 가르쳐 줘야 한다.

"엄마가 가만히 보니까 네가 어쩌다 한번은 아닌 것 같고, 계속 신경질을 내는 것 같아. 왜 그럴까? 엄마가 알면 훨씬 더 도움이 될 텐데…."

"몰라."

"잘 생각해 봐. 신경질을 내는 이유가 있을 거야."

"엄마가 안 들어주니까."

"엄마가 들어줄 수 있는 것은 들어주잖아. 안 들어주지는 않았을 텐데. 하지만 엄마가 모든 것을 다 들어줄 수는 없거든. 들어주면 안 되는 것도 있고 들어주면 큰일나는 것도 있어."

이렇게 대화를 나눈다. 그러면 아이도 "알았어요" 하고 수긍하게 된다.

기다릴 때는 '관찰'이 중요하고, 절대 과하지 않은 적당한 '개입'이 필요하다. 그런데 얼마나 기다려 주어야 하고 어떻게 적절하게 개입해야 하는지를 아는 건 참 어렵다.

이해를 돕고자, 잠시 우리 아들 이야기를 하나 하려고 한다. 우리 아이는 초등학교 때 운동회 날만 되면 아침마다 "비 왔으면 좋겠어" 하고 울었다. 아이는 운동회가 싫다고 했다. 초등학교 3학년 때인가 학교에 가서 봤더니,

100미터 달리기에서 다른 아이들은 다 전력질주를 하는데, 우리 아이만 걸어오고 있었다. 그래서 운동회가 끝나고 아이에게 물어봤다. "달리기할 때, 너는 왜 걸어?" 아들 왈, "엄마, 뛰다가 넘어지면 나만 손해잖아요" 했다. 나는 기가 막혀서 "뛰어도 안 넘어져" 했더니, "엄마가 끝까지만 하면 된다면서요?" 했다. 하긴 내가 아들에게 그렇게 말하기는 했다. "운동선수가 되려는 것이 아니니까 그냥 즐겁게 끝까지만 뛰면 돼. 꼴찌해도 돼"라고.

생각해 보니 아들은 초등학교 2학년 때까지도 무서워서 에스컬레이터에 발을 내밀지 못했다. 계단을 내려갈 때도 다리를 바들바들 떨었다. 아들은 지나치게 조심성이 많았다. 그래서 그때부터 주 2회에서 3회 정도 운동을 시켰다. 그러기를 5년 정도 지났을까? 아들은 몸이 단단해지고, 자신의 몸을 움직이는 데 자신감이 생겼다. 더 이상 부딪힐까 봐 혹은 다칠까 봐 몸을 움직이는 것을 겁내는 일이 없어졌다. 내가 '아, 우리 아이는 조심성이 많아 몸을 움직이는 것을 싫어하는구나. 도와주어야겠구나'라고 마음을 먹고 그것을 다뤄 주고, 그 행동이 나아지기까지 기다려 준 시간은 5년이었다. 아마 그때 운동을 시키지 않았다면, 아이는 아직도 비슷한 행동 패턴을 가지고 있었을 것이다.

내 아이를 일단 관찰해야 한다. 살펴보고 파악한 후 '이것은 내가 도와주어야 되겠다'라는 생각이 들면, 그 후로는 적절한 개입 정도만 하면서 정말 긴 시간 계획을 세워 도와줘야 한다. 아이는 절대로 단번에 좋아지지 않는다. 빨리 변하기를 바라기 때문에 자꾸 아이 앞에서 욱하게 되는 것이다.

CHAPTER 4

못 참는 아이,
감정 조절 능력을 키우려면

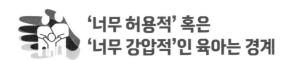

'너무 허용적' 혹은
'너무 강압적'인 육아는 경계

아이가 비록 지금은 좀 못 참지만, 좀 고집스럽지만, 좀 징징거리지만, 좀 공격적이지만 커서 욱하지 않는 사람이 되게 하려면 어떻게 키워야 할까? 정리해 보자면, 육아는 너무 허용적이어도 안 되고, 너무 강압적이어도 안 된다. 어릴 때 강압적인 육아로 감정적인 핍박을 받은 아이도 욱하는 사람이 되기 쉽고, 허용적인 육아로 너무 오냐오냐 큰 아이도 욱하는 사람이 되기 쉽다.

강압적인 육아로 감정적 핍박을 받은 아이는 평생 감정을 수용받지 못한 의존 욕구가 남는다. 그래서 누구든 나를 잘 대해 주지 않거나 이해해 주지 못하면 큰 분노가 생긴다. 그러면 쉽게 욱하게 된다. 또한 감정적으로 이기적인 사람이 된다. 어릴 적에 공감을 받아 본 적이 없기 때문에 남의 입장을 이해하거나 공감할 줄을 모른다. 그렇기 때문에 갈등이 생기면 원만하게 해결하지 못한다. 항상 자기감정만 소중하기 때문이다. 당연히 이해할 만한 상황인데도, 상대가 상식에 어긋나는 행동을 했다고 생각하기 쉽다. 이때도 욱할 것이다. 또한 보고 듣고 자란 것이 모두 강압적인 대처라 아이가 할 줄 아는 대처가 '욱'밖에 없게 된다. 그것이 최선이 아닌 줄 안다고 하더라도 결국은 욱으로 끝내는 아이가 될 수 있다.

허용적인 육아는 언뜻 보면 아주 좋아 보인다. 하지만 이것 또한 달콤한 독이다. 허용적인 육아를 하는 부모는 웬만한 것은 그냥 넘어가 준다. 그렇게 되면 아이는 자기감정을 견디는 연습을 못 한다. 감정의 한계가 넘어가는 것을 견디지 못한다. 어릴 때는 부모 쪽에서 많이 내어 주니 자신은 받기만 하면 되는 입장이라 편안하다. 하지만 세상 모든 사람들이 부모 같지 않다. 내가 내주어야 하는 입장도 있다. 지나치게 허용적으로 큰 아이들은 자기가 내주어야 할 때 견디지를 못한다. 참을성이 부족하다.

결국 너무 눌려 있어도 어느 날 폭발하면서 욱하고, 너무 허용적이어도 늘 자기가 원하는 방식으로 채워 주지 않으면, 스스로 감정을 감당해 내지 못하기 때문에 늘 불편하고 욱하는 사람이 된다.

예전에는 강압적인 부모 밑에서 자라서 욱하는 아이들이 많았다. 그런데 요새는 반대다. 허용적인 부모 밑에서 자라서 욱하는 아이들이 더 많아졌다.

상담을 온 아이가 채소와 과일 모형 장난감을 가지고 놀고 있었다. 한참을 놀다가 아이가 배추 모형을 하나 집더니 배춧잎을 뜯기 시작했다. 거기까지는 괜찮다고 생각했다. 원래 배춧잎을 뜯게 만들어진 장난감은 아니지만 아이의 나이가 아직 두 돌이 막 넘은 정도고, 집에서 배춧잎을 뜯는 것을 보았다면 그럴 수도 있다고 생각했다. 뜯어 낸 배춧잎은 다른 아이들도 가지고 놀 수 있을 것 같았다. 그런데 아이는 뜯은 배춧잎을 다시 가로로 찢었다. 그렇게 되면 장난감은 아예 못 쓰게 된다. 아이의 옆에는 엄마가 있었다. 그럴 때는 "그렇게 찢으면 안 돼. 이렇게 가지고 노는 거야"라고 말해 줘야 하는데, 엄마는 그 말을 못했다.

이 엄마가 말하지 못한 이유는, 아이가 지금 잘 놀고 있는데 못 찢게 하면 그것이 아이에게 스트레스가 되지 않을까 하는 생각 때문이었다. 망가진 장난감은 금전적으로 보상하면 되니까, 아이가 마음대로 놀게 두는 것이 자유와 행복감을 주는 것이라 생각한 것이다. 지나치게 허용적인 육아를 하는 부모의 전형적인 생각이다.

어떤 것이든 일반적이고 보편적이고 상식적인 기준으로 생각해야 한다. 들어줘야 할 것을 들어주지 않아서 아이를 불편하게 하면 안 된다. 그런 스트레스는 주어서는 안 된다. 하지만 누가 봐도 안 되는 행동을 할 때는 잠깐 스트레스를 주더라도 안 된다고 말해 줘야 한다. 어르신들 중에는 '애 울리면 성질 나빠진다'고 하시기도 한다. 일부 맞는 말이긴 하지만 불필요하게 울리지 말라는 의미로 받아들여야지, 이것을 무조건 울려서는 안 된다고 받아들이면 곤란하다. 고집부리고 떼쓰는 아이들은 그냥 울지 않는다. 뱃속에서 우러나오는 듯 진땀을 흘리면서 운다. 그 모습이 안쓰럽기는 하다. 하지만 꼭 해 줘야 하는 교육이라면, 울어도 그냥 둬야 한다. 아이가 스스로 울음을 진정할 수 있도록 지켜봐 줘야 한다. 아이가 너무 스트레스를 받을까 봐 중간에 아이의 요구를 들어줘 버리면, 부모의 그 행동이 결국 아이에게 더 해로운 것이 된다. 기본적인 것도 감당해 내지 못하면, 아이는 스트레스에 취약한 사람이 되기 때문이다.

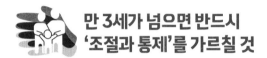

만 3세가 넘으면 반드시 '조절과 통제'를 가르칠 것

아이를 일부러 힘들게 할 필요는 없다. 가능하면 부모가 들어줘야 하는 것은 들어줘야 한다. 그렇다고 아이가 원하는 것을 다 들어줘서는 안 된다. 필요하다면 훈육도 해야 한다. 하지만 모든 연령의 아이에게 똑같이 훈육해서는 안 된다. 만 3세 이전에도 떼와 고집이 나타나기는 하지만, 이때는 안 되는 행동을 말해 주는 정도로 끝내야 한다.

만 3세 이전은 뇌 발달상 감정과 욕구를 조절하고 통제하는 것이 어려운 시기다. 이때는 버릇을 잡는 것보다 더 중요한 것이 '애착'이다. 애착에 집중해야 한다. 만 3세는 지나야 아이는 이른바 '가정교육'이라는 것을 감당할 수 있을 정도로 몸과 마음이 성장한다. 내가 만든 '훈육의 자세'도 너무 어린 아이는 어렵다. 훈육의 과정 중에 부모와 마주보고 한 시간 남짓을 앉아 있어야 할 때도 있는데, 만 3세 이전의 아이는 발달상 이것이 힘들다. 딱 자세를 잡고 앉아 있을 수가 없다. 아이가 발달상 할 수 없는 것을 요구하면, 조절과 통제를 배우기는커녕 오히려 많은 문제가 생긴다.

언젠가 백화점에서 유모차에 탄 아기가 우는 것을 본 적이 있다. 지나가는 사람이 한 번씩은 쳐다볼 정도로 아기는 처절하게 울었다. 아직 돌도 지나지 않은 어린 아기였다. 사람들은 아기의 울음소리가 길어지자 아기 엄마를 흘깃거렸다. 어떻게 좀 해 줘야 하는 것 아니냐는 신호였다. 하지만 아기 엄마는 사람들의 시선을 느끼면서도 아기를 안아 주지 않았다. 보다 못한 어르신이 엄마에게 "아이고. 저러다 숨넘어가겠네. 좀 안아 줘요" 했다. 엄마는 "안 돼요. 버릇 나빠져요"라고 대답하며 어르신 앞을 쌩 지나가 버렸다.

이럴 때는 안아 주는 것이 맞다. 아이의 버릇을 운운하며 안아 주지 말아야 하는 때는, 아이가 부모를 조종할 목적으로 안아 달라고 할 때다. 부모가 아이를 훈육하는 상황인데, 아이가 부모의 지시를 듣지 않으면서 자꾸 안아 달라고 하면 그때는 안아 주지 말아야 한다. 이 상황을 자기 통제 안에서, 부모가 자기 요구를 들어주는 것으로 끝내려는 의도이기 때문이다. 고집쟁이나 떼쟁이들이 부모를 이겨 먹을 양으로 자주 쓰는 방법이다.

하지만 아이가 부모가 좋아서 안아 달라고 하거나 너무 피곤해서 안아 달라고 할 때는 안아 주어야 한다. 더군다나 돌쟁이는 당연히 안아 주어야 한다. 유모차 안의 아기는 새로운 공간이나 광장 같이 넓은 장소에 오면 불안하고 무서워서 울 수 있다. 정서적인 불안정감 때문에 울 때는 반드시 안아 주어야 한다.

하지만 만 3세가 지나면 아이가 옳지 않은 행동을 하려고 할 때 확실하게 안 된다고 얘기해 주고 해야 할 것과 하지 말아야 할 것을 제대로 가르쳐야 한다. 그렇지 않으면 그것으로 인한 문제가 일파만파로 커진다. 그때부터는 아이가 부모와만 지내는 것이 아니기 때문이다. 집단에 들어가서 다른 사람과 상호작용을 한다. 감정을 조절하고 통제하는 것이 안 되면, 기본적으로 지식을 습득하는 것 자체가 어렵다. 고집이나 떼를 부리고 자기 멋대로 하려고만 하면 못 배운다. 배운다는 것은 기존의 정보를 받아들여야 되는 것이다. 2 더하기 2는 4인데, 7이 좋다고 7을 답이라 하면 안 되지 않는가. 게다가 만 3세가 넘으면 단체생활을 하면서 또래와의 관계도 시작된다. 기본적인 자기 통제가 안 되면 또래들과 잘 지낼 수 없다. 사회성 발달의 가장 기본에서부터 문제가 생기는 것이기 때문에, 만 3세가 지나면 확실하게 안 되는 행동은 "안 돼"라고 가르쳐 주어야 한다.

부모와 애착이 잘 형성된 아이는 그리 엄하게 하지 않아도 훈육이 잘 된다. 아이를 훈육하는 것이 잘 안 된다면, 지금 나와 아이의 애착이 어떤지도 잘 생각해 봐야 한다. 애착이 불안정하다면, 어떤 훈육의 방법을 찾는가가 먼저가 아니다. 부모가 아무리 훈육을 잘해도, 아이에게는 잘 안 먹힐 수 있다. 애착부터 안전하게 형성해야 한다. 관계부터 친밀하게 회복하는 것이 먼저다.

아이나 어른이나 관계가 좋은 사람의 말을 잘 들어준다. 어른들도 평소 자기를 잘 챙겨 주고 이해해 주는 상사가 따끔하게 말하는 것은 그래도 잘 받아들이지만, 평소 관계가 나쁘고 심지어 내가 싫어하는 사람이 충고하면 "흥! 자기나 잘 하시지" 하고 흘려듣고 만다. 아이들도 똑같다. 부모와의 관계가 안정되고 부모를 신뢰해야 부모의 훈육도 잘 받아들인다. 부모가 "너 이런 행동은 하면 안 되는 거야"라고 할 때, 부모를 신뢰해야 '아, 내가 믿는 우리 부모가 하지 말라니까 하지 말아야 되겠구나' 하게 된다. 애착 형성이 잘되지 않아 부모에 대한 신뢰감이 없거나 너무 허용적으로 키워서 이 세상에 내가 해서는 안 되는 것이 있다는 것을 모르게 되면, 아이는 못 참는 아이가 된다. 자기가 말만 하면 다 될 것이라고 생각하기 때문에, 마음대로 안 되면 자기 성질을 못 견디게 된다.

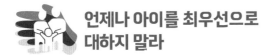

언제나 아이를 최우선으로 대하지 말라

요즘은 아이가 하나인 집도 많고, 모든 것이 아이를 잘 돌보는 것에 초점이 맞춰져 있다 보니, 과잉 육아를 하는 것처럼 보이는 경우가 많다. 모든 것이 아이 위주다. 아이를 존중하는 것과 모든 것이 아이 위주인 것은 다르다. 아이를 존중한다는 것은, 아이라는 한 개체의 존엄성과 특성을 잘 인정하지만, 아이가 사회의 한 구성원으로서 질서를 잘 지키고 살아나갈 수 있도록 기본적인 것들을 잘 가르치고 제한을 설정해 주고, 제한을 받아들이게 해주고 그 안에서 자기 조절과 통제와 책임감을 배우게 하는 것이다. 이는 굉장히 포괄적인 의미다. 그런데 부모들은 이것을 마치 언제나 아이 위주로, 아이가 요구하는 것은 다 들어주는 것으로 오해하는 것 같다.

한 엄마가 아이와 재활용 쓰레기를 버리려고 나갔다가 아파트 주민을 만났다. 그 사람이 어제 반상회에서 엘리베이터를 고쳐야 한다는 의견이 나왔다는 말을 한다. 엄마가 그 사람과 이야기를 해야 할 상황이다. 그런데 아이가 옆에서 계속 "엄마"를 부른다. 아이가 금세 들어갈 줄 알고 입고 나온 옷이 추워서 엄마를 부르는 거라면, 엄마 옷을 벗어 주면서 "얼른 입어"라고 대답해 주어야 한다. 하지만 아이가 부르는 것이 급한 일이 아니라면 아이에게 "아줌마하고 지금 중요한 얘기를 하고 있으니까 잠깐 기다려"라고 해야 한다. 요즘 부모들은 그것을 잘 못한다. 그런데 그렇게 되면 아이가 타인에 대한 기본적인 배려나 공감을 못 배운다. 늘 자신을 먼저 만족시켜 주길 바라는 아이로 자라게 된다.

이렇게 되면 엄마가 충분히 해 줬음에도 아이가 느끼기에는 늘 부족하다. 누구나 자기 욕구를 백 퍼센트 채운다는 것은 어려운 일이다. 과잉 육아를 하면 아이는 열 번 중에 아홉 번을 잘 들어줬는데도 한 번 거절했다는 이유로, 그 한 번의 거절을 기억하면서 속상해하거나 섭섭해하기도 한다.

뭐든지 너무 넘쳐서는 안 된다. 육아도 마찬가지다. 일부러 그럴 필요는 없지만, 때로는 아이도 좌절도 겪고 안 되는 것도 있다는 것도 알고 기다릴 줄도 알아야 한다. 날씨가 추우면 추위를 견뎌 보기도 하고, 더우면 더위도 견뎌 봐야 한다. 갑자기 비가 오면 가방을 쓰고 뛰어 보기도 해야 한다. 그래야 건강한 아이로 자란다. 언제나 아이를 극도로 편안하게 해 주려는 것은 과잉 육아다.

부모가 상식적으로 아이를 괜찮게 대해 주는데, 자기 입장에서는 못 받았다고 느끼는 아이들이 있다. 아이가 그렇게 느끼는 데는 여러 가지 이유가 있다. 부모의 문제라면 부모가 고쳐야 한다. 아이의 문제라면 아이에게 적절한 도움을 반드시 주어야 한다. 그대로 자라서 그런 성향이 계속되면, 어른이 되어서 사회생활을 하면서도 잘 삐진다. 상대가 조금 기분 나쁘게 해도, 그것이 꼭 나쁜 의도가 아니라는 것을 배워야 한다. 그것을 못 배우면 툭하면 삐진다. 늘 모든 사람이 자신에게 친절하게 대해야 한다고 생각한다. 거기서 한 술 더 뜨면, 자신이 특별 대우를 받지 않으면 기분이 나쁘다. 자신이 갖춘 능력이 없으면, 거짓을 동원해서라도 특별 대우를 받아야 하는 사람으로 병이 심해지게 된다. 아이는 기본적으로 어릴 때부터 제한을 배우고, 기다릴 때는 기다려야 한다는 것을 배워야 한다. 언제나 자기가 최우선으로 대우받는 경험을 너무 많이 시키면 안 된다.

물론 부모는 아이가 부모에게 최고로 소중하다는 느낌을 받게끔 키워야 한다. 아이 마음 안에 '우리 부모는 언제나 나를 최고로 사랑해'라는 믿음이 있어야 한다. 하지만 그 방법이 아이를 언제나 최고로 대우해 주는 것은 아니다. 만 3세만 넘어도 내가 언제나 최고일 수 없는 상황을 겪게 된다. 어른이 되면 더 하다. 능력 면에서 경제적인 면에서 나는 언제나 최고일 수 없다. 아이를 무조건 최고로 대해 주면 자신이 최고가 아닌 상황에 맞닥뜨렸을 때, 아이가 그것을 견뎌 내지 못한다.

일류대를 나오고 강남에 좋은 아파트에 사는 가장이 일가족을 살해한 사건이 있었다. 통장에 잔고가 3억이 넘게 있었음에도, 가장은 가족들을 이렇게 비루하게 살게 할 수 없다는 이유로 가족을 살해했다. 동반자살을 할 목적이었다고 한다. 신문기사로 접한 것이라 그의 상태를 정확히 알 수는 없다. 하지만 정황상으로는 아이를 무조건 최고로만 대한 것의 부작용이 아닐까 하는 생각이 들었다. 보통 사람은 통장에 3억이나 있는데, 집을 줄이고 지출을 줄여서 살면 되지 어떻게 동반자살할 생각을 하느냐며 혀를 차지만, 그에게는 이 상황이 마치 곧 죽을 것만 같은 큰 고통으로 느껴졌을 것이다.

어릴 때부터 늘 칭찬만 듣고 자라고, 아이가 원할 때 부모가 늘 재빠르게 반응해 주면, 아이는 좌절을 경험할 틈이 없다. 아주 작은 좌절도 하늘이 무너지는 듯이 크게 느껴진다. 최고로 대해 준 것이 오히려 아이에게는 독이 되는 것이다.

아이를 최고로만 대해 주면 아이는 자신의 한계를 못 배운다. 한계란 '너는 그것밖에 안 돼'가 아니다. 인간은 누구나 한계가 있다. 자신의 모습을 있는 그대로 인정하는 것이다. 한계를 못 배우면, 아이는 스스로의 능력에 비해서 자신을 과대평가한다. 아무리 좋은 대우를 받아도 직장 생활을 하다 보면 기분 나쁠 일도 있고, 내 마음대로 안 되는 일도 있다. 그런 좌절을 못 견딘다. 금방 때려치우고 나간다. 자신의 능력을 과대평가하기 때문에 어디든 가면 좋은 자리가 있을 줄 알지만, 그렇지 않다. 결국 이런 사람은 늘 내 마음이 편하고, 내가 기분이 좋은 것에만 초점이 맞춰져 있는 것이다. 아마 그 가장도 "나는 이런 대우를 받을 사람이 아니야! 내가 이따위 회사를 다닐 사람이 아니야"라고 생각했을 것이다. 항상 세상이 자신을 알아주지 않는다고, 불행하다고 느꼈을 것이다. 서글픈 것 같지만, 사실은 기본적으로 감사를 모르는 것이다. 사람은 현실적으로 자신의 한계도 인정할 줄 알아야 한다. 그것은 절대 굴욕이 아니다. 현명한 것이다.

그렇기 때문에 아이를 키울 때 부적절한 칭찬으로 아이를 지나치게 추켜

세우지 말아야 한다. 자칫 왜곡된 자아의 모습을 갖게 될 수도 있다. 일등을 해 왔을 때도 "잘했어. 엄마가 보니까 네가 예전보다 훨씬 더 노력하더라. 노력의 결과네" 이 정도의 반응이 좋다. 그러면서 계속 노력해 나가야 한다, 열심히 해도 어쩔 때는 일등을 못 할 때도 있다, 그런 것에 좌절하지 말라, 사람은 자기 실력을 길러 나가는 것이 중요한 것이지 일등이 중요한 것이 아니다 등을 얘기해 줘야 한다. 이런 말을 균형 있게 못 해 주고 "우리 아들 최고야, 최고!"라는 말만 반복하면, 아이는 일등만이 자기 모습인 줄 안다. 그렇지 않을 때는 자신이 인정을 못 받는 것 같고, 사랑을 못 받는 것 같다. 잘해 놓고도 오히려 자존감이 떨어지고, 자긍심이 없어지는 사태가 발생한다.

자존감이 높은 아이는 참고 견디는 것도 잘한다. 좌절도 잘 이겨 낸다. 다른 사람을 공감하고 배려하는 능력도 훌륭하고 사회성도 좋다. 그리고 무엇보다 욱하지 않는 사람으로 자란다. 자존감은 아이를 최우선으로 대한다고 높아지는 것이 아니다. 최고로 사랑해 주고, 적절히 제한해 줄 때 높아진다.

아이에게 제한과 지침을 줄 때, 조심할 점은 두 가지다. 첫째는 아이가 힘들어서 표현하는 불편한 감정에 부모가 공격적이고 과격한 반응을 보이지 않는 것이다. 둘째는 한 가지 상황에서는 한 가지 이슈만 다루는 것이다. "네가 평소에 제대로 하는 것이 뭐 있어?" 이런 표현은 하지 말아야 한다.

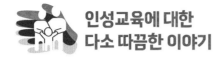

인성교육에 대한 다소 따끔한 이야기

못 참는 아이가 욱하지 않게 되려면, 지금 우리가 가장 신경 써야 하는 것은 '인성교육'이다. 인성교육이란 인간답게 살아가기 위한 기본을 가르치는 것이다. 사람이 여타의 동물과 구별되는 인간다움은, 관계에서 남을 배려하고 이해하고 공감하는 것이다. 내가 양보해야 할 때는 양보하고, 때로 미안한 일이 생기면 미안하다고도 하고, 고마울 때는 고맙다고 말할 수 있는 것, 다른 사람과 어울려 원만하게 살아가는 것이다. 인간다움을 잘 갖추도록 가르치는 것이 '인성교육'이다. 인성이 좋으면 나도 보호받고, 내가 남도 보호해 주게 된다. 결국 이 세상이 안전해지면서, 나도 행복해지게 된다.

인성교육은 단순히 예절교육이 아니다. 외출했을 때 아이가 동네 할머니에게 버릇없이 말했을 때, "너 왜 이렇게 버르장머리가 없어? 예쁘게 말해야지"라고 하는 것은 인성교육이 아니다. 이것은 예절교육이다. 예절은 한 사회에서 지위에 따라 행동을 규제하는 규칙이나 관습이다. 따라서 나라마다 다르고 시대마다 다를 수 있다. 인성교육은 그보다 훨씬 더 포괄적인 개념이고 우선시되어야 하는 교육이다. 예절교육도 중요하지만, 그보다 먼저 이루어져야 하는 것이 인성교육이다. 예절은 잘 지키지만, 속으로는 안 좋은 마음을 먹고 있는 사람들이 너무나 많다. 인성은 진심으로 상대를 존중해 주는 것이다. 한 할머니가 비탈진 길에서 손수레에 무거운 짐을 잔뜩 싣고 끌고 가신다. 순간적으로 '정말 힘드시겠다'는 마음이 들어서 도와드리게 되는 것이 인성이다.

하지만 이렇게 중요한 인성교육이 학습에 밀리는 것이 현실이다. 부모들에게 물어보면 학습보다 인성이 더 중요하다고들 한다. 하지만 진정으로 그런 것 같지 않다.

그 이유는 첫째, 부모가 충분히 사랑해 주면 아이의 인성은 당연히 괜찮을 거라고 생각하기 때문이다. 학습을 열심히 시키는 부모는 어쨌든 자식을 많이 사랑하는 부모다. 경제적인 지원, 아이를 학원에 실어 나르는 정성, 모두 사랑이다. 사랑이 없으면 그렇게 못 한다. 그래서 사랑하기 때문에, 사랑해 줬기 때문에 아이의 인성은 괜찮을 거라고 생각한다.

둘째, 인성교육은 결과가 빨리 눈에 보이지 않기 때문이다. 학습은 투자하면 결과가 눈에 보인다. 점수화되어서 보여지고, 당장 더 좋은 학교에 붙느냐 떨어지느냐로 나온다. 하지만 인성교육은 그 결과가 당장 눈에 보이지 않기 때문에 꾸준하게 해 나가는 것이 매우 어렵다. 시험 점수가 오르는 것처럼 교육의 효과를 눈으로 확인해야만 확신이 들고 마음이 편해지는 것은 이해한다. 보이지 않는 인성을 꾸준히 키워 나가도록 돕는 것은, 부모가 견뎌 내기 어려운 과정이라는 것도 이해한다. 하지만 인성교육은 결코 포기해서는 안 되는 중요한 교육이다.

인성교육은 어떻게 해야 할까? 앞서 강조한 세 가지 도덕적 가치, '어느 누구도 다른 사람을 때릴 권리는 없다' '어느 누구도 자신의 해결되지 않은 격한 감정을 다른 사람에게 표현할 권리는 없다' '타인의 권리도 소중하다. 그것이 나의 손해와 이익에 위배된다고 해도 받아들여야 한다'를 아이에게 어릴 때부터 수시로 가르쳐야 한다. 또한 부모도 아이 앞에서 이 세 가지 도덕적 가치를 지키는 모습을 보여 줘야 한다. 그렇게 본다면 무엇보다 아이에게 가장 좋은 인성교육은, 부모가 욱하지 않는 모습을 보여 주는 것이라고 하겠다.

만약 자신도 모르게 자주 욱하는 부모라면, 치료를 받으라고 권하고 싶다. 그냥 상담이 아니라 제대로 된 정신 치료를 받기를 권한다. 그래야 해결된다. 혼자서 자기 마음에 깊숙이 접근하는 것은 정말 힘들다. 또한 자기 자신을 객관적이고 중립적으로 보기가 어렵다. 접근한다고 하더라도 상당히 왜곡될 수 있고, 핵심 감정까지는 접근을 못 하기 쉽다. 너무나 아프고 두렵기 때문이다. 무의식적으로 꽁꽁 쌓아 놓은 것을 헤쳐 놓는 것은 고통스럽다. 그래서 혼자하기가 어렵다. 전문가들은 덜 아프고 덜 왜곡되게 핵심 감정까지 도달하도록 도와주므로, 심하다면 전문 치료를 받을 것을 권한다.

예절과 인성은 다르지만, 예절교육과 인성교육 모두 부모에게 배운다. 아이는 부모를 보고 감정을 배운다. 아이는 모방의 천재다. 아이가 만약 버릇이 없고 인성이 나쁘다면, 그것은 부모가 평소 일상생활에서 그런 모습을 보였다는 의미다. 아이는 부모의 말에서 배우지 않는다. 아이는 부모가 보여 주는 행동에서 배운다. 또한 아이는 부모가 한 번 보여 주는 행동으로 배우지 않는다. 굉장히 오랜 기간 동안 보아 온 부모의 행동이 눈에 익혀지고, 그것이 자신의 몸에 배어져야 배운다. 개념적으로만 가르치려고 하면 안 된다. 어쩌다 한번 말로 가르치려고 해서는 안 된다. 매일매일 행동으로 생활 속에서 몸에 배게 해 줘야 한다.

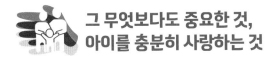

그 무엇보다도 중요한 것,
아이를 충분히 사랑하는 것

이제 마지막 장이다. 책을 읽으면서 자신의 '욱'하는 원인을 알게 되고, 그 욱을 어떻게 조절해야 할지를 어렴풋하게라도 알게 되었다면 나는 더할 나위 없이 행복하겠다. '알기는 알았으나 아직은 어떻게 해야 할지 모르겠다'라고 생각한다면, 그것도 희망적이다. 금방 변하지는 않아도 아는 것과 모르는 것은 굉장히 큰 차이가 있기 때문이다. 조급하게 생각하지 않았으면 한다.

아마 몇몇은 책을 읽는 내내 '의존 욕구'라는 단어가 목에 걸린 가시처럼 불편했을 것이다. '그러면 어떻게 해야 할까? 내 아이의 의존 욕구는 지금 괜찮을까?' 겁이 났을 수도 있다. 하지만 의존 욕구에 그리 겁먹을 필요는 없다. 아이 연령이나 발달단계에 맞춰서 부모 역할을 잘 해나가면, 문제가 될 정도의 결핍은 발생하지 않는다. 그리고 아이를 따뜻하게 충분히 사랑해 주면 많은 것이 해결된다.

의존 욕구는 아이가 의존하는 것을 다 받아 주는 것이 아니다. 아이가 정서적, 심리적, 신체적으로 의존하려는 것을 그 나이에 맞게 채워 주는 것이다. 여기서 중요한 단어는 '그 나이에 맞게'이다. 돌까지는 잘 먹여 주고 잘 씻겨 주고 잘 재워 주고 최대한 따뜻하게 대해 줘야 한다. 아프면 빨리 병원에 데려 가야 한다. 기저귀나 배고픔, 두려움, 피곤함 등 아이의 불편함은 되도록 빨리 해결해 주어야 한다.

아이가 좀 더 자라 자율적으로 바뀌면, 자율성을 발휘하도록 도와주는 것이 의존 욕구를 채워 주는 것이다. 아이가 스스로 할 수 있는 것을 부모가 해 줘서는 안 된다. 아이의 주장을 무조건 부모의 뜻대로 꺾어서는 안 된다. 그러면 의존 욕구의 결핍이 일어난다.

만 3세가 지나면 원하는 대로 안 되는 것이 있다는 것을 배워야 한다. 그 시기에 배워야 할 것을 배우지 못해도 의존 욕구는 채워지지 않는다. 또한 아이가 밥을 스스로 먹을 수 있는 나이가 되었는데도, '내가 할 일도 없고 시간이 허락하니까 내가 먹여 주지' 하는 것은 건강한 형태로 의존 욕구를 해결해 주는 것이 아니다. 육아 및 양육은 궁극적으로는 아이가 제대로 된 성인으로 잘 클 수 있는 과정을 도와주는 것이다. 그 목표를 늘 새겨야 한다.

의존 욕구는 내가 부모에게 충분히 사랑받고 있다는 느낌과도 관련이 있다. 어떤 아버지가 돈을 잘 벌지 못해 집안 사정이 어려웠다. 그래서 아이가 공부하는 데 필요한 문제집을 사 주지 못했다. 새 것을 사 주지 못하는 아버지는 중고서점에서 헌 문제집을 사서 지우개로 깨끗이 지워서 아이에게 주었다. 이 아이는 의존 욕구가 충족된다. 아버지의 진심을 알기 때문이다. 다른 집 아버지는 돈을 많이 번다. 집도 잘 산다. 하지만 만날 집에 와서 "내가 돈 버느라 얼마나 힘든 줄 알아? 너희들이 내 마음 알아?" 하면서 화를 낸다. 이 집 아이는 경제적으로 풍요로운 환경에서도 의존 욕구가 해결되지 않는다.

의존 욕구는 굳이 따지자면 물질적인 것보다는 감정적인 것과 더 연관이 있다. 물질적으로 아무리 풍요로워도 감정적인 것을 받아 주지 않으면 타격이 크다. 반대로 감정적인 것을 잘 알아주고 보호해 주면, 물질이 좀 부족해도 아이에게 결핍이 발생하지 않는다.

의존 욕구에서 조심해야 할 것은, '나는 절대 우리 부모 같은 부모가 되지 말아야 되겠다'라는 생각이 들 때, 나의 감정이 지나칠 수 있다는 것을 기억하는 것이다. 감정적으로 지나치게 허용적인 부모가 될 수도 있고, 그러다가 느닷없이 욱하는 부모가 될 수도 있다는 사실이다. 혹은 매우 강압적인 부모가 될 수도 있을 것이다. 이런 것은 모두 못 참는 아이를 결국 욱하는 성인으로 만드는 지름길이다.

나는 완벽하게 아이의 의존 욕구를 채워줄 수 있을까? 없다. 육아는 완벽한 것이 중요한 것이 아니라 그때그때 상황에 맞게 최선을 다하는 것이다. 그 과정에서 부족함이나 결핍이 발생할 수 있지만 그 또한 아이에게 배움의 기회가 되고, 그 속에서 아이는 성장할 수 있다.

자녀교육서를 읽다 보면, 순간순간 '내가 아이에게 참 많은 잘못을 했구나'라는 후회가 들기도 한다. 하지만 지나친 죄책감은 육아에 해롭다. 나는 육아를 너무 비장하게 생각하지 않았으면 한다. '아이를 이렇게 대하면 아이가 이렇게 될 수 있다'는 말은, 가장 극단적인 경과를 예측해서 조심할 것을 강조하는 말이지, 한 번의 육아 실수가 내 아이를 망가뜨린다는 말은 아니다. 어떤 것이든지 육아 실수는 언제나 회복할 수 있다. 만약 가르쳐야 할 것을 안 가르쳐서 아이의 행동에 걱정스러운 점이 보인다면, 늦지 않았다. 아이들을 가르칠 때는, 문제를 깨달은 오늘 이 시간부터가 가장 중요한 시기다. 지금 가르치면 된다.

마지막으로 나에게 '어떻게 해야 아이를 잘 키울까요? 어떻게 해야 아이에게 좋은 영향을 주는 부모가 될까요?'를 묻는다면, 매일 아침에 눈을 뜨면서 세 가지 다짐을 하라고 말하고 싶다.

첫째, 나는 오늘 무슨 일이 있어도 욱하지 않겠다.
둘째, 아이는 절대로 예쁘게 말을 듣지 않는다.
셋째, 가르친다고 혼내는 것은 가르침이 아니다.

오늘 하루 이 세 문장만 잘 지켜도, 오늘 하루 아이를 잘 키운 것이다. 그렇게 하루하루 엮어 가다 보면, 어느 틈에 당신은 아이에게 좋은 영향을 주는 부모가 되어 있을 것이다.

급한 대로 일단 누르고라도 보자!

🍃 지금 올라오는 욱, 꾹~ 눌러 주는 임기응변 묘책

내가 욱해 온 역사가 긴 만큼, 나의 욱을 뿌리 뽑는 데는 시간이 걸린다. 겉으로 표현되는 마지막 행동이라도 수정하자. 행동을 바꾸면 생활이 바뀌고, 거듭되면 그에 따라 생각도 바뀌고, 감정도 바뀔 수 있다.

욱 조절의 골든타임, '15초'를 기억하라

화가 나면 우리 몸 안에서는 변화가 일어난다. 아드레날린이나 코르티솔 같은 분노와 관련된 여러 가지 호르몬들이 나온다. 그런데 이 호르몬 수치가 가장 절정이 되는 시간이 약 15초이다. 우리가 욱해서 뚜껑이 열려 "야!" 하고 아이한테 소리를 지르게 되는 시간은 어떤 사건이 발생하고, 대략 15초라는 것이다.

이 절정 상태였던 호르몬 수치는 2분이 지나면 서서히 줄어들기 시작한다. 15분이 지나면 안정화가 된다. 결국 15초만 참을 수 있으면 위기를 넘길 수 있다는 것이다. 따라서 너무 못 참아서 욱하는 사람이 될 위험이 있는 아이들은 어릴 때부터 부모와 함께 15초를 참을 수 있는 나름의 방법을 습득하게 하는 것이 무엇보다 필요하다. 여기에 소개된 것은 그 15초 내지는 2분을 욱하지 않고 견딜 수 있게 하는 방법들의 예이다.

입술 깨물기

욱은 생각보다 빠르게 나오는 감정 반응이다. '아, 내가 지금 욱하는 구나'라는 인식 없이 순식간에 자동적으로 이루어지는 경우가 많다. 이 것을 막으려면 다소 무식한 방법이지만, 소리를 지르지 못하게 입을 다 물어야 한다. 또한 신체에 통증을 줘서 의식을 깨워야 한다. 욱할 것 같 으면 입술을 깨물라. 입술을 물고는 생각한다. '지금 욱하는 것이 나를 위한 거야? 아이를 위한 거야? 내 성질 못 이긴 거지.'

"아~합" 숨 들이마시며 합죽이 되기

"야!" 할 것 같은 상황이면 숨을 크게 들이마셔 합죽이가 되자. 그러고 나서 속으로 30을 센다. 욱하는 상황에서는 숫자를 빨리 세기 쉽기 때문 에 30까지 세어야 한다. 때문에 숨을 들이마시고 30을 세고 난 후 크게 숨을 내쉰다.

늘 하던 방식과 반대로 행동하기

욱해서 상대방에게 쫓아갈 것 같은 상황에선 오히려 상대방의 반대 방향으로 간다. 소리를 지를 것 같다면 귓속말로 한다. 욱해서 눈을 부 릅뜰 것 같다면 눈을 감아 버린다. 욱해서 삿대질을 하고 싶다면 두 손 을 마주 잡는다.

내 욱에 엉뚱한 행동 더하기

욱하는 것을 줄일 수 있는 것은 유머와 위트다. 이미 아이에게 "야!" 하는 소리가 튀어 나왔다면, '아뿔사!' 하면서 뒤에 "호"를 붙인다. 소리를 지를 것 같다면 큰 소리로 "뽀로로" 주제가를 부른다. 화가 확 치밀어 오를 때 갑자기 "만세!"를 외친다. 웃긴 것 같지만 엉뚱한 행동을 하는 사이 욱이 지나간다.

생리 전 증후군 치료하기

생각보다 많은 엄마들이 고백하길, 생리 전 일주일은 자신이 예민해 진다고 한다. 훨씬 욱하는 일이 많고, 욱하는 강도도 세다고 한다. 이런 사람은 반드시 치료를 받아야 한다. 치료를 받을 정도가 아니라면, 자신이 생리 전에 아이에게 짜증을 많이 낸다는 것을 인정해야 한다. 그리고 속으로만 생각하지 말고, 거울을 보고 자기 자신에게 소리 내서 말한다. "내가 지금 생리 전 증후군 때문에 짜증이 많구나. 별일 아닌 일에도 욱할 수 있겠다. 말을 줄여야겠다." 실제로도 아이에게 하는 말을 대폭 줄이도록 노력한다.

급한 마음의 속도대로 방에서 뛰기

욱할 것 같으면 내 마음의 속도대로 "헛둘헛둘" 하면서 방에서 뛴다. 층간소음이 걱정되면 스텝바를 하는 것도 좋다. 성격이 급한 사람한테 자주 권하는 방법이다.

내가 급해지고 있다는 것을 생각으로 알아차리는 것은 어렵지만, 몸을 빠르게 움직이면 금방 느낄 수 있다. 뛰다 보면 숨이 차고 땀이 난다. '지금 내 마음의 속도가 굉장히 빠르구나. 이 빠른 속도로 내가 아이를 채근하면 무리수가 따르겠네'라고 생각할 수 있다. 마음이 쉽게 조급해지는 사람은 빨리 걷는 것도 좋은 방법이다.

감정일지 쓰기

　　편안한 상황일 때 내가 언제 욱하는지를 적어 본다. 내가 욱하게 되는 상황, 어떤 종류의 일에 욱하는지 기록한다. 나의 감정일지를 써 보는 것이다. 욱뿐 아니라 날마다 자신의 기분이나 감정을 자세히 적어 보는 것은, 감정 조절에 굉장히 도움이 된다. 항상 주머니에 작은 수첩을 하나 가지고 다니면서, 불편한 감정이 들면 그 감정의 정체가 무엇인지 적어 본다. 연습이 되면 이후에는 써 보지 않아도 내 감정을 파악하는 것이 쉬워진다.

오늘의 짜증 정도를 알고 있기

　　한 방울의 불편한 감정이 더해져도 폭발하듯 나오는 것이 욱이다. 그 한 방울이 넘치지 않게 하려면, 내 짜증 정도가 지금 어느 정도인지 항상 체크해야 한다. '어휴, 내가 요새 짜증을 많이 내는구나. 자칫 욱할 수도 있겠구나. 조심해야 되겠네. 웬만하면 짜증을 내지 않도록 해야지'라고 미리 생각만 해도 욱하는 횟수를 줄일 수 있다.

평소 마음 다지기

마음속에 쌓인 불편한 감정의 수위가 높아지면, 욱할 위험이 높아지므로 평소 감정의 수위를 낮춰야 한다. 사실 감정이 차올라 있다는 것은 본인이 잘 안다. 그럴 때 미리미리 김을 빼야 한다. "내가 미쳤지, 미쳤어. 자식 잘 키우려고 하면서 이게 뭐하는 짓이야"라고 혼잣말이라도 한다. "욱하면 내 손해다. 불행의 문을 여는 거야. 절대 폭발하지 말자." 이렇게 평소에 김을 빼면 훨씬 낫다. 수시로 "욱하지 말자"라고 마음을 다지면, 정말 욱하는 횟수가 준다.

못 참는 아이 욱하는 부모

1판 1쇄 2016년 5월 15일 발행
1판 145쇄 2023년 7월 15일 발행

지은이 · 오은영
펴낸이 · 김정주
펴낸곳 · ㈜대성 Korea.com
본부장 · 김은경
기획편집 · 이향숙, 김현경
디자인 · 문 용
영업마케팅 · 조남웅
경영지원 · 공유정, 신순영

글구성 · 김미연
본문일러스트 · 강경은
표지사진 · 전재호 포토그래퍼

등록 · 제300-2003-82호
주소 · 서울시 용산구 후암로 57길 57 (동자동) ㈜대성
대표전화 · (02) 6959-3140 | 팩스 · (02) 6959-3144
홈페이지 · www.daesungbook.com | 전자우편 · daesungbooks@korea.com

ⓒ 오은영, 2016
ISBN 978-89-97396-65-8 (13590)
이 책의 가격은 뒤표지에 있습니다.

이 도서의 국립중앙도서관 출판예정도서목록(CIP)은 서지정보유통지원시스템 홈페이지(http://seoji.nl.go.kr)와 국가자료공동목록시스템(http://www.nl.go.kr/kolisnet)에서 이용하실 수 있습니다.(CIP제어번호: CIP2016009077)